炉边夜话——深入浅出话 AI

汪建　著

中国水利水电出版社
www.waterpub.com.cn
·北京·

内 容 提 要

本书始终围绕着人工智能（AI）的本质及原理进行讲解，循序渐进地探索了机器学习、深度学习、强化学习以及大模型等 AI 的核心原理。

它们的技术根基可以进一步回溯到统计概率论、线性代数、微积分、最优化理论等学科，而本书将生硬的基础数学原理通过客观世界娓娓道来，帮助读者克服学习 AI 的障碍，让复杂的理论变得易于消化，让抽象的概念变得具体可感。

无论你是人工智能领域的新人，抑或是有一定经验的研究者，本书能成为你探索 AI 世界的得力助手。

图书在版编目（CIP）数据

炉边夜话：深入浅出话 AI / 汪建著． -- 北京：中国水利水电出版社，2025．1． -- ISBN 978-7-5226-3018-2

Ⅰ．TP18

中国国家版本馆 CIP 数据核字第 20241W7H25 号

责任编辑：周春元　　　加工编辑：刘铭茗　　　封面设计：李　佳

书　名	炉边夜话——深入浅出话AI LUBIAN YEHUA——SHENRU-QIANCHU HUA AI
作　者	汪建 著
出版发行	中国水利水电出版社 （北京市海淀区玉渊潭南路 1 号 D 座 100038） 网址：www.waterpub.com.cn E-mail：mchannel@263.net（答疑） 　　　　sales@mwr.gov.cn 电话：（010）68545888（营销中心）、82562819（组稿）
经　售	北京科水图书销售有限公司 电话：（010）68545874、63202643 全国各地新华书店和相关出版物销售网点
排　版	北京万水电子信息有限公司
印　刷	三河市鑫金马印装有限公司
规　格	184mm×240mm　16 开本　20 印张　465 千字
版　次	2025 年 1 月第 1 版　2025 年 1 月第 1 次印刷
印　数	0001—3000 册
定　价	68.00 元

走进 AI 新世界

推荐序

1. 两种学习方式

仅就学习这件事来说，我感觉可以分为两种网格：一种是不拘小节，一往无前；另一种是追根溯源，打破砂锅。两种风格各有优点。

第一种方式，往往能以较快的速度达到考试、就业或其他里程碑目标，但可能遗留较多似是而非的知识点，经常难以跨过"大厂"的门槛，要想在领域有所建树，还需回炉再造。这种学习风格还会使学习变成一个"减速"过程，一个点没吃透，可能会导致一连串的技术变得难以理解，从而使学习新知识的速度越来越慢，甚至迷失在知识迭代的汪洋中。

第二种方式，在学习的过程中如果遇到一些事情没搞清楚，心里会感觉空落落的不踏实，因此不允许任何的似是而非，遇到一个难懂的知识点，可能会延伸到多个领域的学习与探索。务必记住，这是一种弥足珍贵的直觉！这种学习方式，往往在开始阶段推进速度极慢，随着领域内的"硬核"越来越少，学习的速度越来越快，最后生出"万变不离其宗"之感，从而实现技术自由。这是一种受益终生的学习方式，探究多领域顶尖人才的求学之路，大多如此。

予以为，本书是写给采用第二种方式学习的读者的。

2. 迈向新世界

2018 年，GPT-1 的发布如平地惊雷。AI，这个本应属于专业领域的知识，突然引起了大众的聚焦。短短几年，大模型产品如雨后春笋般蓬勃生长，大模型产品的参数数量从一亿发展到现在的百亿千亿。当下的大语言模型，回答问题有条理、全面，有背景、有推理、有归纳，在很多领域其所表现出的智能水平已经达到或超过硕士水准。

了解大模型，尝试大模型，已经形成大众共识。大模型背后的 AI，也已经形成大众共识。但极具压迫感的问题是：未来如何才能不被 AI 所替代。学习 AI，走进 AI，由观众变演员，这又成了当下很多人的共识。

要学大模型，AI 是基础。但 AI 是什么？是机器学习？是深度学习？是自然语言处理？是神经网络？这个问题对初学者来说可能很重要，因为这涉及从哪里着手学习。

本人在过去数年间曾多次尝试学习 AI 领域，大概过程总结下来是这样：①不管从何处开始学习，一天之内你大概率会发现你无法绕过"梯度下降"这个概念；②你会发现从感性上理解这个概念并不难，愚笨如我也仅用了半年，而你可能半小时就够了；③然后就是用计算机对这个概念进行表达及处理，你发现此时需用到由"导数"或"偏导数"这些数学知识来求"梯度向量"；④你试图理解这些数学知识，并试图打通数学与算法间的"任督二脉"，如果打通了，你将迈进 AI 新世界，如果打不通，你可能会徘徊或放弃。

如果你百折不挠，或者如果你恰好搜到一篇"隐世大神"写的优质文章能让你对这个问题豁然开朗，再或者如果你是一名幸运的大学生又遇到了一位名师为你答疑解惑，你一定可以进入 AI 新世界。

如果没有上述际遇，也不必焦虑，因为你遇到了本书。

3. 为什么必须出版这本书

梯度下降只是 AI 领域最基本的概念之一。在学习 AI 的道路上，我们可能经常会被一些新的、更加复杂的概念、算法所羁绊，如贝叶斯理论、先验概率、似然函数等。学习这些概念的过程可能经常是一个"为什么"接着多个"为什么"，我们会习惯性地有事不决问百度（现在改为问大模型），但得到的往往也是更多的"为什么"。

这可能是我一定要出版这本书——一本没有视频又没有赠品的书的原因。你会感受到，作者很少把"为什么"的问题留给你。所谓的学习，你可能感觉更像是在听一个老友聊天，又或是在听一个故事，但忽然你会惊诧："天哪，原来这就是贝叶斯理论""我竟然真的理解了偏导数""原来这就是梯度向量""原来这就是似然函数"……

这是我审读本书时的真切感受。"原来如此"的感觉是如此强烈而美妙，我很喜欢。

4. 三点说明

首先，本书客观上可能具有 AI 扫盲的功效，但本书的出版主观上并非是为了 AI 扫盲。本书出版的目的是帮助读者真正迈入 AI 新世界，并助力读者在 AI 领域长期发展有所建树，因此本书中包含了不少数学公式、符号，这些东西放在其他书里你可能看不懂，但我真心希望您在本书中读到这些的时候能多些耐心，认真感受它们在本书中有何不同。本书中的公式、符号，都有其自然而然的引入、说明、推导，甚至理性与感性的关联，书中不存在任何的生搬硬套或人云亦云。以我多年"留级"AI 学习的经验来看，错过本书就可能很难再遇见。

其次，本书并非面面俱到，虽不能使你直接"成为 AI 专家"，但本书的价值在于，当你读完本书后，可能发现你对学习 AI 的信心增强了，你可以读懂更多的 AI 专业图书了。其余无他。

本书编辑　周春元
2024 年 12 月

前　言

随着大模型掀起的新一轮人工智能滔天巨浪，以 ChatGPT 为代表的大模型产品正以惊人的速度渗透着我们生活的方方面面，从工作到娱乐，从学习到社交，几乎无孔不入。对于多数普通民众来说，初次被人工智能（Artificial Intelligence，AI）所震撼估计是 2016 年阿尔法狗（AlphaGo）的横空出世，AlphaGo 击败围棋世界冠军让我们觉得机器的整体智力很快就会超越人类。此后人工智能沉寂了一段时间，直到 2022 年年底 ChatGPT 的出现，再次吸引了全球民众的眼球，一个具备很高智能的机器人正在与这个世界对话。那么，下一个让我们震撼的人工智能事件又会是什么呢？

实际上，人工智能并非是近些年才有的新鲜事物，早在 1956 年就被正式提出，至今已经发展了 68 年了。人工智能的发展虽然十分曲折却也波澜壮阔，在人工智能被提出来后，它的前景吸引了很多人投身该领域，但却在发展过程中经历了多个"寒冬"。好在"寒冬"并没有彻底浇灭人工智能的火苗，而是在每个"寒冬"阶段都向前迈一步。

人工智能就是人工地去制造智能。想要创造出像人一样的智能就必须先深入理解智能，而人类的智能就藏在大脑中，所以创造智能最好的路径就是彻底弄清人类大脑中每部分的组成及运作机制，这样就可以制造一个"大脑"来实现人类的智能。但这种方式并非主流的方法，因为我们的大脑实在是太复杂了，甚至可以说比整个宇宙还复杂，当前人类对我们自己大脑的认知还是太浅了。然而这堵墙并没有挡住人类前进的脚步，既然无法彻底搞清大脑，那就去模拟吧！实际上智能就是一种"输入—输出"模型，通过某一种输入来产生一种输出。通过构建某种人工智能算法来实现输入到输出的映射或生成，这样就成功模拟出智能了，这也是当前主流的人工智能实现方式。

人工智能的运作原理是什么？我相信大多数人都会产生这种好奇心。十年前，正是这种好奇心让我走上了人工智能的研究道路。我现在依然清晰地记得刚接触到人工智能时自己内心的好奇与兴奋，纵使当时 AI 还没达到如今"大模型"的震撼效果，但机器学习和深度学习的各种神奇的 AI 算法已经深深地吸引了我，于是我决定一定要弄清人工智能这个黑盒子里面装的到底是什么。此后在多年的时间里我研究了人工智能领域主要的论文和书籍，并且一直从事人工智能的研发工作，对人工智能的原理机制有了深层次的理解。身处人工智能时代，理解人工智能的运作机制是十分有必要的，知道一个事物和知道一个事物如何运作是完全不一样的，后者能让我们思考得更深，走得更远。

回溯我的学习经历，我深感在 AI 领域前行不易。面对晦涩难懂的理论、纷繁复杂的算法，可以说是充满了挑战与困惑。从最初对基本概念的迷茫，到逐渐理解复杂算法背后的原理，每一步都充满了坎坷。犹记得初次接触机器学习时，面对浩瀚如海的数学公式和专业术语，我犹如迷路的旅者在繁星点点的知识天空下茫然四顾。有时卡在某些知识点上毫无头绪且久久不得其意，这是一种对知识求而不得的无力感。人工智能的很多知识都是环环相扣且背后都是由数学驱动的，就好比我要理解卷积神经网络识别图像的原理，那就会涉及图像处理、卷积运算和神经网络，而图像处理又涉及矩阵运算，神经网络又涉及函数、偏导数和梯度下降等，最终我们都不得不回归到更基础的数学原理上。这个过程就像在攀登一座高山，通往顶峰的道路层层叠叠且蜿蜒曲折，每一步都充满艰辛。不过当我们在山顶回头看时，总能看到更壮丽的风景。

我相信，在探索人工智能之旅中我所遇到的困难和疑惑，也是所有初学者所面临的共同的问题。于是我萌生了一个念头：撰写一本能够帮助大家循序渐进地探索人工智能原理的书籍。这本书要由表及里地、深入浅出地讲解人工智能的原理，而且要将生硬的基础数学原理通过客观世界有理有据地引入进行讲解。这本书应该就是一个高级智能体，将人工智能的奥秘娓娓道来！它将帮助读者克服学习人工智能的障碍，让复杂的理论变得易于消化，让抽象的概念变得具体可感。

亲爱的读者，无论你是人工智能领域的新人，抑或是有一定经验的研究者，我都由衷地希望本书能成为你探索人工智能世界的得力助手。在这本《炉边夜话——深入浅出话 AI》中，我将与你分享一段奇妙的旅程，一段探索机器学习、深度学习、强化学习以及大模型人工智能交织而成的智慧宇宙之旅。这些领域虽看似庞杂且深奥，但它们的技术根基可以回溯到统计概率论、线性代数、微积分、最优化理论等学科。正是这些基石支撑起了人工智能算法的框架，赋予了各种神经网络智能能力。在探索的过程中或许你会遇到困难，但请记住每一次挑战都是成长的机会。

下面详细介绍本书的内容脉络。

人类的智能是如何形成的？从 RNA 和蛋白质开始，单细胞逐步到多细胞后才慢慢进化并汇聚成脊髓，最后才发展出了大脑。人脑不断进化变成非常复杂的"三磅宇宙"，这个小宇宙中的秘密至今人类都无法完全解开。但我们已经知道它的基础组成结构就是神经网络结构，数百上千亿的神经元通过互相连接而产生超级大脑。人类没有停止过对大脑的模拟，因此很久以前就提出了"人工智能"的概念，它要完成的任务是创造出人一样的智能，现如今人工智能已经发展成一门炙手可热的学科。然而要实现人工智能就离不开计算机，而计算机的理论基础则是图灵机，研究人工智能就必须了解计算机的工作原理。计算机的微观世界就是成群的逻辑电路，它们能够执行现实世界复杂的模型运算。我们要将现实世界装进计算机就需要一些建模方法，通常基于数学进行建模。在明确规则的情况下我们可以直接用数学描述，而当规则无法确定时则通过数据驱动数学模型来解决。我们身处于一个异常复杂的世界，很多事情都是不确定的，此时就要通过概率思维来解决。我们的世界很多现象也符合一定的概率分布，比如正态分布、均匀分布和伯努利分布等。

我们再回到人工智能的核心问题，基于数学对智能建模后实际上最终都还是要回归到寻找最优解的问题上，所以可以说人工智能本质上就是一个最优化过程。那么要怎么才能找到最优解呢？此时就要分无约束和有约束两种情况进行分析。无约束的情况下我们采取万能的梯度下降法来寻找最优解，从倾斜度概念开始逐步引出曲面斜率，接着引申到导函数及梯度等概念，最终推导出为什么梯度下降法能往最优解方向移动。从最简单的一维到二维，再到三维以上的多维空间。在有约束的情况下我们通常采用拉格朗日函数来进行求解，此外本书详细讲解了数学家是如何推导出拉格朗日函数的。

人工智能模型的输入是一个向量，那么就涉及对现实世界的向量化。实际上我们能通过向量来抽象万物，包括时序型数据、文本数据、图片数据、声音数据、视频数据等。有了输入后就需要机器学习算法来对接这些输入，机器学习包括了监督学习、无监督学习和强化学习三大类。监督学习能够实现对事物的分类，包括常见的朴素贝叶斯、K近邻、决策树、逻辑回归和支持向量机。此外监督学习也能够实现对关系的捕捉，包括线性回归、多项式回归、支持向量回归和决策树回归。无监督学习则能实现聚类、降维、关联规则、异常检测等功能，无监督学习就像是无师自通一样。强化学习是通过与环境交互而不断根据反馈信息作调整的一种学习，就像是自己学会某个能力一样。

然而，深度学习才是本轮大模型 AI 浪潮的推动者。深度学习充分向我们展示了"暴力美学"，真正做到了"大力出奇迹"的效果。深度学习其实就是多层的神经网络，那么就要回归到神经网络算法上。神经网络其实就是当前最成功的大脑模拟方式，从最早的感知机模型发展到多层感知机，在引入梯度下降后不断扩展成更深更宽的神经网络结构，最终成就了深度学习。深度学习主要的网络结构包括卷积神经网络、循环神经网络和变换器神经网络，其中卷积神经网络主要用于处理图像，循环神经网络用于处理序列数据，而变换器神经网络则是大模型的基础。

人类语言异常复杂，机器学习为了处理人类语言而建立了自然语言处理学科分支。为了让机器看见又建立了计算机视觉学科分支，实际就是对图像进行处理和识别，图像就是一连串的像素。

再来看看大模型的绝对主角——ChatGPT。它是 AI 浪潮的引领者，后来又不断冒出类似 ChatGPT 的对话模型，统称为大语言模型。大语言模型具备独有的涌现能力，它通过大的模型、大的参数和大的算力来实现一个能力超强的大语言模型能力。然而大道至简，看似复杂的大语言模型却是一个简单的"单字接龙"游戏。当然如果要从工程上实现大语言模型则要通过"预训练＋微调"的方式，再加上人类反馈强化学习，这些我们都在书中深入浅出地进行了讲解。除了大语言模型外，还有一类大模型能生成画家级别的图像，而这仅仅只需我们用言语描述清楚要生成的图画内容即可。机器绘画师的实现原理包括自动编码器、变分自动编码器、生成对抗网络、扩散模型、稳定扩散模型等。

只要紧跟书中的步伐就一定能参透大模型的奥秘。

汪建

2024 年 12 月

目录
CONTENTS

推荐序
前言

第1章　生命与智能 ◆ 1

1.1　生命的起源 2
1.2　人类智能的出现 3
1.3　人脑的结构 5

第2章　人工智能学科 ◆ 9

2.1　何为智能 9
2.2　何为人工智能 10
2.3　弱/强人工智能 11
2.4　人工智能发展史 12
2.5　三大学派 20

第3章　图灵机与计算机 ◆ 23

3.1　图灵机 24
3.2　计算机 30

第4章　现实世界的模型 ◆ 47

4.1　概念、理论与模型 47
4.2　数学模型理论 50
4.3　对现实世界建模 55
4.4　模型与算法 60

第5章　不确定世界的模型 ◆ 62

5.1　复杂的世界 62
5.2　不确定性是常态 63
5.3　以概率描述随机 65
5.4　概率思维 67

5.5　贝叶斯定理　　　　　　　　　69

5.6　概率分布　　　　　　　　　　72

第 6 章　如何寻找复杂模型的最优解　◆ 81

6.1　什么是最优解　　　　　　　　81

6.2　人工智能与最优化　　　　　　82

6.3　最优化建模流程　　　　　　　84

6.4　模型三要素　　　　　　　　　85

6.5　无约束的最优化　　　　　　　86

6.6　有约束的最优化　　　　　　　98

第 7 章　向量与矩阵抽象万物　◆ 105

7.1　现实世界的数字化　　　　　　105

7.2　空间与向量　　　　　　　　　109

7.3　向量抽象万物　　　　　　　　111

7.4　矩阵与张量　　　　　　　　　118

第 8 章　机器学习　◆ 120

8.1　机器学习是什么　　　　　　　120

8.2　机器学习与人工智能　　　　　121

8.3　机器学习的本质　　　　　　　123

第 9 章　机器学习如何辨别事物　◆ 135

9.1　二分类与多分类　　　　　　　135

9.2　分类的实现方式　　　　　　　136

9.3　机器学习分类算法　　　　　　138

第 10 章　机器学习如何捕捉关系　◆ 149

10.1　自然规律的发现　　　　　　　149

10.2 机器学习中的变量关系　151

10.3 回归的原理　152

10.4 欠拟合与过拟合　156

10.5 常用的回归算法　158

第 11 章　机器学习如何无师自通　◆ 161

11.1 无监督学习　161

11.2 无监督学习类型　162

11.3 聚类　163

11.4 降维　167

11.5 关联规则　168

11.6 异常检测　171

11.7 监督学习与无监督学习　172

第 12 章　机器学习如何自己学会玩游戏　◆ 173

12.1 人类与环境的交互　173

12.2 强化学习　174

12.3 马尔可夫决策过程　177

12.4 Q 学习训练过程　179

12.5 Q 学习玩游戏例子　182

第 13 章　神经网络及其学习机制　◆ 187

13.1 模拟大脑　188

13.2 感知机模型　189

13.3 引入梯度下降　191

13.4 多层感知机　193

13.5 神经网络的训练　194

13.6 激活函数　202

第 14 章　深度学习 "大力出奇迹"　◆ 206

　14.1　什么是深度学习　207
　14.2　自动特征提取　208
　14.3　卷积神经网络　209
　14.4　循环神经网络　227
　14.5　变换器神经网络　232

第 15 章　机器如何理解人类的语言　◆ 245

　15.1　人类语言复杂性　246
　15.2　语言如何建模　247
　15.3　词向量　249
　15.4　让机器具有理解能力　253
　15.5　自然语言处理　256
　15.6　NLP 为什么难　258

第 16 章　机器如何看见世界　◆ 261

　16.1　计算机视觉　261
　16.2　一切皆像素　266
　16.3　学习识别图像　268
　16.4　缺乏概念与知识　269

第 17 章　ChatGPT 是如何工作的　271

　17.1　ChatGPT 介绍　271
　17.2　大语言模型　273
　17.3　语言模型的发展　275
　17.4　大语言模型的使用　276
　17.5　涌现能力　279
　17.6　核心网络架构　280
　17.7　大语言模型的 "大"　282

17.8　海量语料库　　　　　　　　　283

17.9　"单字接龙"游戏　　　　　　284

17.10　预训练 + 微调　　　　　　　286

17.11　人类反馈强化学习　　　　　287

17.12　从 GPT-1 到 GPT-4　　　　　290

第 18 章　如何让机器成为绘画师　◆ 292

18.1　自动编码器　　　　　　　　293

18.2　变分自动编码器　　　　　　294

18.3　生成对抗网络　　　　　　　297

18.4　扩散模型　　　　　　　　　300

18.5　语言图像关系模型　　　　　303

18.6　稳定扩散模型　　　　　　　307

第1章
生命与智能

从目前的科学认知来看，智能是建立在生命的基础之上的，只有先存在了生命才谈得上智能。目前已知的智能可以分为碳基智能和硅基智能两类。碳基主要指的是人类和其他生物，因为生命系统都是由碳水化合物构成的，而硅基则是指以二氧化硅为基础材料的计算机芯片类系统。人类每时每刻都在无意识地进行着各种智能行为，如思考、观察、说话、交流、活动、学习等，这些智能行为都由人类的大脑所控制。我们生活中最常接触的机器智能有搜索引擎、人脸识别和机器翻译，当我们有任何不懂的问题时都可以向搜索引擎提问，当我们在商场购物时可以使用人脸识别进行支付，当我们想将中文翻译成英文时可以使用翻译软件来帮助我们翻译。

人类的智能在进化的历史进程中不断得到增强和完善，而机器智能则是由人类创造并且进化速度远远快于人类。人类为了赋予机器智能而发展出了人工智能学科，它致力于让机器拥有像人类甚至优于人类的智能。其实在计算机诞生之前人类就已经在探索如何对物体赋予智能了，然而机器智能却在计算机诞生后才得到快速的发展。目前的机器智能都是由人类设计创造的，可以说如果没有人类智能就没有机器智能。

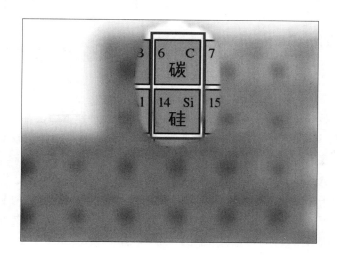

1.1　生命的起源

人类智能的源泉是大脑，人类的大脑控制着人类身上的各个部位，人类产生的各项智能行为都与之息息相关，大脑是一个复杂且高级的系统。那么大脑又是怎样发展形成的呢？这就要追溯到生命的起源。

地球在生命出现前处于一片混沌之中，那时候的地球没有大脑，也没有神经细胞，甚至连核糖核酸（Ribonucleic Acid，RNA）和蛋白质都没有。彼时的地球环境十分恶劣，地表上地震和火山爆发频繁，大气中充满着大量的一氧化碳、二氧化碳、氮气、氢气、甲烷以及水蒸气，并且大气中还会经常出现闪电，此外还要受到来自宇宙的各种辐射。这些极端恶劣的条件却为生命的诞生提供了条件，地震、火山、闪电、宇宙射线为大气中的气体分子提供了大量的能量，气体分子在吸收了能量后变得异常活跃，从而产生了化学反应，进而形成更复杂的生命物质。

后来海洋里面形成了 RNA 和蛋白质，RNA 和蛋白质的分子结构都比较简单，都能够将生命信息进行储藏、复制和传递。目前一般认为 RNA 和蛋白质是地球上最早合成的复杂分子，从今天来看这些根本不像生命的物质却是生命最原始的形态。后来某个时间段脱氧核糖核酸（Deoxyribo Nucleic Acid，DNA）出现了，RNA 和 DNA 统称为核酸，它们是地球上所有生物的遗传物质。由于 DNA 是双链结构，它比 RNA 更加稳定，而且比单链结构的 RNA 具有更强的修复能力，所以现在地球上绝大多数生命都选择 DNA 作为遗传物质。在这个阶段中，RNA、DNA 和蛋白质共同形成了初期生命。

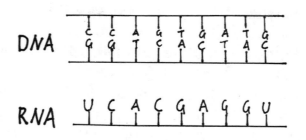

DNA 与 RNA 的结构

再后来 RNA、DNA 和蛋白质进一步进化为单细胞生物，如草履虫。在此期间的生命还没有进化出神经，更没有什么大脑。后来单细胞生物继续进化为多细胞生物，多细胞生物的出现让生命具备了发展出脑神经的条件，随后出现的节肢动物发展出了汇聚神经的神经节，神经节在背部聚集成脊髓，最终脊髓的顶端发育成大脑，大脑由数以亿计的神经细胞所组成。至此，生命进化到脊髓动物，并且拥有了大脑。脊髓动物的进化历程大致为：鱼类→两栖动物→爬行动物→鸟类→哺乳动物→人类。在此期间大脑不断地进化着，生命的进化也让生物从海洋走向陆地和天空。

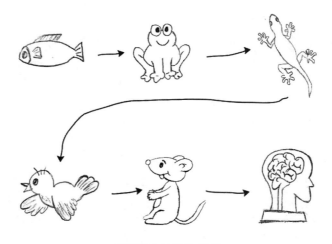

脊髓动物的进化历程

1.2　人类智能的出现

在一亿多年前，体重是人类上百倍的恐龙虽然称霸了地球，但它们最多只能算是"低级动物"，到目前为止并没有任何迹象表明恐龙发展出了高级智能。而有一种哺乳动物，通过自然环境和基因突变来进化自身，从而用大脑征服了全世界并走上了食物链的最顶端，这就是人类。

现代科学认为人类的智能是由大脑产生并控制的，大脑在超级复杂的神经网络结构下产生了智能。随着个体的成长，人类的大脑不断受到外界环境的各种刺激，大脑神经元不断得到加强，与此同时智能也伴随着产生。人类在与外界环境的接触过程中知道了"自我"和"外界"，明确了个体的各部分与外界的物理边界。自我意识是智能的基础，任何生命都有一定的自我意识，但有些生命体的自我意识很弱，而人类由于自身的生理条件和生长环境形成了很强的自我意识。

人类对外界的感知能力是由人类的基因决定的，这个能力通过DNA不断地传承下去。一旦有了感知能力人类就能够区分自我和外界，就能获取外界的各类信号，人类还能将外界的各种信号封装成一个个概念，比如天空、白云等，从而达到对外界的认知。

大脑的认知系统可以分为两类：一类是和直觉相关的；另一类是和推理与逻辑相关的。关于直觉部分，人类通过大脑意识能够区分自我与外界，大脑中的神经网络能以第三方的角度来进行思考，进而去认识这个世界。关于推理和逻辑部分，人类通过大脑现有的认知进行推理和逻辑分析，得到推理结果，而且直觉还可以向推理和逻辑转换。

有了自我意识和认知体系后，人类逐渐迈向高级智能。随着对外界感知经验的增多，不断对世界产生新的理解并不断演化出新的认知体系，进而又产生了更高级的智能。

认知系统

最后我们再看看智能体的大小。在我们整个宇宙世界中，物质大小从 10^{-19} 次方米的夸克，到 10^{26} 米之外的宇宙界限。尽管整个世界看似可以无限小或可以无限大，但生命体的大小范围都被限制在一个相对较小的范围里，比如细菌病毒的大小在微米级别，比如最大的红杉树高达百米，再比如美国俄勒冈州蓝山林区的蜜环菌的生长面积则能达到8.8平方千米。所有生命体中能成为智能体的更是少之又少，也许可以说米级是高级智能最适合的大小，高级智能由宏观整体体现出来，与微观的量子级别相关性并不大。

想象一下如果太阳系是一个生命体的大脑，那么就算神经信号以光速进行传递，这个生命体也几乎无法完成进化。因为太阳系从形成到现在的时间段只够一万条信息从一端到另一端传递，传递的信息少到完全无法进化。而反观人类的大脑，信息传递能在 1 毫秒内完成，一生中能进行万亿次的信号传递，这就足以让个体不断进化。

1.3　人脑的结构

在确切发现外星人之前，人类是唯一的高级智慧生物，这归功于人类大脑的超级智慧，人类的大脑让人类统治了地球这个美丽的星球。人脑复杂无比，尽管现在科技这么发达，但是人类仍然未完全解密大脑的奥秘，甚至可以说仅仅是了解了人脑的结构及各部分的功能，至于人脑底层工作原理的研究至今都还没有实质性的进展。人脑大体上可以分为大脑、小脑和脑干三部分，从顶部往下看，大脑可以分为左右两个基本对称的半球。此外，大脑表面还有很多褶皱。

如下图所示，大脑是整个人脑的最大部分，占人脑总质量的八成。大脑是人类的高级中枢，我们的大部分智能行为都由它所控制，比如运动、语言交谈、听觉、嗅觉、视觉、学习、决策及意识等。小脑的质量占人脑总质量的一成左右，小脑的主要作用是运动微调和保持平衡。它会对大脑运动区发出的运动指令进行微调，从而能够完成复杂的运动。同时它也能调节身体的平衡，喝醉酒的人走路摇摇晃晃且无法走直线就是因为酒精影响了小脑的正常功能，导致醉酒的人无法调节自身平衡。脑干是脑和身体其他部位连接的中转站，脑干的主要作用是控制心跳、血压、消化、体温和呼吸等，比如当我们进行激烈运动时脑干会让心跳和呼吸加速，而当我们静止时则会减缓心跳和呼吸。另外，脑干也负责控制睡眠和觉醒的节奏，比如我们在睡眠时如果尿急则会产生信号并传入脑干，从而唤醒我们。

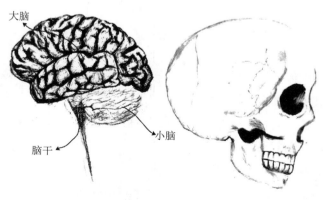

大脑三大部分

智能活动需要从外界环境中接收信息，把外界得到的信号传到大脑进行处理。我们有不同的器官负责去接收不同的信息，比如眼睛、耳朵、鼻子、舌头和手等，实际上就是对应我们经常说的"五觉"。人类包含了视觉、听觉、嗅觉、味觉和触觉五类感觉，我们从出生开始就已经拥有了这五类感觉，只是婴儿时的大脑还未能充分理解这些感觉的意义。

人体的"五觉"在大脑中也对应着不同的部位，按照"五觉"功能可以分为五个区，分别为视觉区、触觉区、听觉区、嗅觉区、味觉区。根据下图可以看到不同感觉所对应的大脑区域，视觉区负责对光信号的接收，我们看到的外界物体都是光进入眼睛后得到的信号。听觉区负责接收声音信号，一首美妙的音乐通过播放器向四周发出声音信号，然后耳朵将接收到的信号传入大脑进行欣赏。嗅觉区主要负责对气态化学物质信号的接收，鼻子在接收到气态分子后转换为信号传入大脑，比如邻居家的晚餐香味飘进我们鼻子被我们感知到。味觉区主要负责对化学物质信号的接收，舌头在接触到化学物质后会产生相应的信号传入大脑，中国人认为的味觉一般包括酸甜苦辣咸，而按照学科正式定义的五味分别是甜味、苦味、咸味、酸味和鲜味。触觉区负责对压力温度等信号的接收，我们的皮肤触碰到某物体后的痛、瘙痒、冷、热等都属于触觉。

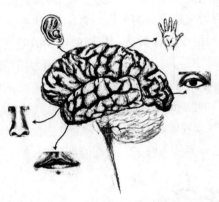

大脑与五类感官

在了解了大脑的大体结构和功能后，我们再看看大脑更细颗粒的构成，人类大脑拥有数以千亿计的细胞，其中负责大脑信息处理的神经细胞（也称为神经元）有超过 100 亿个，每个神经元都在多个方向上互相连接着，形成了超万亿个连接，这么大量的神经元及连接就形成了一个超大型复杂的神经网络。

大脑从形成到完善大致需要 20 年，最初是在受精一个月左右时形成初步形态，而在妊娠 3 个月时才发育出大脑、中脑、小脑、脊椎等，等到神经细胞数量基本达到百亿时已经是妊娠 9 个月的时候了，此时大脑神经细胞数量基本与成年人相同，大脑外观也与成人相似。然后随着年龄的增长，不断构建和增强神经细胞之间的连接网络，这个过程会持续到 20 岁左右。需要注意的是，大脑的重量并非是智商的决定因素，最重要的还是要看神经网络的构建程度。而且我们要知道大脑变重并非是负责大脑信息处理的神经元增多了，而是因为整个神经网络复杂化所带来的重量提升。

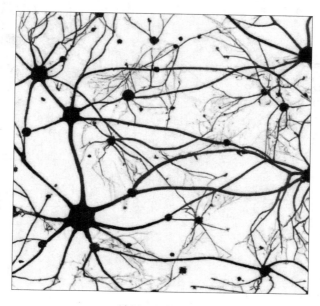

神经元网络连接

我们再来看看神经元的结构以及神经元之间的连接方式，以帮助我们了解人工智能中提出的神经网络是如何模拟大脑的神经网络的。大脑神经元包括有核的"细胞体"、接收其他神经元信号的"树突"、由其中一根树突伸长而成的用于传输神经信号的"轴突"以及轴突末端的"突触"等部件。

- **细胞体**包含一个细胞核，它是神经元新陈代谢的中心。
- **树突**是细胞体向外延伸树枝状的纤维体。它是神经元的输入通道，接收来自其他神经元的信号。
- **轴突**是细胞体向外延伸的最长最粗的一条神经纤维。轴突末端有许多向外延伸的神经末梢，它是神经元信号的输出通道。
- **突触**是轴突的神经末梢与下一神经元树突的连接处。细胞之间通过突触建立起连接，从而实现信号的跨神经元传递。有一点要注意的是，在神经元内部的信号是以电信号进行传递的，而由于突触并非直接与下一神经元的树突接触相连，它们之间存在很微小的距离（一毫米的五万分之一），因此电信号无法直接传递过去，需要在突触与树突之间的缝隙将电信号转化成一种化学信号才能传递。这个过程看似复杂，但实际上整个传递过程仅仅只需千分之一秒就能完成"电信号—化学信号—电信号"的转换。

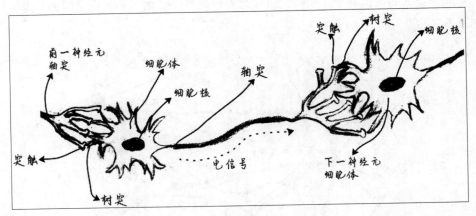

神经元

第**2**章
人工智能学科

2.1 何为智能

  智能到底是什么？在介绍人工智能的内容之前我们要先把这个概念理解清楚。智能是一个难以给出精确定义的概念，因此也产生了很多不同的定义。其实可以说智能是智力和能力的总称，它能获取外部的信息并根据这些信息实现某个目标。此外，智能也难以被量化和衡量。世界著名教育心理学家霍华德·加德纳提出了著名的"多元智能理论"，他认为每个人类个体都独立存在着以下八种智能：

- **视觉空间智能**，指人对线条、形状、结构、色彩和空间关系的感受能力，通过平面图形或立体造型将它们表现出来的能力，辨别感知空间物体之间联系的能力。
- **言语语言智能**，指人对语言的掌握和灵活运用的能力，包括听说读写等方面，比如用语言描述事件、表达思想并与人交流。
- **沟通交流智能**，指与人相处交往的能力，表现为察觉与体验他人情绪、情感和意图并据此作出适宜反应的能力。
- **自知自省智能**，指认识、洞察和反省自身的能力，表现为正确地意识和评价自身的情绪、动机、欲望、个性和意志，并在正确的自我意识和自我评价的基础上形成自尊、自律和自制的能力。
- **逻辑数理智能**，指人对结果的运算和不同结果之间关系推理的能力，表现为对事物间各种关系（如类比、对比、因果和逻辑等关系）的敏感以及通过数理运算和逻辑推理等进行思维表达的能力。
- **音乐韵律智能**，指人感受、辨别、记忆、改变和表达音乐的能力，表现为个人对音乐包括节奏、音调、音色和旋律的敏感以及通过作曲、演奏和歌唱等方式表达音乐的能力。
- **身体运动智能**，指人运用四肢和躯干的能力，包括身体协调性、平衡能力、灵活性和运动力量速度，表现为能够较好地控制自己的身体、良好的运动技能、对事件能够做出恰当的身体反应以及善于利用身体语言来表达自己思想和情感的能力。

- **自然观察智能**，指个体辨别环境的特征并加以分类和利用的能力。

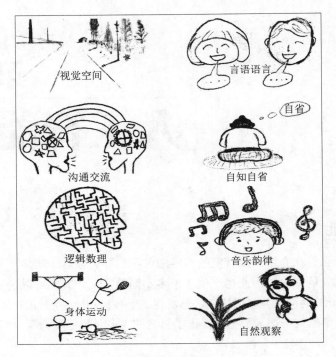

多元智能理论

2.2　何为人工智能

在了解了智能的概念之后我们再来看一下什么是人工智能，说到人工智能就涉及另外一个关键词——人工。人工即指人造的，而且这种人造必须以科学和工程的方式来实现。但需要注意的是人工智能不通过生物学来实现，也许我们可以人工培育出脑细胞，但这仍然属于天然大脑的范畴，人工智能学科要做的事是完全使用非天然的物质来构建出智能。

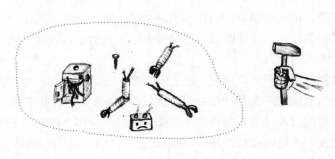

人工智能

人工智能的终极目标是制造出能够像人类一样思考和行动的机器，使得机器也拥有"多元智能理论"中的八种智能。多数人对人工智能的了解主要是通过看科幻片的方式，里面无所不能的机器人拥有着人类的思维意识、情感和超凡的能力。然而现实中的人工智能却与科幻片中的相去甚远，甚至让人大失所望。现实中的人工智能只能向我们推荐感兴趣的文章，只能帮我们过滤垃圾邮件，只能比较幼稚、生硬地跟我们聊天，只能大概地帮我们翻译，也许还能在激光雷达的帮助下完成自动驾驶。就目前的科技而言，现实中的人工智能只能完成单一且较简单的任务，而且还不一定能完成得很好，这就是理想与现实的差距。也许未来几十年，人工智能会迎来质的飞跃，但我们也听过几十年后又几十年的说法。

无所不能的机器人

　　现在的人工智能不管是在学术研究中还是在工程实践上一般都是由计算机（机器）提供硬件支持，然后通过运行在计算机上的软件来实现智能。当然也并非只能使用计算机，也可以是其他的电路设备，但电路的本质都是一样的，使用计算机可以高效搭建并验证各种智能算法，而且实现的成本也很低。计算机能保存远超人类记忆能力的海量数据，它的智能通过软件来实现，软件就是一串串执行指令，这些指令可以让计算机进行非常复杂的运算。人工智能最重要的特点就是能够自己学习，而不是人类硬通过编码叫它执行什么，所以现在的人工智能程序主要是编写一个拥有学习能力的框架，然后让机器自己去学习。

2.3　弱／强人工智能

　　人工智能的终极目标是要赋予机器思维和意识，使其能够像人脑一样工作思考。但实际上我们并不知道人脑完整详细的工作机制原理，以至于无法直接去构建一个有意识且会思考的"大脑"，也就导致了研究人员只能分开去模拟其中一小部分的功能，而且这种模拟仅限于表面功能的模拟，工作机制是否与人脑相同则不得而知。在这种背景下，人工智能学科的发展被划分出了弱人工智能和强人工智能，也称为狭义人工智能和广义人工智能。

　　那么如何区分是弱人工智能还是强人工智能呢？总体而言，以是否具有自我意识及独立思考能力来区分。强人工智能指各个方面的能力都达到了人类的水平，能模仿人类的思维、意识和学习能力，实现了人类所有的认知能力。而弱人工智能则只能专注于完成某个特定任务，模拟人类的某方面智能，比如辨别人脸、语音识别和行走等。计算机已经诞生了七八十年，它在加减乘除运算速度和记忆容量方面早已经远远超过了人类，但我们并不会说计算机的智能超过人类，因为计算机并不能在所有方面都超过人类。

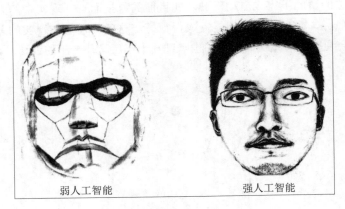

弱 / 强人工智能

目前我们经常听到的人工智能其实都属于弱人工智能范畴，它只能解决某个特定领域的问题，更多的是充当一种工具来使用。弱人工智能建立在大数据和机器学习（包括较火的深度学习）的基础上，也就是通过大量的标定的数据和算法来学习事物的模式规律。通过对数据训练得到一个模型参数，然后根据该模型实现决策和预测。反观强人工智能，它要模拟实现的是人类的各种能力，比如独立思考、自我意识、推理归纳、七情六欲等。目前来看，强人工智能领域几乎没有实质性的进展，几乎完全不具备理论工程基础，更像是一种美好的幻想。

2.4　人工智能发展史

从"人工智能"这个词正式被提出到现在已经过去了六十多年，在此期间人工智能的发展经历了几度繁荣和衰落。目前虽然已经取得了不错的进展，然而现实与理想的差距还是很大，前进道路依旧曲折。

人工智能最初期的理论甚至可以追溯到公元前，哲学家亚里士多德首次将哲学与科学分离出来，并在逻辑方面进行了研究。亚里士多德是形式逻辑学的创始人及奠基人，他认为逻辑是一切科学的基础，并且提出了著名的三段论，在演绎推理方面甚至影响至今。三段论由大前提、小前提和结论三部分组成，大前提是一般性的原则，而小前提则是一个特殊的陈述，结论由小前提和大前提得到。比如大前提是"所有人都是必死的"，小前提是"苏格拉底是人"，得到结论"苏格拉底是必死的"。

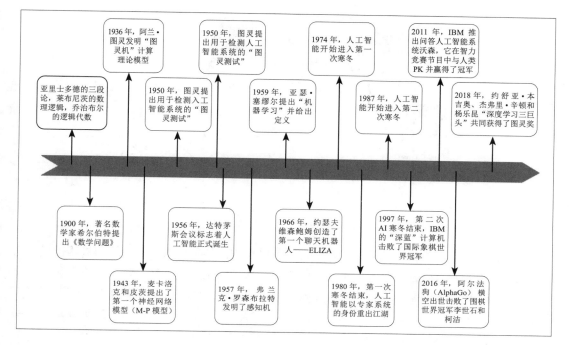

人工智能发展史

一直以来，逻辑学与数学之间并没有太多交集，直到后来德国莱布尼茨（哲学家、数学家）才尝试将它们结合起来，他一直的梦想就是将逻辑学和数学进行融合。为此莱布尼茨提出了数理逻辑的思想，当年年仅 20 岁的他就提出了万能符号和推理计算，试图建立一种世界性通用语言符号，任何问题在符号化后都能进行推理计算。

数学中可进行加法乘法运算，逻辑中的"或""与"等操作能否与这些运算结合起来呢？在 0 和 1（二进制）的情况下，逻辑"或"对应于加法，而逻辑"与"则对应于乘法，这就将算术与逻辑通过二进制运算连接了起来。逻辑代数（布尔代数）由英国数学家乔治布尔所创立，他通过逻辑公理导出推理的规律，从而构建了逻辑代数系统，并首次使用符号来描述基本的推理法则。

1900 年，在巴黎举行的国际数学家大会上，大名鼎鼎的德国数学家希尔伯特作了题为《数学问题》的演讲，其中就有一些与人工智能相关的问题。由于人工智能的理论基础就是数学，所以人工智能的很多问题都需要在数学理论中寻找答案。

1936 年，英国的阿兰·图灵（计算机科学家、数学家和逻辑学家）发表了一篇足以改变世界的论文《论可计算数及其在判定问题中的应用》，在计算机科学领域中的影响一直持续到现在。他发明了一种被称为"图灵机"的计算理论模型，该理论认为所有可计算的问题都可以由图灵机来解决，可以说图灵机是计算的基石。图灵虽然因为同性恋受到当时英国政府的迫害只活了 42 岁，却为计算机科学做出了巨大的贡献，他被誉为"计算机科学之父"和"人工智能之父"。为纪念他在计算机领域的卓越贡献，美国计算机协会于 1966 年设立图灵奖，此奖项被誉为计算机科学界的诺贝尔奖。

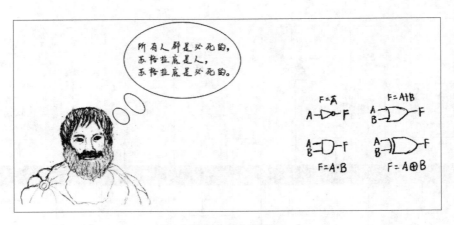

三段论与布尔逻辑

图灵机试图对人们使用纸笔进行数学运算的过程进行抽象，由一个虚拟的机器替代人们进行数学运算。它有一条无限长的纸带，纸带被分成了一个个小方格，每个方格都有一个简单的符号。机器人沿着纸带进行移动，机器人包含了一个内部状态（它的值属于"有限状态集"）。每个时刻机器人都要从当前纸带上读入一个方格信息，然后结合自己的内部状态去查找"固定程序"，根据"固定程序"的规则将输出信息写到纸带方格上并转换自己的内部状态，最后机器人进行移动，然后又继续读取新方格的符号并查询"固定程序"不断往下。每一个会决策、会思考的人都可以抽象成一台图灵机，该模型主要有四个要素：输入集合、输出集合、内部状态和固定程序。输入集合是我们的感觉器官从环境中收集到的所有信息，输出集合就是人的所有语言和表情动作，内部状态集合则对应人体内部系统的状态，固定程序则规定了某种输入对应某种输出及状态的转换。

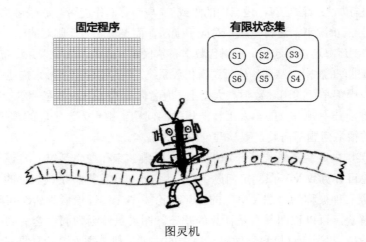

图灵机

1943 年，神经生理学家沃伦·麦卡洛克（McCulloch）和数字家沃尔特·皮茨（Pitts）发表了论文《神经活动中内在思想的逻辑与演算》，这是人工智能历史上第一个神经网络模型（M-P

模型），也是首次提出了表示人脑学习功能的一种数学方法，其中人工神经元概念也是在此提出的。1950 年，人工智能之父图灵又发表了《计算机器与智能》论文，这篇论文给出了机器和思考的定义，并且制定了"图灵测试"标准。图灵测试是一种检验人工智能的方法，这也是图灵又一著名的成就。简单来说，如果一台机器能让大家无法分辨它是机器还是人类，则认为该机器通过了图灵测试。比如在两个封闭的房间里面分别放置了一台机器和一个人，房间外边的测试人员通过机器分别与两个房间连接，测试人员通过聊天方式分别与两个房间展开对话，如果经过若干询问后测试人员都无法辨别哪个房间里面是机器哪个房间是人类，则认为该机器通过了图灵测试。

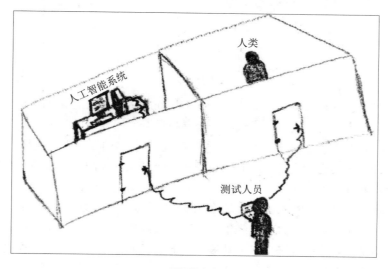

图灵测试

1956 年被称为人工智能元年，标志性事件就是达特茅斯会议，它是人工智能诞生的标志。这一年，美国汉诺斯小镇的达特茅斯学院群星荟萃，包括 5 位世界级大咖：首次正式提出"人工智能"这个词的约翰·麦卡锡、人工智能奠基者马文·闵斯基、信息论创始人克劳德·香农、计算机科学家艾伦·纽厄尔、诺贝尔经济学奖得主赫伯特·西蒙（因为大家更熟悉他的中文名"司马贺"，下文便称"司马贺"）。这些大咖聚到一起讨论如何使用机器来模仿人类的智能，这场为期两个月的研讨会汇聚了顶尖的人工智能学家并对后世产生了巨大的影响。会议上虽然没有达成普遍的共识，但却确定了该领域的学科名字：人工智能。其实刚开始大家并非都接受"人工智能"一词，有人提议"机器智能"，也有人主张"复杂信息处理"，但最终还是被约翰·麦卡锡说服统一使用"人工智能"。

达特茅斯会议过后人工智能开始快速发展，1957 年弗兰克·罗森布拉特发明了感知机，实际上它是一种最简单的人工前馈神经网络。感知机是一种二分类线性分类模型算法，刚开始感知机其实是实体机器的名字，后来才演变为算法的名字。感知机最大的贡献在于提供了一种学习机制——反馈循环，通过计算样本误差不断进行权重调整。1959 年科学家亚瑟·塞缪尔正式提出并普及了"机器学习"这个术语，并且给出了机器学习的定义——一个不需要明确编程就能让计算机拥有学习能力的研究领域。而且他发明设计的跳棋程序已经能够通过比赛不断自我学习，经过几年的学习，该程序已经能赢下美国某个州的跳棋冠军。

机器学习

1966 年，约瑟夫·维森鲍姆创造了第一个聊天机器人——ELIZA。ELIZA 并不是真正能理解人类的对话内容，它只是通过模式匹配来寻找适合的回复，以此让人产生了机器能理解对话的错觉。ELIZA 最核心的部分是对话规则脚本，最著名的规则脚本就是 DOCTOR，它能模仿心理治疗师与人类进行交流。ELIZA 也是第一个尝试图灵测试的程序，它的实现原理虽然很简单，但效果却异常的好。

而后随着政府和机构对人工智能的兴趣下降导致资金枯竭，从 1974 年起人工智能开始进入第一次寒冬，人工智能研究人员已经很难拿到研发经费了。主要的问题还是当时的人工智能无法很好地落地，程序往往在实验室能表现优异，但到了真实环境却变得很差。此外还有一个重要的原因就是人工智能研究人员盲目乐观，比如纽厄尔和司马贺在 1957 年预言十年内计算机就会成为世界象棋冠军，1965 年司马贺又预言二十年内机器能完成人类的所有工作。过高的期望导致投资机构消磨掉了耐心，不再资助该领域的研究，自此该领域进展缓慢。

Human: Men are all alike.

Eliza: In what way?

Human: They're always bugging us about something specific or other.

Eliza: Can you think of a specific example?

Human: Well, my boyfriend made me come here.

Eliza: Your boyfriend made you come here?

Human: He says I'm depressed much of the time.

Eliza: I am sorry to hear you are depressed.

Human: It's true. I'm unhappy.

Eliza: Do you think coming here will help you not to be unhappy?

Human: I need some help, that much seems certain.

Eliza: What would it mean to you if you got some help?

Human: Perhaps I could learn to get along with my mother.

Eliza: Tell me more about your family.

...

Chat:

ELIZA 聊天机器人

经历过寒冬后，1980年人工智能以专家系统的身份重出江湖，专家系统能在特定领域提供决策能力。以往对人工智能的期望值太高，主要集中在智能思维方面的研究，目标是直接朝着人类思维机制方面去模拟，这些想法都很不切实际。而且以往的做法往往都脱离了知识，没有知识的模拟方式看似是行不通了。专家系统则把知识加入到人工智能系统里面，并且将使用范围限制在某个专业领域内，由领域专家提供专业知识并录入到系统中，然后通过模拟专家的推理和判断思维来解决问题。可以这样认为：专家系统＝知识库＋推理机。比如一个医院某科的专家系统，它能根据病人的各个状态对病人进行诊断。可以看到专家系统是可以带来丰厚的经济收益的，它能在各个领域替代各类专家，从而帮助企业机构节省开支。

但很快在1987年人工智能开始进入了第二次寒冬，专家系统因将范围限定在某个特定专业领域而取得了成功，但这同样也限制了人工智能往通用化的方向发展。专家系统还存在若干个比较大的缺点，第一是它后期维护的工作量和费用比较大；第二是系统本身比较脆弱，经常出现莫名其妙的错误；第三是专家系统在知识的获取和更新方面比较困难（需要不同专业领域的专家参与）。此外，1987年还发生了"黑色星期一"的大股灾，导致人工智能相关行业和研究都受到了很大的波及。投资机构也预感这波人工智能浪潮差不多结束了，于是纷纷砍掉各项研究经费，至此人工智能进入了第二次寒冬。

专家系统

第二次人工智能寒冬的复苏从1997年开始，那年万国商业机器公司（International Business Machines Corporation，IBM）的深蓝击败了国际象棋世界冠军加里·卡斯帕罗夫，成为第一台击败国际象棋世界冠军的电脑。深蓝的成功可以说主要归功于其运算速度，它其实是一台超级计算机，超强的计算能力让它能够暴力搜索估算后面12步棋，而人类则只能预估10步棋。

此外，深蓝要能下棋它还需要人工设定好国际象棋的规则，总结起来深蓝的核心就是规则＋搜索。到 2011 年时，IBM 再次推出问答人工智能系统沃森，它能通过自然语言进行问答，并且在智力竞赛节目中与人类 PK 赢得了冠军。沃森是一个拥有超大存储容量和超强计算能力的超级计算机，它内部存储了大量的书籍、新闻、电影剧本、辞海、百科全书等，它的搜索推理引擎能从海量数据中找到置信度最高的答案。

在国际象棋被人工智能征服后，人们开始感到机器智能正在威胁着我们，也许不久的将来人工智能就能在很多领域超过人类，甚至有悲观的人会觉得机器控制人类的情形很快就会上演。不过知道深蓝工作原理的内行则非常乐观，他们知道就算机器能在国际象棋中赢得比赛，但它肯定没办法在围棋中赢得比赛。因为深蓝是靠"暴力搜索"赢得人类的，国际象棋的搜索空间是有可能被"暴力搜索"的，反观围棋的搜索空间是一个天文数字，可能情况比整个宇宙的原子数量还多，根本就无法"暴力搜索"。所以在深蓝之后，围棋一直保卫着人类的智力阵地。直到 2016 年阿尔法狗（AlphaGo）横空出世，让人类的这块智力阵地也沦陷了。AlphaGo 在蒙特卡洛树搜索、深度神经网络和强化学习等技术的加持下能够在非人工设置规则的情况下自己学会下围棋，而且还能在下棋的过程中不断学习使自己变得更加强大。它先后击败了围棋世界冠军李世石和柯洁，AlphaGo 的进化版 AlphaZero 更是能够通过自我博弈 21 天后超过 AlphaGo 的能力。

国际象棋与围棋

2018 年，有着"深度学习三巨头"之称的约舒亚·本吉奥（Yoshua Bengio）、杰弗里·辛顿（Geoffrey Hinton）和杨乐昆（Yann LeCun）共同获得了图灵奖。深度学习可以说是本轮人工智能浪潮的基础，它能让人工智能在某些方面的能力与人类相匹敌，比如在图像识别领域，在深度学习的加持下能让识别率达到甚至超越人类的水平。如果没有深度学习，很多人工智能的能力都无法在工程上落地，则无法给大众创造智能产品。

图灵奖获得者（辛顿、杨乐昆与本吉奥）

再回来看三巨头的主要贡献，首先是杰弗里·辛顿，在神经网络不被多数人看好的时候是他在默默坚持孜孜不倦地研究，最终将增加了层数的神经网络用"深度学习"重新包装后再次打回主赛道并取得了巨大的成功；同时他还提出了著名的"反向传播"，该算法为神经网络提供了学习方法，几乎成了神经网络的基本配件。其次是杨乐昆，他最大的贡献是设计发明了卷积神经网络（Convolutional Neural Network，CNN），从 20 世纪 80 年代他就开始深入研究卷积神经网络，CNN 在图像识别领域取得了巨大的成功，现在卷积神经网络成了深度学习的标准配套，广泛应用于计算机视觉、自然语言处理和语音识别等领域。最后是约舒亚·本吉奥，他将神经网络与概率模型相结合，为现代语音识别系统提供了基础。他的论文《神经概率语言模型》是将神经概率模型应用在自然语言处理的开山之作。

2006 年以来，人工智能在深度学习和大数据的加持下进入了发展的快车道，在这新一轮技术浪潮的驱动下，人工智能在很多领域不断落地应用，其中包括人脸识别、语音识别、自动驾驶、精准营销、个性化推荐、智能客服、安防系统等。更多的技术研究也不断在进行着，深度学习不断与传统的机器学习相结合，比如贝叶斯与神经网络、迁移学习与神经网络、强化学习与神经网络和图模型与神经网络等。其次是无监督或半监督方面的神经网络模型，试图解决或缓解监督学习中样本标注的成本问题。最后是为了解决神经网络缺乏知识的问题，在深度模型中引入外部知识。下一个突破点在哪里？下一个撬动整个人工智能行业的技术方向是什么？下一个能载入人工智能史册的大事件何时才会到来呢？让我们拭目以待。

2.5　三大学派

在人工智能的整个发展过程中，由于人类智能的高度抽象性、高度复杂性以及高度黑盒性，不同的研究人员对人工智能有不同的理解，他们对人工智能的实现有着自己的主张，由此也就产生了三大人工智能学派。每个学派的理论基础都不一样，它们都在历史的不同时期各自发挥了重要的作用。符号主义主要研究的是通过知识符号化以及知识的逻辑推理来模拟智能，而连接主义学派则主要研究如何通过神经网络结构来模拟实现大脑的学习认知，行为主义学派则是研究生物体与环境之间互动的模式。

2.5.1　符号主义学派

符号主义学派将符号作为人类认知的基本元素，他们认为可以对人类的智能行为进行符号化并能对这些符号进行操作，即将认知过程抽象为符号操作过程。该学派的理论根据是基于人是一个物理符号系统，而计算机也是一个物理符号系统，所以能够通过计算机的符号操作来模拟人类的智能行为。符号主义的核心问题是知识的表示和推理，为了模拟人类大脑的逻辑思维，必须将知识符号化后进行推理运算，从而实现人工智能。该学派的代表人物有：艾伦·纽厄尔、赫伯特·西蒙、尼尔斯·约翰·尼尔森等。

符号主义的理论基础是数理逻辑（符号逻辑），这是一门通过数学方法来研究逻辑的学科。可以说从 1956 年达特茅斯会议创造"人工智能"以来的几十年内的主流都是符号主义，也就是说早期的人工智能研究者基本都属于该学派。该学派的代表成果是 1957 年纽厄尔和西蒙等人研制的数学定理证明程序逻辑理论家（Logic Theorist，LT），它能够在计算机上实现逻辑演绎，自动证明了 38 条数学定理，由此也说明了人类的思维是能够通过计算机来模拟的。该学派先后发展出了启发式算法、专家系统、知识工程等理论技术，使得人工智能的研究得到了相当大的进展，尤其是专家系统的成功开发和应用使人工智能产生了巨大的商业价值。

2.5.2 连接主义学派

每个人的大脑都有超过百亿个神经元细胞，它们错综复杂地互相连接，也被认为是人类的智慧的来源，所以人们很自然地想到能否通过大量神经元来模拟大脑的智能行为。连接主义源自于仿生学，主要对人脑模型进行仿真，它认为神经网络结构及其连接机制能够产生智能。与符号主义不同的是连接主义将神经元作为人类思维意识的基本元素，海量神经元之间互相连接，通过这些相连神经元的相互作用就能实现人工智能。该学派的代表人物有：沃伦·麦卡洛克、沃尔特·皮茨、约翰·霍普菲尔德、大卫·鲁梅尔哈特等。

连接主义学派主要的研究对象是神经网络，包括它的拓扑结构、神经元特性、学习方法以及非线性性质等。相比于符号主义，连接主义不认同"物理符号系统"一说，它认为模拟人脑不能直接通过计算机的符号操作来实现，而是应该通过神经网络连接的方式来模拟大脑。它着重于强调神经元产生的作用，而并非是逻辑符号。1943 年生理学家麦卡洛克和数理逻辑学家皮茨创立的神经元脑模型（M-P 模型）是该领域最早的标志性成果，连接主义在往后到如今的发展过程中也经历了起起伏伏，后面会详细地介绍神经网络。我们要知道的是虽然神经网络发展过程艰难，但仍然因为少数人的坚持使之迎来了春天，近些年非常火热的深度学习就是由连接主义学派创造的。

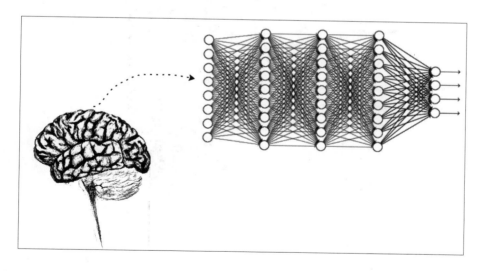

2.5.3 行为主义学派

行为主义学派的出发点与其他两个学派完全不同，他们认为智能行为取决于感知和行动，可以通过"感知—行动"的模式来模拟智能。行为是个体用于适应环境变化的各种身体反应的组合，而理论目标就在于预见和控制行为。该学派完全摒弃了所谓的"知识"概念，不需要去获取知识也不需要进行知识推理，他们认为智能行为可以在现实世界中与周围环境交互的过程中产生，人工智能可以像人类的智能一样逐步进化出来。

　　行为主义学派的理论基础是控制论，控制论在自控理论、统计信息论和生物学的基础上发展而来，机器的自适应、自组织、自学习功能都是由系统的输入输出反馈行为决定的。从中可以看出控制论的核心就是反馈，反馈产生了智能。控制论由诺伯特·维纳所提出，他是一个神童，被誉为"控制论之父"。

　　行为主义强调从个体与环境之间行为的交互中产生智能，不再将重点放在如何从个体内部去实现智能。智能的产生需要个体和环境两个对象，它们之间的相互作用包括输入和输出两种，环境对个体施加的作用为输入，它能让个体产生变化，而个体对环境的响应则为输出，它会使环境发生变化。如果以个体的角度来看就是个体对环境进行感知后作出相应行动，这就是行为主义的核心思想。行为主义为人工智能开辟了一条新的道路，在历史上也取得了很多成果，而现在人工智能的一个非常重要的方向——强化学习，就是由行为主义发展而来的。

第**3**章
图灵机与计算机

　　前面已经对生命、智能、大脑以及人工智能等相关的概念内容进行了介绍，接下来我们将探索人工智能相关的重要理论基础，了解承载人工智能的数学模型以及实体机器。当前的人工智能实际上还属于数学问题的范畴，人工智能的发展也需要数学的理论支持。我们在讨论人工智能时本质上是在讨论可计算问题，著名的邱奇—图灵论题（Church-Turing thesis）表明一切可计算问题都可以使用图灵机来模拟计算，该理论由美国数学家邱奇和英国数学家图灵共同提出。图灵所提出的图灵机本质是一种计算模型，计算针对的是具有确定性的事情，而不确定的事则超出了计算的范围。

　　当前的人工智能基于计算机，人工智能算法几乎都是运行在计算机里面的，所以计算机的工作原理也是我们必须要了解的。此外我们还要知道，计算机只是提供了一种计算硬件的实现，尽管计算机从诞生到现在已经经历了好几代，但从解决问题的角度来看它还是没有超出图灵机的范畴。

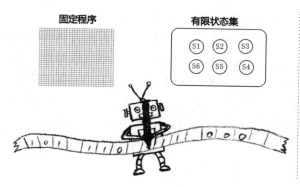

图灵机与计算机

　　前面提到了一个非常重要的概念——可计算问题，整个人类社会乃至宇宙所涉及的问题无穷无尽，如果我们以数学的角度来看则可以用下图来表示不同类型问题的包含关系。最大的集合是"所有问题"，它包含了人类的所有问题。然而并非所有的问题都能归类到"数学问题"中，只有其中一小部分才是"数学问题"，毕竟有很多事情无法通过公理化的思想去看待。在所有"数学问题"中，有一部分问题我们可以知道它是否有解，这类问题就叫"可判定问题"。更进一步，"可判定问题"中有一部分是有解有答案的，我们称之为"有答案问题"。在所有"有答案问题"中有一部分无法通过计算得到答案，而另外一部分则可以通过计算来得到答案，这些问题叫"可计算问题"。"人工智能问题"属于"可计算问题"中的一部分，所以可以说当前人工智能基于计算。对于图灵机来说，"可计算问题"就是能够在有限步骤内计算的问题，只要一个问题的解是有限步骤的，那么不管需要消耗多少时间都可以计算出答案。

问题包含关系

3.1　图灵机

图灵认为任何可计算的问题都可以使用图灵机来模拟。对于某个可计算问题，我们根据一组确定的规则就可以通过移动纸带来得到问题的解，这组规则规定了如何在纸带上读写和移动。越复杂的问题需要的纸带就越长，同时我们可以将纸带看成是无限长的。

图灵在构想图灵机时思考如何抽象一个计算过程，他思考着如何通过一个模型来描述计算的一般过程，那个年代的计算人员会在一张纸上通过数字和运算符号进行计算。图灵将这个在纸上的计算过程想象成在一条很长的纸条上，长纸条被划分成很多个方格，计算就在这些方格中进行。以乘法计算为例，如果我们要人工计算 12×11 的结果则一般会通过竖式进行计算，这种竖式就可以通过长纸条的方式来描述，计算方式不同但本质却是不变的。

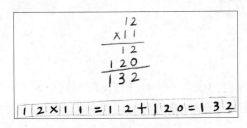

乘法例子

将整个运算过程变成一条长纸条后我们需要关注的是纸条上不同位置的数字，这就好比有一个指针在纸条上移动读取纸带的内容，同时还会将一些运算结果写到纸带上。而对数字的具体运算操作则由计算人员来决定，比如是要相乘还是要相加。根据上述思路我们再看前面 12×11 的例子，首先是分别读取 1 和 2 执行 1×2 运算并将结果写回纸条中，然后分别读取 1 和 1 执行 1×1 运算并将结果写回纸条中，以上步骤组成的中间结果为 12。同样地，对 11 的十位数进行类似操作并将结果写回纸条中，中间结果为 120。

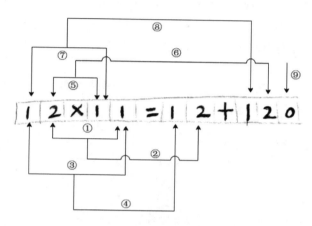

分别读取 1 和 2 执行运算

现在继续对两个中间结果进行计算，此时要做的是加法运算，这个操作可以看成是由计算人员的思维状态所决定的。分别读取两个中间结果的个位、十位和百位并进行相加，然后分别写回纸条中，它们组成的最终结果为 132。

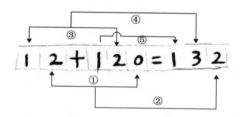

分别读取结果的个位、十位、百位进行相加

从上面简单的例子我们大致了解了在纸条上进行计算的过程，可以看到整个计算过程可以被拆分成多个小阶段，每个小阶段都只需要一小部分符号参与，而具体的操作则由参与的符号和计算人员的思维状态决定。如果以串行的角度来看，计算人员每次只读取纸条上某个方格的符号，下一步是继续读取纸条上的某个方格还是对纸条上的某个方格写上符号则取决于当前符号和计算人员的思维状态。对计算过程的上述抽象使得我们能够通过机器来模拟某个计算行为，包括任何计算在内。

下面我们详细介绍图灵机的组成结构和工作机制。一个图灵机包含了四个部件：一条很长（可以看成无限长）的纸带、一个能读取和修改纸带内容的机器人、机器人的内部状态（所有内部状态的值都属于"有限状态集"，比如图中的 S1/S2/S3/S4/S5/S6）以及一个用于控制机器人移动的"固定程序"。

图灵机的大致工作流程为：机器人读取纸带上当前方格的符号，然后结合自己的内部状态去查找"固定程序"，接着根据"固定程序"的规则将输出信息写到纸带方格上并转换自己的内部状态，最后机器人进行移动，然后又在新的位置按上述过程不断往下执行。可以看到核心是"固定程序"，它指明了每种内部状态下遇到纸带上的符号时应该如何进行操作，这些操作包括修改纸带当前方格的内容、机器人向左或向右移动一个方格、机器人内部状态的切换。

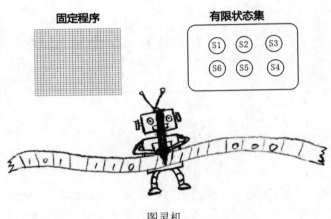

图灵机

假设机器人当前的内部状态为 S，机器人读取到的当前格子的符号为 X，"固定程序"指明应先将当前格子的符号改为 Y（不改动用"&"表示），然后将机器人的内部状态改为 Q，最后移动机器人（向右移动一格用→表示，向左移动一格用←表示，不移动用 @ 表示）。那么我们就能用一个五元组来表示图灵机的每个执行操作，比如 (S,X,Y,Q, →)、(S,X,&,Q, ←) 和 (S,X,Y,Q,@) 等。

固定程序是由有限个五元组来描述的，为方便大家理解我们绘制了如下的固定程序表，每一行都可以看成是一条规则。每个时刻的内部状态和当前格子符号都是已知的，根据它们的值去查找固定程序表中的规则，然后就能知道如何更新当前格子和内部状态，以及如何移动机器人的位置。

假设有一张"1101"纸带，机器人初始内部状态为 S1，那么它的运行过程为：刚开始机器人读取到当前格子符号为 1 且内部状态为 S1，此时符合固定程序表中的第一条规则，需要将当前格子符号和内部状态分别改为 0 和 S2，然后向右移动一格。此时符合固定程序表中的第三条规则，需要将当前格子符号和内部状态分别改为 0 和 S3，但不改变机器人的位置。此时符合固定程序表中的第六条规则，不改变当前格子符号，但需要将内部状态改为 S6，然后向右移动一格。

内部状态	当前格子符号	当前格子更新为	内部状态更新为	移动机器人位置
S1	1	0	S2	→
S1	0	1	S4	←
S2	1	0	S3	@
S2	0	&	S4	@
S3	1	&	S5	←
S3	0	&	S6	→
.	.	.	.	.
.	.	.	.	.
.	.	.	.	.

固定程序表

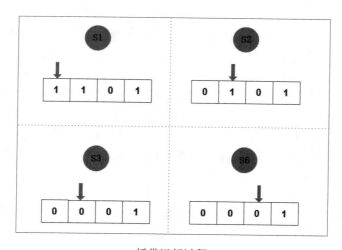

纸带运行过程

接下来举一个具体的例子来分析一台简单的图灵机是如何工作的，这台图灵机的功能是将纸带上的二进制数加一，遇到连续两个空白符则停止。类似如下的纸条，机器人从最右边开始往左扫描，最终以两个空白符结束。

为了执行加一功能我们要指定一个固定程序表，该程序表一共有七条规则，具备 S1、S2 和 S3 三种内部状态。其中 S1 表示加一操作状态，如果当前格子符号是 0 就改为 1 表示加一，而当是 1 时则改为 0 并且继续往前一位加一，遇到空白符号时则要将当前格子符号改为 1 表示进位。而 S2 则表示右移操作状态，当前格子符号为 0 和 1 时都直接右移一位并且不改变当前格子的值，遇到空白符号时则跳到 S3 状态。最后的 S3 表示停机状态，如果当前格子符号为空白符则表示已经连续两个空白符了，意味着计算已经完成，停机即可。

固定程序表

内部状态	当前格子符号	当前格子更新为	内部状态更新为	移动机器人位置
S1	0	1	S2	←
S1	1	0	S1	←
S1	空白	1	S3	←
S2	0	&	S2	←
S2	1	&	S2	←
S2	空白	&	S3	←
S3	空白	&	停机	@

整个执行过程如下图，刚开始内部状态为 S1 且当前格子符号为 1，根据第二条规则将当前格子更新为 0，而内部状态仍然为 S1，然后向左移动一格。此时内部状态为 S1 且当前格子符号为 0，根据第一条规则将当前格子更新为 1，内部状态更新为 S2，然后向左移动一格。此刻内部状态为 S2 且当前格子符号为 1，根据第五条规则当前格子和内部状态都不更新并向左移动一格。下一刻的内部状态和当前格子符号都与前一刻的相同，也是仅需向左移动一格即可。接着内部状态为 S2 且当前格子符号为空白，根据第六条规则不更新当前格子但将内部状态改为 S3，然后向左移一格。最后时刻的内部状态为 S3 且当前格子符号为空白，所以执行停机操作，不需要改变当前格子且不移动机器人位置。

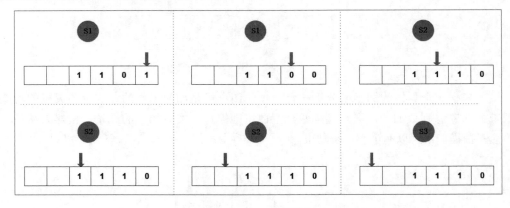

"1101"加一运算过程

我们再来看当纸带为"1111"时的执行情况，该情况特殊的地方在于加一后会导致进位超出原来的位数。刚开始内部状态为 S1 且当前格子符号为 1，根据第二条规则将当前格子更新为 0，而内部状态仍为 S1，然后向左移动一格。接下去的三步都是相同的情况，只需根据第二条规则执行相同的操作。直到第五步时内部状态为 S1 且当前格子符号为空白，此时根据第三条规则要将当前格子更新为 1 且内部状态改为 S3，然后向左移动一格。最后一步的内部状态为 S3 且当前格子符号为空白，到达停机状态。

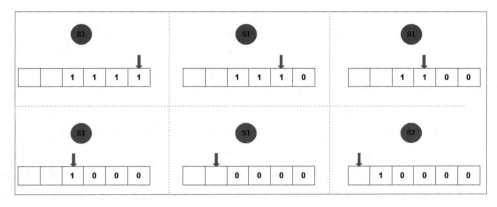

"1111"加一运算过程

了解了图灵机的工作原理后是不是感到很惊讶？就这么简单的一个五元组模型竟然可以拿来实现任何计算任务！不禁让我们再次感叹图灵机的伟大，大道至简的哲理体现得淋漓尽致。我们再进一步思考下，有没有一台图灵机能够执行任何其他的图灵机呢？如果存在的话我们就好比得到了一台万能的图灵机。事实上是存在这样的图灵机的，它被称为"通用图灵机"。假设我们有一个输入信息 input，将其输入到图灵机 M1，M1 计算得到的结果为 output。那么将输入信息 input 和图灵机 M1 都输入到通用图灵机 M，M 经过计算后得到的结果也为 output。也就是说通用图灵机的输入多了一个图灵机，可以看成是将固定程序表输入给了通用图灵机，这样它就能模拟任意一台图灵机了。为了更好地理解通用图灵机，我们可以通过现代计算机的角度来看，通用图灵机就类似于一个程序解析器，而一个程序就好比是一台图灵机，任意一个计算任务都可以编写成一个程序，程序解析器对程序进行解析并执行从而得到结果。

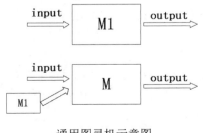

通用图灵机示意图

3.2　计算机

图灵机从理论上为我们提供了一种计算模型，而计算机则是现实中能用来计算的一种硬件设备。现代电子计算机属于狭义上的计算机，而广义上的计算机其实包括所有人类制造出来的计算设备，比如古代的算盘也属于计算机，只不过它是靠人力驱动的，再比如机械式计算机，使用机械齿轮来进行运算。

我们现在的日常生活和工作几乎都离不开计算机，电脑、手机和其他智能设备从本质上看都是计算机，对于普通人来说更多是把计算机看成是一种文本、图像、声音和动画结合的多媒体设备。计算机为人类提供了智能高效的帮助，在很多方面上都已经将人类远远甩在了后面，而这一切都建立在它们强大的计算能力之上。

计算机的发展并非一蹴而就，它从诞生开始就不断地高速发展着。构建计算机的硬件介质可能不同，比如可以使用晶体管和电子管，甚至是竹竿和绳子，使用材料的不同会导致制造的方式和运算速度不同，但它们背后的理论原理还是一样的。现代计算机系统已经发展得非常庞大且复杂，要理解计算机的运行原理已经变得异常艰难。如果我们要理解计算机的运行原理就要先从计算机的本质思想开始，而不是一味地抱着高层的概念不放，最好的学习方式就是先抛开具体的硬件，搞懂基本原理思想，然后再进入到现代计算机的相关概念。

3.2.1　布尔逻辑

布尔逻辑是计算机最基础的核心理论。为什么这么说呢？因为不管是我们使用的手机电脑或是其他的智能设备都是基于存储芯片和处理芯片，虽然这些芯片的外观和构成都不同，但它们的基本模块却是一样的，都是基于逻辑门构建而成。逻辑门的理论基础就是布尔逻辑，我们可以使用不同的介质材料和制造工艺来实现逻辑门，这不会影响它的逻辑行为。布尔逻辑中的"布尔"其实是一个人名，编程人员很熟悉的布尔类型就是这个"布尔"。布尔全名为乔治布尔，他是英国的一个数学家，他最大的成就就是通过二进制将逻辑与数学进行了融合，从而使逻辑能进行计算操作。算术可以执行加法和乘法，而基本逻辑主要是"或"和"与"，能否也用加法和乘法来表达计算呢？逻辑"或"表示两个命题只要其中一个为真命题就是真，可使用加法和乘法来表示。逻辑"与"表示两个命题都要为真命题才是真，对应乘法运算。上述运算只有在 0 和 1 的情况下才能成立，所以只有通过二进制运算才能将算术与逻辑串联起来。

为了帮助大家理解逻辑"与"和"或"，下面通过灯泡、电源、电线和开关组成的电路来进行说明。我们主要关注两个开关的连接方式，左边的电路以串联的方式将两个开关连起来，而右边的电路则是以并联的方式将两个开关连起来。对于串联电路，只有将两个开关都合起来时灯才会亮起来，这种电路实现了逻辑"与"功能，两个开关分别对应两个命题，两者都为真时灯泡才会亮。对于并联电路，当其中一个开关或者两个开关都合起来时，灯都能亮起来，这种电路实现了逻辑"或"功能，两个命题只要有一个为真就能让灯泡亮。

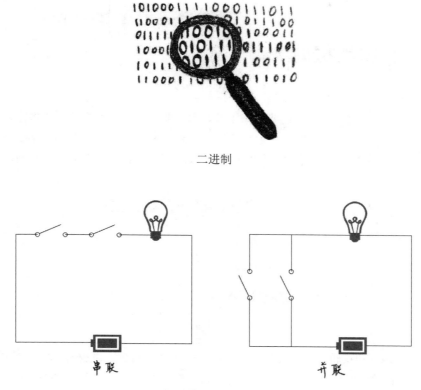

二进制

串联、并联电路图

在电路中，开关是一种电路元件，顾名思义它要么是开着要么是关着，只能处于"开"或者"关"的状态。开关的两种状态对应着二进制（0 或 1），为什么要使用二进制呢？主要是因为二进制是表现差异的最小刻度，而且二进制形式的逻辑是最容易模拟的。我们可以将信号切分为完全不同的两类，比如将灯泡分为通电时的亮和不通电时的不亮，又比如一根竹竿向右移和向左移。实际上计算机就是二进制的世界，就算是显示屏看到的数字、字母、文字也都是由二进制表示的。此外我们要知道，超过两种状态的集合可以通过二进制的不同组合来描述。

除了用电路来实现逻辑门，我们还能使用机械的方式来模拟。下图是逻辑"或"的机械组成，主要包括三个滑竿、一个挡板和一个弹簧，当滑竿不动时表示信号为 0，而当滑竿向右移时表示信号为 1。左边两个滑竿分别表示输入 X 和输入 Y，当其中一个滑竿向右移动后将通过挡板压缩弹簧并推动右边的滑竿向右移动，从而使得输出 Z 的信号为 1。当输入的滑竿往左移回时，输出 Z 的滑竿在弹簧的作用下重新弹回原处。我们可以看到，不管是输入 X 还是输入 Y 的右移都将使输出 Z 右移，从而实现了逻辑"或"功能。

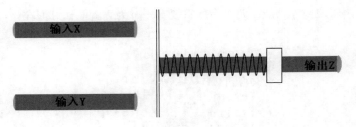

逻辑"或"

为了说明逻辑"与"功能,我们要先来了解逻辑"非"的机械组成。它能将输入信号反置,比如输入信号为 1 则输出信号为 0,反之亦然。当输入 X 的滑竿向右移时将导致输出 Z 的滑竿向左拉伸,而当输入 X 的滑竿向左移时输出 Z 的滑竿在弹簧的拉力下向右拉回。

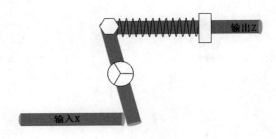

逻辑"非"

有了逻辑"或"和逻辑"非"组件后我们看下如何将它们组装成逻辑"与",先将两个"非"组件的输出端对接到"或"组件上作为它的输入,然后再将"或"组件的输出端对接到另外一个"非"组件上作为其输入,最终的组成如下所示。当输入 X 和输入 Y 都为 1 时,两个"非"组件的输出滑竿都将拉伸弹簧并向左移,此时"或"组件的挡板在弹簧的弹力下也朝左边移动,最后的"非"组件在弹簧的拉力下向右移动,最终的输出 Z 为 1。注意到假如两个输入只有一个为 1,那么将无法引起挡板向左移,也就是说输出 Z 都为 0。

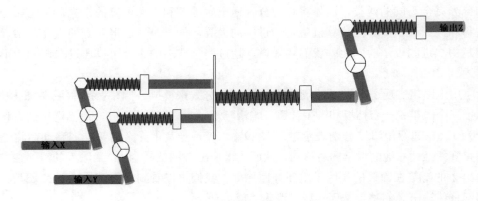

逻辑"与"

3.2.2　逻辑电路

　　将布尔逻辑运算带入计算机中的人是克劳德·香农，香农是一名贝尔实验室的工程师，比起有名的科学家，香农的名气不算大，估计只有计算机专业的人有了解过他，而且大家知道他也是因为信息论。其实香农的伟大成就还包括将逻辑运算融入到数字电路中，即将二进制运算与电子器件相结合实现逻辑功能，从而奠定了如今计算机的运算机制。他设计出了相加电路来构造复杂的算术运算，这些电路成为现代计算机的基础组件，包括后面越做越小的晶体管也是基于香农的电路原理。

Table I. Analogue Between the Calculus of Propositions and the Symbolic Relay Analysis

Symbol	Interpretation in Relay Circuits	Interpretation in the Calculus of Propositions
X	The circuit X	The proposition X
0	The circuit is closed	The proposition is false
1	The circuit is open	The proposition is true
$X + Y$	The series connection of circuits X and Y	The proposition which is true if either X or Y is true
$X Y$	The parallel connection of circuits X and Y	The proposition which is true if both X and Y are true
X'	The circuit which is open when X is closed and closed when X is open	The contradictory of proposition X
=	The circuits open and close simultaneously	Each proposition implies the other

香农论文中的描述表

　　数字电路的逻辑元件是计算机的基础元件，通过它可以完成逻辑（布尔）运算。同样的，逻辑运算的输入和输出都只有 0 和 1 两种状态。最基础的逻辑元件包括"与门""或门"和"非门"三种，分别对应"与""或"和"非"操作。"与门"的逻辑符号如下图所示，通过左边的两个输入信号来得到右边的一个输出信号，可以看到只有当两个输入都为 1 时输出才为 1，其他情况都为 0。

A	B	Y = AB
0	0	0
0	1	0
1	0	0
1	1	1

"与门"

　　"或门"的逻辑符号如下图所示,通过 A、B 两个输入信号得到输出信号 Y。右边是"或门"的输入—输出对应表，可以看到只要 A、B 两个输入其中一个为 1，那么输出就为 1。注意这里的"+"是逻辑运算符"或"，如果要转成算术的话则是 Y=A+B－(A×B)。

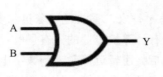

A	B	Y = A+B
0	0	0
0	1	1
1	0	1
1	1	1

"或门"

"非门"的逻辑符号如下图所示,通过输入信号 X 得到输出信号 Y。"非"就是一个取反操作,所以可以看到当 X 为 0 时 Y 为 1,当 X 为 1 时 Y 为 0,即取输入信号相反的信号。

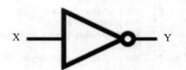

X	Y = $\overline{X}$
0	1
1	0

"非门"

以上三种逻辑门是集成电路的基本组件,通过这些基本组件我们就能实现所有逻辑运算,不管现代计算机有多复杂,它的本质都是由这三种逻辑门实现,通过成千上万个逻辑门实现计算。下面是使用两个"或门"组成一个三输入"或门"的例子,第一个"或门"的输出作为第二个"或门"的输入,这样就组成了三输入的"或门",ABC 三个输入任意一个输入信号为 1 则输出为 1。三个输入时一共有 8(2^3)种不同的输入组合,各种组合的输入输出详细情况在下表中。

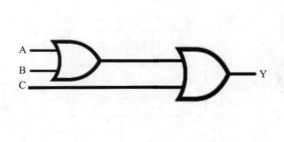

A	B	C	D
0	0	0	0
0	0	1	1
0	1	0	1
0	1	1	1
1	0	0	1
1	0	1	1
1	1	0	1
1	1	1	1

三输入"或门"

我们尝试从另外一个角度来看逻辑门,某个逻辑门或由多个逻辑门组合而成的组件其实就是一个映射器，它们将不同情况的输入映射到输出结果，比如将 A=1、B=1、C=0 映射到 Y=1。实际上存在这么一个重要的结论：我们可以通过"与""或""非"等几个简单的基础逻辑模块来实现任意由 0 和 1 表示的输入和输出，即将任意指定的输入信号映射到指定的输出结果。

0 和 1 的威力是巨大的，它们能对任何事物进行编码，比如字母、数字、单词之类的。对于超出两种状态的情况则可以使用多个 1 和 0 的组合来表示，比如 8 个二进制位就可以产生 256（2^8）种不同的组合。当我们要对某个事物进行编码时则需要先确定该事物所有可能的状态数，然后就可以反过来计算需要多少位二进制来组合。比如美国标准信息交换编码（American Standard Code for Information Interchange，ASCII）由 8 位二进制组合，从 0 到 127 分别用于表示不同的字符，包括各种符号、英语字母、阿拉伯数字等。

下面以一个简易投票器为例说明具体业务场景的逻辑该如何设计，假设一共有三个人对某项提议参与投票，如果赞成的人数大于等于 2 则认为该项提议通过。现在我们要先确定输入的各种情况，A、B、C 三人都可以投赞成或反对，其中赞成使用 1 表示，而反对则用 0 表示。输出只需要一个二进制位即可，其中 1 表示通过，0 表示不通过。一共会有 8 种情况，详情如下表格所示。有了输入输出映射表后还有一个很大的问题摆在我们面前，那就是要选择哪种逻辑门来组装呢？每种逻辑门要选择几个呢？这些逻辑门应该如何组装起来呢？为了解决这些问题，我们首先要做的就是将输入和输出表达出来，那么就可以使用 Y=AB+AC+BC 来表示输入和输出的映射，注意这里的"+"表示逻辑"或"，而 AB 则表示 A 与 B。有了表达式后一切就变得简单了，A、B、C 分别组合后作为三个逻辑"与"组件的输入，然后再将三者的输出分别输入到两个逻辑"或"组件组成的三输入"或门"中，这样便通过若干组件完成了投票器的组装。

投票器的输入和输出

A	B	C	Y
0	0	0	0
0	0	1	0
0	1	0	0
0	1	1	1
1	0	0	0
1	0	1	1
1	1	0	1
1	1	1	1

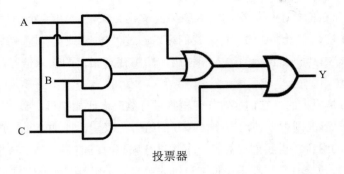

投票器

3.2.3　加法器

介绍完上述这些逻辑门也许会让你觉得它们与我们平常看到的计算机简直大相径庭，但实际上它们是计算机最核心的部件——中央处理器（Central Processing Unit，CPU）的基石。一块指甲盖大小的芯片上雕刻了几百万到几十亿个晶体管，晶体管是一种可以像开关一样工作的元器件，而逻辑门就是由这些晶体管构成。大量的晶体管通过一定的方式组合起来就能够实现复杂的逻辑运算和算术运算，即 CPU 的算术逻辑单元（Arithmetic Logic Unit，ALU），作为核心组件。算术逻辑单元以全加器作为基础，可以完成加、减、乘、除四则运算和各种逻辑运算。

为什么仅仅用全加器就能实现各种算术运算呢？这是因为数学家已经证明了其他运算都可以通过加法来实现，比如乘法、除法、平方、开方、对数等。也就是说算术运算都能转换成加法运算，加法是一切运算的基础。我们更进一步看看加法器要如何设计。首先要分析最简单的一个数位加法的情况，先列出所有情况：0+0=00、0+1=01、1+0=01 以及 1+1=10，从中可以确定它有两个输入和两个输出，两个输出分别为"和位"和"进位"。相应地，可以列出输入和输出映射表。

一位加法器的输入和输出

A	B	和位 S	进位 C
0	0	0	0
1	0	1	0
0	1	1	0
1	1	0	1

由于一个"与""或""非"基础元件最多只能有两个输入和一个输出，所以我们要将"和位"和"进位"分开，分别分为"A—B—S"与"A—B—C"两组进行设计。对于"A—B—S"，我们找到"和位"为 1 的两行并写成逻辑表达式 $\overline{A}B$ 和 $A\overline{B}$，然后将它们相加起来得到 $S = \overline{A}B + A\overline{B}$。根据这个表达式很容易能够设计出逻辑门电路图，具体如下图所示。

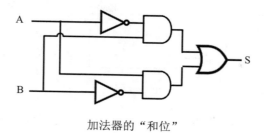

加法器的"和位"

实际上这个电路就是非常常见的"异或"门，可以用如下的电路符号简化表示，也可以使用运算符⊕来表示。

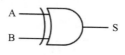

"异或"门简化版

接着再看"A—B—C"组合，找到"进位"为1的那行并写成逻辑表达式 AB，即 C=AB。很明显这是一个"与"逻辑，于是在前面电路的基础上加上一个"与门"，这个输出作为进位。具体如下图所示，这个电路图实际上被称为半加器，之所以叫半加器是因为它只能处理两个一位数相加，并不能处理从低位进上来的进位。

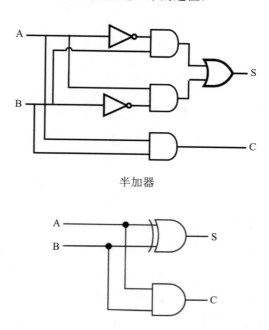

半加器

半加器简化版

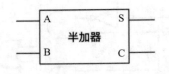

半加器元件

　　半加器只考虑了当前位计算结果的进位，它无法输入低一位的进位，为了实现真正能使用的加法器我们还得考虑从低位上来的进位，这种支持低位进位的加法器被称为全加器。为帮助大家理解进位问题我们来看 11+101 加法计算过程，从最低位开始 1+1 输入到半加器，得到"和位"为 0 "进位"为 1，倒数第二位 1+0 输入到半加器得到"和位"为 1 "进位"为 0。此时就可以发现半加器第二位的结果是有问题的，这是因为从最低位上来的进位没有参与计算，正确的计算方式应该是 1+0+ 进位。类似地，每个位上面的计算都要前一位的进位参与计算才能保证结果的正确性，于是一共需要三个输入。

$$
\begin{array}{r}
11 \\
+\ 101 \\
\hline
1000
\end{array}
\qquad
\begin{array}{r}
11 \\
+\ 101 \\
+1110 \quad \longleftarrow 进位 \\
\hline
1000
\end{array}
$$

　　理解了半加器与全加器的关系后我们再来看全加器应该怎么设计，由于前一进位要参与计算，所以需要将其作为一个输入，即包括 A、B 和 C_i 三个输入。全加器的输入输出映射表如下，根据"和位"和"进位"分为"A—B—C_i—S"与"A—B—C_i—C_o"两组进行设计。

全加器的输入输出

A	B	前一进位 C_i	和位 S	当前进位 C_o
0	0	0	0	0
0	0	1	1	0
0	1	0	1	0
0	1	1	0	1
1	0	0	1	0
1	0	1	0	1
1	1	0	0	1
1	1	1	1	1

　　对于"A—B—C_i—S"，找到 S 为 1 的行，可以写出表达式 $S = \overline{A}BC_i + \overline{A}B\overline{C_i} + A\overline{B}\,\overline{C_i} + ABC_i$，进一步可以化简为 $S = A \oplus B \oplus C$。根据化简后的表达式可以画出对应的电路图，A 和 B 输入到"异或"电路后的输出又与 C_i 输入到另一个"异或"电路中。

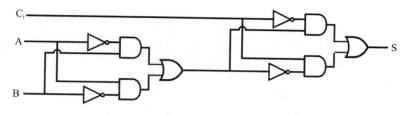

全加器"和位"

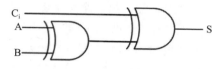

简化电路图

对于"A—B—C_i—C_o"找到 C_o 为 1 的行，可写出表达式 $C_o = \overline{A}BC_i + A\overline{B}C_i + AB\overline{C_i} + ABC_i$，进一步可以化简为 $C_o = C_i(A \oplus B) + AB$。根据化简后的表达式结合全加器"和位"的电路图我们可以画出下面的电路图，其中 $A \oplus B$ 可以共用原来的电路部分，它们的输出再与 C_i 一起进入到一个"与门"，剩下的部分通过"与门"和"或门"组合起来即可。

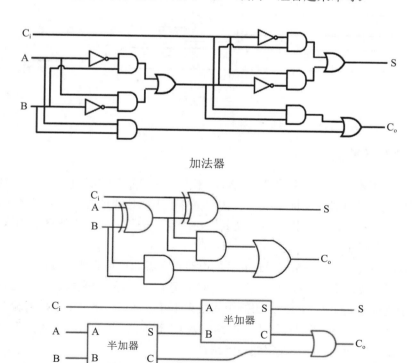

加法器

简化电路图

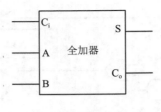

全加器元件

有了全加器就可以根据需要实现指定数位的加法器，比如要实现三位的加法器可以按如下的方式来连接全加器。使用三个全加器，第一个全加器的 C_i 默认输入 0，第一个全加器的 C_o 输入到第二个全加器的 C_i，第二个全加器的 C_o 输入到第三个全加器的 C_i。这样便组成了一个三位的加法器，其中第一个数为 $A_2A_1A_0$，而第二个数为 $B_2B_1B_0$，它们相加的结果为 $S_3S_2S_1S_0$。假如 $A_2A_1A_0=011$，$B_2B_1B_0=101$，那么输入到三位加法器后 $S_3S_2S_1S_0$ 为 1000。同理地，我们可以通过任意个全加器实现任意位数的加法器。

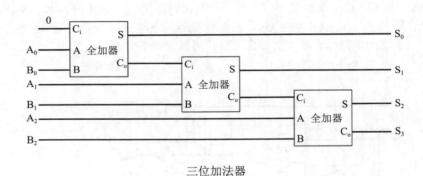

三位加法器

3.3.4 现代计算机

现代计算机就是靠这些大量的基本逻辑门来实现各种复杂功能的，包括计算机结构中的寄存器、计数器、译码器、地址译码器、总线、内存等都是通过逻辑门来设计实现的。我们不再继续深入讲解每种组件的详细功能及其构建，重点是我们要知道计算机的这些模块都可以通过逻辑门组合而成。

对于某些问题我们通过逻辑门设计具体的电路来完成计算是非常低效且不友好的，而且计算过程中可能需要我们手动进行操作。比如我们实现了一个加法器来执行 (11+22+33)+(44+55) 的计算，这个过程要先输入 11 和 22 得到中间结果 1 并手动记录下来；然后再输入中间结果 1 和 33 得到中间结果 2 并手动记录下来；继续输入 44 和 55 得到中间结果 3 并手动记录下来；最终输入中间结果 2 和中间结果 3 得到最终结果。

为了将上述过程更加自动化，我们需要一种存储器，它可以用来保存加法器的中间结果数据，并且在要使用时能够重新获取出来。早期用得最多的存储器是寄存器，寄存器包括触发器、地址译码器和总线传输门等，这些都是通过逻辑门设计的电路模块。我们只要知道存储器的作用是用于存放数据的即可，可以把它看成很多个空间块，每块都对应着一个地址，通过地址可以对数据进行存储、读取和修改。

存储器数据存放

地址	数据
000	11
001	22
002	中间结果1
003	33
004	中间结果2
005	44
006	55
007	中间结果3

假设数据都存放到上表中对应地址的位置，那么执行步骤见下表。这个过程涉及四个操作：读取（load）、保存（store）、加（add）和停止（halt），我们也可以对这些操作进行编码，比如可以分别用 100、101、102、103 表示。

数据存储执行步骤

步骤	执行的操作	指令方式	编码方式
①	读取 000 地址的数到加法器	load 000	100 000
②	读取 001 地址的数到加法器	load 001	100 001
③	执行加法操作	add	102
④	把中间结果 1 保存在 002 地址指向的位置	store 002	101 002
⑤	读取 002 地址的数到加法器	load 002	100 002
⑥	读取 003 地址的数到加法器	load 003	100 003
⑦	执行加法操作	add	102
⑧	把中间结果 2 保存在 004 地址指向的位置	store 004	101 004
⑨	读取 005 地址的数到加法器	load 005	100 005
⑩	读取 006 地址的数到加法器	load 006	100 006
⑪	执行加法操作	add	102
⑫	把中间结果 3 保存在 007 地址指向的位置	store 007	101 007
⑬	读取 004 地址的数到加法器	load 004	100 004
⑭	读取 007 地址的数到加法器	load 007	100 007
⑮	执行加法操作得到最终结果	add	102
⑯	停止加法器	halt	103

有了如上指令，将它们保存到存储器中计算机就能够一条条往下执行，而且不需要人工介入，直到运行到停止指令才结束，整个过程实现自动化。前文以加法操作为例简单介绍了

指令运算的过程，真正的计算机则需要更大量的指令集，这些指令能完成各种运算和操作，逻辑门电路为这些指令提供了支持。通常我们会将程序指令和数据都存放在存储器中，然后读取并解析它们就能自动执行一系列运算和操作。当然这个过程还需要指令译码器的帮助，指令译码器能对计算机所支持的所有指令进行解码，一条指令通常由操作码和地址码组成，指令译码器分析完该条指令后就知道要干什么事情，然后去控制计算机的其他部件协同完成指令所表达的操作。

类似"100 000"的机器指令对于人类来说很难记住，于是这些机器指令被编码成人类容易记住的形式，比如"load 000"，即汇编语言。但汇编语言对人类可能还不够友好，如下图，左边的是高级语言 C 语言，而右边的是汇编语言，可以看到虽然汇编语言已经比机器语言方便很多了，但是比起高级语言，汇编语言还是太麻烦且低效了。这样一来就引入了高级语言，同时也需要额外的一个编译器将高级语言翻译成汇编语言。那么整个过程就为：高级语言→汇编语言→机器指令→ CPU 执行。

```
C code                          Corresponding assembly-language code
1   int fact_do(int n)          Argument: n at %ebp+8
2   {                           Registers: n in %edx, result in %eax
3       int result = 1;         1    movl    8(%ebp), %edx    Get n
4       do {                    2    movl    $1, %eax         Set result = 1
5           result *= n;        3    .L2:                     loop:
6           n = n-1;            4    imull   %edx, %eax       Compute result *= n
7       } while (n > 1);        5    subl    $1, %edx         Decrement n
8       return result;          6    cmpl    $1, %edx         Compare n:1
9   }                           7    jg      .L2              If >, goto loop
                                     Return result
```

C 语言与汇编语言对比

1946 年，在美国的宾夕法尼亚大学诞生了第一台现代电子计算机 ENIAC。虽然在今天看来 ENIAC 的计算能力连一台普通的手机，甚至是十几块钱的计算器都比不上，但它在当时却是相当强大。ENIAC 的体积非常庞大，得好几个大房间才能放下它，耗电也相当恐怖，一开机全城家家户户的电灯都要变暗。接着的十几年时间里计算机都没有所谓的操作系统，计算机设备也没有所谓的硬件和软件分层。程序要干什么可以通过硬件层去实现，也可以通过软件层去实现；但如果由硬件层去实现的话则每次都要调整硬件，而软件层则可以通过修改程序指令来实现。计算机有很多外接设备，要与这些设备交互就需要各种驱动程序，操作系统能将底层硬件的不同屏蔽掉，而且它还提供了很多的系统调用来实现各种功能，大大提高了程序实现的效率。当然，操作系统还包含了很多其他的功能，它帮助我们管理资源、让任务执行得更高效、提供了多用户多任务功能等。

最后再简单介绍下现代计算机主要的一些部件及其交互方式。最核心的中央处理器单元是控制数据操作的电路。它主要由三部分构成：算术 / 逻辑单元、控制单元和寄存器单元。它们的作用分别为执行运算、协调机器活动以及临时存储。

第一台现代电子计算机 ENIAC

CPU 中的寄存器分为通用寄存器和专用寄存器，通用寄存器用于临时存放 CPU 正在使用的数据，而专用寄存器用于 CPU 专有用途，比如指令寄存器和程序计数器。CPU 与主存通过总线进行通信，CPU 通过控制单元能够操作主存中的数据。

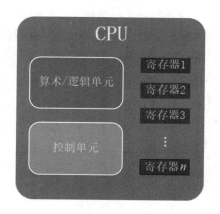

中央处理器单元

内存也称主存储器，用于暂时存放 CPU 运行数据和与外存进行数据交换，它是外存（比如硬盘）与 CPU 进行沟通的桥梁。计算机中的所有程序都存放在内存中，操作系统会把需要的数据从内存加载到 CPU 中参与运算，然后把运算结果保存到内存中。

执行两个数值相加的过程大致为：从内存读取第一个值放到寄存器 1 → 从主存读取第二个值放到寄存器 2 → 两个寄存器所保存的值作为输入送到加法电路→将加法结果保存到寄存器 3 →控制单元将结果保存到内存中。

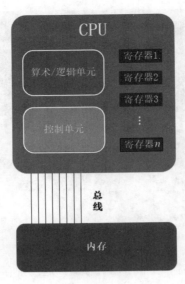

CPU 与内存交互

原始的计算机并不像现代计算机一样将程序保存起来，以前的人们只对数据进行保存，而把执行的步骤作为计算机的一部分内置在控制单元中，这样就很不灵活。将程序与数据视作相同本质是一个很大的思想突破，因为人们一直将它们视为不同类型的事物，认为数据应该存放在内存中，而程序则应该属于 CPU 的一部分。将程序作为数据保存在内存中有很多好处，控制单元能够从内存读取程序，然后对它们进行解码并执行。最重要的是当我们要修改程序时可以直接在计算机的内存中进行修改，而不必对 CPU 更改或重新布线。

程序实际上就是大量的机器指令，CPU 对这些指令进行解码并执行。机器指令分为三类：数据传输类、算术 / 逻辑类与控制类。

（1）数据传输类指令用于将数据从一个地方移动到另一个地方。比如将内存单元的内容加载到寄存器的指令，反之将寄存器的内容保存到内存的指令。此外，CPU 与其他设备（键盘、鼠标、打印机、显示器、磁盘等）进行通信的指令都被称为 I/O 指令。

（2）算术 / 逻辑类指令用于指示算术 / 逻辑单元执行运算，这些运算包括算术、与、或、异或和位移等。

（3）控制类指令用于指导程序执行。比如转移（JUMP）指令，它包括无条件转移和条件转移。

CPU 将内存的指令加载进来解码并执行，其中涉及两个重要的寄存器：指令寄存器与程序计数器。指令寄存器用于存储正在执行的指令，而程序计数器则保存下一个待执行的指令地址。CPU 向内存请求加载程序计数器所指定地址的指令，将其存放到指令寄存器中，加载后将程序计数器的值加 2（假如指令长度为 2 个字节）。

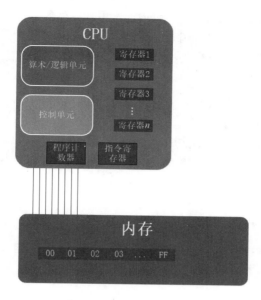

指令寄存器与程序计数器

CPU 与其他设备之间的通信一般通过控制器来实现，控制器可能在主板上，也可能以电路板的形式插到主板。控制器本身可以看成是小型计算机，它也有自己简单的 CPU。很早之前每连接一种外设都需要购买对应的控制器，而现在随着通用串行总线（USB）成为统一标准，很多外设都可以直接用 USB 控制器作为通信接口。每个控制器都连接在总线上，通过总线进行通信。

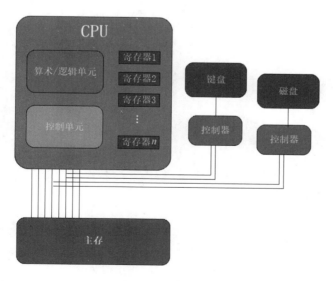

控制器连接在总线上

每个控制器都可能被设计成对应的一组地址引用，内存会忽略这些地址引用。当 CPU 往这些地址上发送消息时，其实是直接穿过内存到控制器的，操作的是控制器而非内存。这种模式称为存储映射输入 / 输出。CPU 与控制器的另一种通信方式是使用与控制器通信的指令，这些指令被称为 I/O 指令。

　　到目前为止我们从布尔逻辑开始，了解了"与""或"和"非"三种最基本的逻辑，我们先使用机械方式模拟了这些逻辑，然后介绍了数字电路的"与门""或门"和"非门"。接着重点剖析了加法器的实现原理，由于加法是一切运算的基础，任何算术运算都能转换成加法运算，所以必须要深入理解加法器的实现电路。最后介绍了现代计算机的一些重要部件以及它们之间的交互方式。

第 **4** 章
现实世界的模型

4.1 概念、理论与模型

概念是一种抽象化的强大工具，它是我们人类在认知过程中产生的一种概括表达。概念可以帮助我们对现实世界中的复杂事物进行抽象定义，将一些事物的共同本质特性抽象出来，也可以对深奥的思想进行抽象总结。概念工具的引入帮助我们理解一切，包括现实世界的万物与人类的思想。现代各门学科的发展更是离不开概念，物理学、心理学、语言学、数学甚至是哲学都大量运用了概念，我们随便翻开一本教材都能从中发现各种人为定义的概念。举一个现实生活中的概念例子，女（男）厨师、女（男）学生、女（男）教师都是概念，通过这些概念就可以知道他们的共同特性。此外，概念还存在层级关系，比如女厨师、女学生、女教师往上还存在"女人"这层概念，再往上还有"人"的概念。

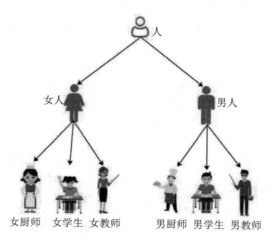

概念的层级关系

理论是指人类对现实世界中的自然现象或社会现象进行分析而得到的概括性思考或结论，

理论需要有科学依据进行证明，社会科学家和自然科学家将相关知识理论化，以帮助人类能更好地理解现实世界。所以理论是一种科学的、可信的用于解释某种现象的一般性原理。理论一定是经过严格有效的证据证明过的，但理论并非永远是正确的，有很多理论随着时间的推移被证明并不完善或者完全是错的。一般科学家在得到一个理论前会做出某个假设，一旦该假设被分析并证明是正确的，它便能成为一个理论。理论的正确性可以通过逻辑或实验来校验。

模型是指对现实世界中事物概念的表示，我们称这些现实事物为原型，由于原型往往是非常复杂的，所以在研究原型时通常都要将它简化并提炼成原型的替代物，这个替代物就是模型。模型的表示方式包括物理、图形、语言、数学、代码等，也就是说我们可以创建一个实物来描述模型，也可以通过画图和语言来描述模型，还可以通过数学和代码来描述模型。模型是对现实世界的简化抽象，人类的很多领域都会通过模型来描述原型。在设计模型时我们会通过理论来进行指导描述，建立的模型又可以反过来分析现实世界的事物，并且还能应用在现实世界中帮助人类生活、生产。

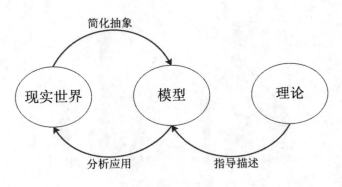

现实世界—模型—理论

不同的学科和应用有不同的模型，并且没有明确的模型归类。生活中很常见的等比例物体模型，比如汽车模型和建筑模型，它们都属于模型。在物理实验中根据实际物体特性模拟的模型，它也属于模型。人们对某些事情进行反复认识，并将所获取的知识以经验的形式保存到大脑中从而得到一个决策模型，这种也属于模型。通过一些符号来描述地图、电路图、化学结构等也属于模型。还有我们在现实世界中遇到的问题，通过数学进行建模也属于模型。

离我们生活最近且最简单的模型估计就是自然数理论模型了，从古到今自然数都跟我们的生活有密切的关系，它也是数学中最开始研究的对象。当我们要计算某些事物的数量性质时就会使用自然数，古代牧羊人使用石头来计算羊的数量，但当时还未提升到理论的高度。后来人们将加减乘除等运算引入到自然数理论中，然后产生了很多理论。我们从实际生活中提出了各种问题，然后加上自己的观察和判断并通过数学工具来发现总结其中的规律，从而得到一个数学模型理论。

天体力学理论模型对应的是地球、行星、太阳等天体的运行状态，这些天体被看作一个质点并遵照牛顿万有引力定律互相吸引。吸引力的大小与两物体的质量乘积成正比，与距离的平方成反比。通过这个天体力学理论模型就能够推导出天体某一时刻的位置和速度，而且行星的轨道和质量都能够精确计算出来，从而解决了很多天文学的问题。天体力学理论模型从牛顿开始到如今都还在不断发展着。

量子力学理论模型对应的是原子和电子等微粒子，在该模型下某些对象既解释成波动又解释成粒子。对比于天体力学模型，量子力学中很多概念也使用了质量、动量、能量等概念。由于某些计算的结果与观测的结果有微小偏差，所以该模型中又需要考虑爱因斯坦的相对论。目前该理论模型还有很多解决不了的困难。

经济学理论模型对应的是市场中的相关元素，比如它可以分析生产者和消费者之间对商品价格的互相作用，其中生产者想要获取最多的利润，而消费者想要获得最大的效用。该模型的理论提供了一些保持双方平衡的条件，并提出计算价格的方法，但目前经济模型并不能进行精准的结果预测，只能提供一些定性的结论。

社会学理论模型对应的是人类生存的社会中涉及的事物，分析人类社会某个事件发生的可能性或原因。常见的问题包括国家选举和人口预测之类的，由于社会的影响因素太多且太复杂所以没办法预测明确的结果，更多的是给出相关事件的概率值。

决策理论模型对应的是人类对某些事做出的抉择，人类的决策方式通常是根据现有的知识和信息从多个方案中选择一个最优方案。在没有数学模型的支持下，决策只能依靠人类的经验，这类决策更多是靠"直觉"。而如果有数学模型的加持则能让决策更加科学，能够提供更加客观智慧的决策，从而得到更大的回报。

机器智能理论模型对应的是人类对机器赋予智能，科学家探索如何在机器中装上人类的大脑，其实也就是所谓的人工智能。机器智能模型模拟人类的某些能力，使得机器能执行人类的各种指令。目前不同的模型不断出现，同时也涌现出了很多新的理论，不过目前人工智能还缺乏理论的支持。

4.2　数学模型理论

在所有模型理论中必须重点提及的是数学模型理论，现实世界中处处都是数学对象，尽管日常生活中事物的表象极力地掩盖着它们。数学的对象显然都是抽象概念，而且如今的数学已经变得相当抽象且深奥，然而实际上数学却并非一开始就是如此。数学的发展主要是由现实问题来推动的，对数学进行抽象能使其成为通用性更强的理论。通过抽象思维从实际问题中提取出规律和概念，将更加本质性的东西提取出来是非常有必要的。这些规律能推广到其他很多学科上，比如物理学、化学、计算机科学、天文学等，几乎大部分学科都与数学相关。

$$c = \sqrt{a^2 + b_0^2 + e^x} \qquad \prod_{i=1}^{N} x_i \qquad f(n) = \begin{cases} n/2, & \text{if } n \text{ is even} \\ 3n + 1, & \text{if } n \text{ is odd} \end{cases}$$

$$x_{1,2} = \frac{-b \pm \sqrt{b^2 - 4ac}}{2a}$$

$$\binom{n}{r} = \binom{n}{n-r} = C_n^r = C_n^{n-r} \qquad \oint_C x^3 \, \mathrm{d}x + 4y^2 \, \mathrm{d}y$$

$$x^2 + 2x - 1 \qquad \sum_{k=1}^{N} k^2 \qquad \left\| \begin{matrix} x & y \\ z & v \end{matrix} \right\| \qquad \begin{cases} 3x + 5y + z \\ 7x - 2y + 4z \\ -6x + 3y + 2z \end{cases} \qquad \int_{-N}^{N} e^x \, \mathrm{d}x$$

数学模型理论

4.2.1　数字的抽象

数学最核心的就是数，人类在很遥远的古代就不知不觉在与数学打交道。最早的数学是与计数相关的，在古代还没有所谓的数字符号，如果草原上的牧羊人想要管理自己的羊群看会不会少了，该怎么办呢？他们会找来一堆石头，然后每把一头羊赶进羊圈就拿出一颗石头，直到所有羊都入圈后保存好所有拿出的石头，这些石头就代表所有羊的数量。当要核对羊的数量时则可以比对羊和石头的数量，如果石头多了则是羊少了。

后来牧羊人突发奇想：不一定要拿石头啊，可以用树枝在地上画个羊的符号来计数。这样的话他们就可以通过画羊符号来计数了，每只羊对应一个羊的符号，一百只羊就要画一百个羊的符号。类似地，如果人们要记录 50 只鸡就要画 50 个鸡的符号，如果是鸭就使用对应鸭的符号。然而此时，有个思维活跃的人提出了一个具有革命性的想法：将数字概念从具体的事物中分离出来。它是如何分离的呢？不管是人、鸡、鸭、羊、牛或是树，都可以使用一个通用的符号来描述数量，比如符号"3"，可以用来表示三个人也可以表示三棵树。这样便创造出了 1、2、3、4、……的数字，这些数字可以表示任一物体。至此，计数过程中将数字抽象出来，这是人类数学抽象思维的一次伟大升华。

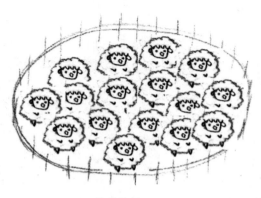

羊群数量计算

数字从具体事物中抽象出来后也会遇到一个让人犯难的事，即数字符号的制定。为什么犯难呢？因为数字可以无限大啊，那是不是要制定无数个符号来表示它们呢？如果是这样的话人类要怎么记住这些符号呢？人类大脑能记住的符号非常有限，所以发明一种既能表示很大数量又能让人类很好理解的计数方法是必要的。聪明的人类又发现了一种十进制的计数表示方法，十进制的威力是非常巨大的，不管数量多大，它都能轻易表示出来，更重要的是人们还能轻易理解。十进制的表示方法是先定义好"0、1、2、3、4、5、6、7、8、9"十个数字符号，然后再定义"个、十、百、千、万……"单位。这样十以内的数量直接由这十个数字符号来表示，而超过十的数则通过数字符号组合来表示，通过数字符号位置顺序的组合来形成不同的数字，比如"324"组合表示 3 个百加 2 个十再加 4 个一。当然除了十进制还有其他的数字表示方法，不过事实证明人类大脑非常适应这种十进制的表示方法，其他表示方法也逐渐被抛弃。

4.2.2 算术的抽象

当数字抽象独立出来后，很自然地就引出了数字计算的问题。比如两堆石头合并到一起一共有多少颗石头？刚摘的 10 个苹果送给了别人 2 个自己还剩几个？抓了 5 只青蛙一共有多少条腿？20 只羊平均分给 4 个人每个人能分多少？生活中类似的这些问题数不胜数，但它们每一类运算都有其内在的共同规律，于是人们抽象出了加减乘除等算法，并且通过"+""−""×"和"÷"四个符号来表示。

加减乘除符号

假如第一堆石头有 100 个，第二堆石头有 50 个，那么合起来就是 100+50=150 个。随后发明出一种从右向左分别对每位求和来计算结果的方法。减法与加法互为反向运算，计算的方法也类似，从右向左分别对每位相减来计算结果。而对于乘法和除法，数学家则发明了九九乘法表，通过乘法表就能很方便地进行乘除计算。

人们在生产实践中发现了数与数之间的规律，并将积累的经验加以整理抽象，从而形成了算术。数与数之间通过不同的算术运算后得到另一个我们想要的结果，生产实践中的很多问题都可以通过算术来计算。

4.2.3　几何的抽象

现实世界中的物体充满了各种优美的形状，随着人类在建筑、天文、手工业等行业的发展，人们积累了大量的具象物体形状方面的经验。比如三角形、正方形、圆形、球体、正方体等。这些几何形状都有某些共同的特质，比如长度、角度、面积和体积等，于是人们从经验中总结出一些定律，形成了几何数学。古希腊将几何学视为一门崇高尊贵的学科，柏拉图学院正门上还立了块"不懂几何者不得入内"的碑，柏拉图认为学习几何学是成为哲学家的必由之路。

然而现如今吸引着全世界最聪明的头脑的几何学最初却是诞生于田地间，几何学这个词实际上是由希腊语演变而来的，它是表示土地测量的科学。在古代，人们的生活和经济都与农业密切相关，农业生产中产生了很多现实的土地问题。比如如何将一块田平均分配给若干人，如何建设水渠才能让路径最短等问题。为了解决这些具体的田间问题，人们发展出了几何学，并且逐渐演变成一门学科。除了在田地间应用几何学知识外，人们还会在建造建筑物时使用几何学，比如确定建筑物的场地，甚至建筑物本身的构造也充满了几何学之美。

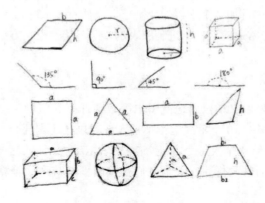

几何形状

几何学将具象的物体抽象为几何形状，再研究总结各种几何形状的性质及定理，极大地促进了人类生活和生产的进步。很多无法实际测量的事物，运用几何学却能提供解决的方法，比如测量地球的周长，古代的埃及人利用几何学原理就能得到一个非常接近真实值的结果。

4.2.4 未知数的抽象

在数字、算术和几何之后，数学家们又想出了未知数的概念，任何事物的数量在未知的情况下都可以抽象为未知数。引入未知数后根据实际情况的约束条件并以方程式的形式进行表达，就能够推算未知数的真实值。实际上，使用未知数和方程式是一种用逆向思维解决问题的方式。假设一个未知的结果 x，然后将数学的约束条件通过方程式表达，最后推导出未知数的结果。

"天平上左右两边保持着平衡，右边有一个 100g 的物体，左边两个物体，其中一个 30g，另一个的重量未知，现在要计算重量未知的物体多少 g"。对于这个问题，我们可以列出方程式 $30+x=100$，然后可以求得 $x=100-30=70$，即重量未知的物体是 70g。这是一个非常简单的例子，实际问题的未知数可能会涉及不同的算术运算。方程式虽然能轻易地将问题表达出来，但却并非所有的方程式都能容易解开，有些复杂的方程式至今都让数学家们犯难。

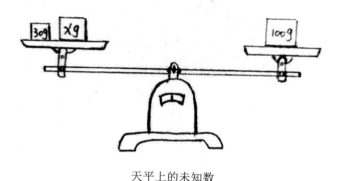

天平上的未知数

一个问题可能只有一个未知数，也可能包含两个未知数，甚至是两个以上的未知数。那么包含多个未知数时要如何求解呢？数学家提出了方程组的概念，以此来一起表示多个未知数，每个方程组都由一系列的方程式组成，这些方程组表达了多组未知数之间的关系，也就是多组约束条件，从而能根据这些约束条件来计算出每个未知数。有一个经典的例子："一个骆驼可能是单峰也可能是双峰，假如有一群骆驼一共有 100 个头，140 个驼峰，那么这群骆驼中分别有多少头单峰骆驼和双峰骆驼？"我们可以假设有 x 头单峰骆驼和 y 头双峰骆驼，那么就有 $x+y=100$ 和 $x+2y=140$ 两个方程式，它们就是一个方程组，可以求得 $x=60$，$y=40$。

未知数和方程式将现实问题抽象成数学逻辑，并通过符号表示，这样使得很多问题都能够轻易被解决。

4.2.5 逻辑的抽象

数学家的脑洞越来越大，这次它们想要抽象的是逻辑学。逻辑学诞生于希腊，亚里士多德被认为是形式逻辑学的奠基人，他在《工具论》中创立了传统形式逻辑学。所谓形式逻辑学就是一种基于形式来验证某种推理的学科，通过分析一系列命题来确定结果的真假。命题是推理的基本元素，可以说命题是逻辑学的基石。亚里士多德是第一个尝试将推理形式化的人，其中最经典的是他提出的"三段论"推理形式。下面是三段论的例子，三句话都是命题，其中第一句是大前提，而第二句是小前提，最后一句是结论。亚里士多德提出三段论的前提是假设人类的推理就是三个连续命题，然而实际上人类的推理方式却并非只是如此，三段论仅仅涵盖了人类推理的一小部分，还存在很多有效的推理不符合三段论的规则，比如没有一个具备普遍性的命题。

亚里士多德的三段论

自亚里士多德以来，逻辑学和数学都是分开研究各自发展的。直到后来德国的哲学家莱布尼茨才开始尝试将它们结合起来，他想将人类的逻辑推理过程用数学的形式表达出来，这样便可以通过逻辑符号来描述我们的世界。这种结合方式在科学上被称为异类联想，通过将两种现有的思想结合起来，以形成第三种创新的思想。后来这种结合逐渐发展出了数理逻辑这门学科，该学科的目标是将抽象的逻辑用精确的数学符号来表示。在这方面做出杰出贡献的是英国数学家乔治布尔，他提出了用一种代数方法来描述逻辑，进而能够通过代数来描述逻辑推理过程，称为布尔代数。如果更进一步，我们能否将人类的思想抽象成符号表，然后提供类似算术的算式对这些符号进行操作呢？

P	Q	$P \vee Q$
T	T	T
T	F	T
F	T	T
F	F	F

布尔逻辑

4.3　对现实世界建模

要对现实世界建模就要先了解一下什么是现实世界，我们对这个世界可以说是既熟悉又陌生。熟悉是因为我们就生活在一个现实的世界中，周围的事物我们都已经习以为常，陌生是因为每时每刻的接触让我们几乎很少去更深层地思考它们。现实世界中存在的任何事物都有它自己的状态，比如某种植物、某个建筑、手机、电脑、汽车或高山等。当我们说这些物体是真实的时其实就表示它们存在于真实的时间和空间中，我们可以去感知它们，可以通过实验来认识它们。

为了研究现实世界中的事物或系统，我们需要对其进行模拟，模拟的过程就称为建模。对于一辆汽车人们可以制造出一个缩小版的物理模型车，对于地球人类可以模拟创建一个微型的地球生态，对于工厂可以模拟生产与销售的数学模型来指导生产。建模的方式多种多样，然而我们要明白模拟无法百分百还原现实世界，不管多先进的办法都无法完全复制现实世界所具有的全部特性和状态。

物理模型主要是将一个现实事物或系统进行物理的形式建模，它所创建出来的物理模型是一种微型版本的事物或系统，但它具备原来物体或系统的特性。最好的物理模型就是能让我们看得见、摸得着并且感受得到，而且当我们把现实情况作为它的输入时能得到与现实世界原型相同的输出响应。除了物理模型还有非物理模型，非物理模型有很多种，包括用图形、语言、数学、代码等形式创建的模型。其中数学模型是最核心且最广泛应用的模型，可以说现代科学和社会的方方面面都与数学模型密切相关。

所谓的数学模型就是用数学的语言来描述现实世界，它通过逻辑和符号来表征物理特性，从而能实现以非物理的形式来模拟现实世界，能很好地帮助我们研究现实并解决现实的各种问题。需要注意的是数学模型通常并不能百分之百模拟现实，甚至很多时候模拟出来的效果还是错误的。

4.3.1　数学模型建模

数学模型是应用最广泛的科学建模方法，几乎所有科学研究人员都会使用数学建模的方法来研究现实世界的问题。数学建模通常会通过创建模型、校验模型以及改进模型这三个大方向迭代进行，以便能通过简洁有效的方法来解释复杂的现实世界问题，甚至更进一步去预测和控制现实世界。

数学建模的大体过程如下：

- **模型准备**，最开始是针对现实去了解问题的背景，获取问题对象的相关信息和数据，通过数学语言来描述现实问题，形成一个清晰的问题。
- **模型假设**，对现实问题进行分析，抓住问题对象最本质最核心的因素，对于次要的因素可以忽略以达到简化问题的效果。明确建模目标，并且可以设定一些假设作为解决问题的前提。

- **模型建立**，然后根据假设用数学语言和数学符号精确地描述模型，其中会涉及很多变量以及它们之间的关系。
- **模型求解**，当我们将问题转化成数学问题后下一步就是对它进行求解，求解的方法包括数值解、图形解、解析解等，可以借助计算机来完成。
- **模型分析**，对求解得到的模型进行数学分析，根据实际问题分析模型中各变量之间的关系和性质，初步查看模型的预测或控制的效果。
- **模型检验**，接着将实际数据输入到数学模型中，检查模型效果的准确性、合理性及适用性。如果我们求解的数学模型能很好地吻合实际数据，并且能很好地对结果进行解释，说明这个模型的效果是非常好的。反之，则表示模型效果较差，可以重新回到模型假设阶段寻找模型改进的方法。
- **模型应用**，最终将效果好的模型应用在实际中，解决实际问题。

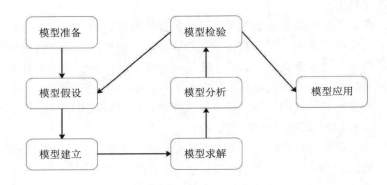

数学建模的过程

假设古代有个地主，他拥有很多土地，他给每个儿子的成家礼物是用一根 200 米长的绳子尽可能多地圈住土地，儿子能圈住多少就得到多少。其中要求围成的形状必须是矩形，而且有一面墙可以作为其中的一条边界。其中一个儿子擅长数学，于是他准备用数学建模的方法来使自己拥有最多的土地。

最开始就是了解问题的背景，设绳子总长为 200 米，用它来围出一个面积最大的矩形。设矩形的两个宽为 w，长尾为 l，则有 $w+w+l=200$ 约束条件。围成的矩形面积为 $S=wl$，其中 w 和 l 在约束条件下是可变的，随着它们的变化面积也会跟着变，我们要找到某个值使 S 最大。将 $l=200-2w$ 代入面积公式中，有 $S=w(200-2w)$，如果我们将这个函数的图画出来则函数曲线如下图所示，当 $w=50$ 时有最大的面积，即 5000 平方米。

我们还能用微分求极值的方法来求解，微分能让我们得到面积函数值的变化率，梯度为 0 的点就是面积最大值的点。对面积函数 $S=w(200-2w)$ 求导，得到梯度方程 $S'=200-4w$，令 $S'=0$ 求得 $w=50$。

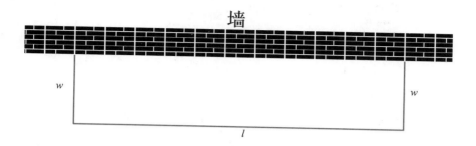

墙

尽可能多地圈住土地

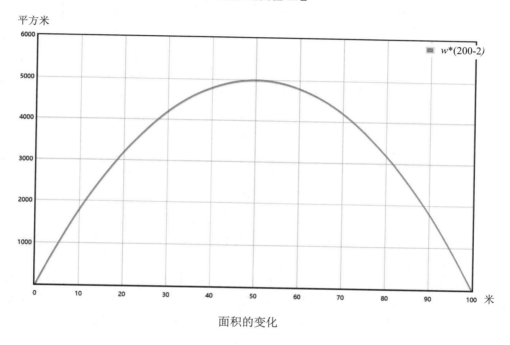

面积的变化

4.3.2　数据驱动的数学模型

现阶段人工智能建模的核心就是一种数据驱动的模式，所以我们要重点关注这种方式。对于现实世界，我们可以通过做实验的方式来深入了解问题，也可以通过观察和理论研究来获得与问题相关的经验，而且还能直接得到现实世界的真实结果。而一旦我们将现实世界通过建模的方式映射到模型世界后，所有的一切都在虚拟的世界中进行。我们可以根据经验或理论来建立模型，比如上一节讲解的圈地例子就是通过理论来建立的数学模型。也可以通过数据驱动的形式来建模，数据驱动模式的核心就是提供一个万能的模拟函数，这个函数能根据输入的数据来自适应调整所有参数，使之能满足输入数据和输出数据之间的预测关系。不管哪种建模方式，我们都可以将模型预测的结果与真实结果进行比较，并且进一步优化模型和理论。

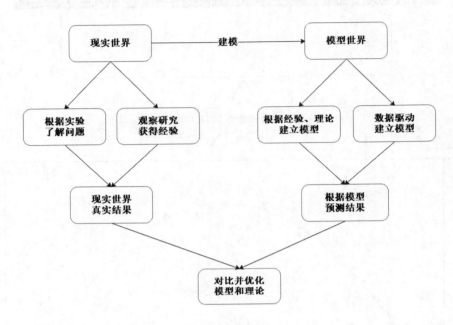

现实世界—模型世界

实际上万能函数有无数个，其中最有名的就是神经网络，它可以用来模拟任何输入和输出数据。一个简单的神经网络函数结构如下图所示，其中 x_1 和 x_2 作为输入，y 为输出，注意输入和输出的个数可以根据实际情况进行定义。神经网络结构中的每条边都对应着一个参数，中间层的输入由前一层的多个分量构成，输出则作为下一层的分量与对应边的参数组成下一层的输入。相关说明可以参照下面几张图，直到最后一层输出最终的结果。

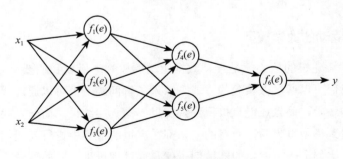

神经网络函数结构

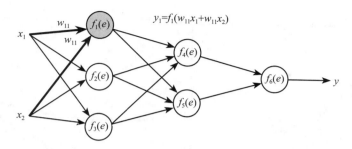

神经网络第一层函数计算示意

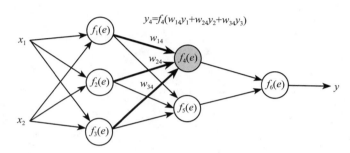

神经网络第二层函数计算示意

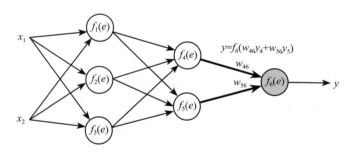

神经网络第三层函数计算示意

　　万能函数神经网络最厉害的地方在于我们完全不必事先考虑该怎么用数学方程来描述输入和输出之间的关系，转而考虑的是设计一个 N 层神经网络，而需要多少层、每层要多少个节点我们就可以根据经验来设计，或者通过实验尝试，通过不同的网络模型来看哪个模型表现得更好。下面这个图简单地展示了神经网络函数如何模拟数据点，图中的所有点都是输入（x）和输出（y）的现实数据。神经网络刚开始没法很好地模拟数据点，后来经过运算后越来越接近数据，接着有一边已经能模拟数据的趋势了，最后两边都成功地模拟现实的数据。这就是数据驱动的数学模型，我们通过收集到的真实世界数据来指导万能函数，让万能函数确定所有参数值，进而建立一个能表示现实世界的模型。

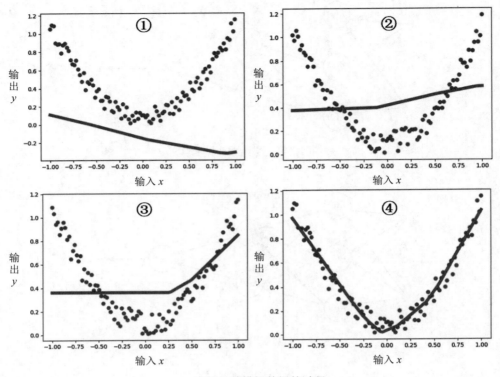

万能函数模拟数据的过程

4.4　模型与算法

　　在计算机科学里面经常会遇到算法这个概念，广义的算法指解决问题的方法，算法与模型实际上可以看成是同等的概念，通常我们进行的建模就是寻找设计合适的算法来解决问题。然而狭义上的算法却不同，它表示解决模型的步骤方法，我们先通过数学模型描述问题，然后再通过算法来求解数学模型。

　　算法是一组清晰定义的指令集合，用于解决某类问题或执行某种运算任务。算法应该在有限的空间和时间内进行表达，其运行从初始状态和初始输入开始，经过一系列有限而清晰定义的指令操作后，最终产生输出并终止于某个最终状态。

　　算法包含了一系列操作，通常算法由计算机执行以保证在有限时间内找到问题的解。好的算法能更快更好地解决问题，算法由设计者通过编码来实现。常规的基础算法与数据结构紧密相关，此类算法更多被用于确定性领域，比如对于链表、数组、图和堆等的搜索和排序算法。另一大类算法是机器学习算法，该类算法主要用于非确定性领域，后面会对机器学习算法做详细的讲解。

　　机器学习算法一般偏向于处理复杂的问题，比如视频图像中的识别问题、声音波形中的识别问题、自然语言的理解问题等等。我们知道所有算法都要在合理的时间内找到问题的解才有实际意义，否则算法再牛也没什么用。机器学习算法属于数据驱动的方法，在某种程度上可以说数据比算法更加重要，当数据量足够大时机器学习算法的效果都能表现得非常良好。比如语言模型，单词量几百万级别和几十亿级别的效果相差很大，再好的算法也无法填补其中的差距。

人工设计算法是最早期的算法，它重点研究的是针对不同的问题进行人工设计算法，算法的每一步都需要人工制定。人工去编写算法的整个过程，算法逻辑都是清晰的，当数据输入到算法后会产生一个输出。这种方式要求我们要写清楚执行逻辑，或者指定好执行规则，实际上就是"输入 + 算法 = 输出"。这种方式能使算法的细节更加白盒化。

常规算法设计思路

现如今人们研究的算法更多的是一种学习算法，就是研发一种学习框架能根据输入和输出来自动学习得到算法，这种算法统称为机器学习。机器学习将人工算法的设计顺序倒过来了，它通过输入和输出来获取算法，是一种以数据换算法的思想。"输入 + 输出 = 算法"的方式更加自动化，细节更加黑盒化。这种方式就像是给机器赋予了学习能力，让它自己去学习。实际上机器学习是一把锋利的剑，它可以用数据来模拟复杂规律。

机器学习算法思路

第5章
不确定世界的模型

5.1 复杂的世界

我们生活在一个极其复杂的世界，不管是小到分子原子抑或是大到整个宇宙，其复杂程度都是超乎想象的。在这个物质世界中，所有物体都可以分为自然的和人造的两大类。你随手捡起一片树叶然后逐步深入思考：为什么这个世界要存在这片树叶呢？这片树叶为什么看起来是绿色的？从宏观上看它包含了哪些成分呢？它是如何产生光合作用的呢？拿显微镜看这片叶子的微观世界又是怎样的呢？如果再进一步看到原子的世界它的成分是不是与其他物质的成分是一样的呢？仅仅通过几个稍微深入的问题就能让我们深刻地体会到我们身边这些看似普通的物体实际上却是多么的复杂。

当很多物体之间互相存在联系而且会互相作用时，通常我们就将其作为一个系统来进行研究。比如计算机系统、动物大脑系统、人体系统、地球的生态系统、城市系统、细胞系统以及整个宇宙系统等，这些系统内部都是由很多复杂的物体构成，复杂的物体之间互相有复杂的关联和作用，那产生的系统将是一个更加复杂的系统。像大河山川那样复杂的系统是怎样出现的，像人类这样复杂的系统是如何出现的，像计算机这般复杂的系统又是如何出现的呢？

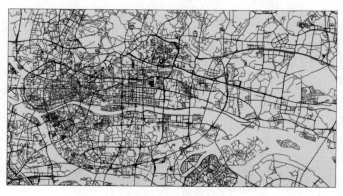

复杂的世界

或许你不曾深入思考过身边事物的复杂性，因为你已经对你的日常所见习以为常了。从婴儿时期开始就看到的、接触到的自然物质让你对其不再感兴趣，所有在你出生之前发明的东西你都会下意识地认为它们是这个物质世界本来的一部分，所以很多事物给人的感觉就是属于这个世界本来的样子。

在我们的世界中某些事物和另外某些事物是否有什么联系？也许很多复杂的事物之间并没有什么规律，实际上可以肯定的是多数事物之间并不存在确定性的关系，或者说某个层面上看并不存在一定的关系，比如宏观上相关联的两个事物在微观层面上可能不存在关系。我们能确定的是万物都包含着信息，而信息则可以被处理并使用（广义上称为计算），从广义的信息和信息处理的角度看，我们看到的事物变化其实是宇宙的计算，更有很多人将整个宇宙当成一台超级巨大的计算机。

宇宙是一台超级计算机

5.2　不确定性是常态

我们的世界是一个充满不确定性的环境，而不确定性导致了未知，未知让我们对未来充满好奇且更有期待。我们都知道整个世界并非是严格按照某个制定好的路线运行的，今天发生的很多意想不到的事都是我们昨天预想不到的。多数事物之间也并非有因必有果，万事万物之间充满了不可控的未知事件，我们不会因为今天努力了明天就一定会成功。

我们可以将现实世界中的不确定性分成"可解决的不确定性""概率性的不确定性"和"不可解决的不确定性"。第一种是指通过某些方法能够解决的不确定性，比如我现在不确定欧洲一共有多少个国家，此时我可以通过查找资料来确定这个事实，这样就解决了这个不确定性。第二种是指能用概率来解决的不确定性，比如我现在抛一个硬币，是正面朝上还是反面朝上呢？此时我们无法预知是正面还是反面朝上，但我们可以通过概率来描述这个将要发生的事件，硬币正反面朝上的概率都为 50%，这样就用概率解决了这个不确定性。第三种是指完全无法预知也无法通过概率来描述的不确定性，比如谁都无法预先知道 2019 年会发生新冠疫情，谁也无法预知自己什么时候会发生意外，也就是说对于"无法重复发生的事件"这种不确定性是无法解决的。

实际上人类目前研究最多的就是"概率性的不确定性"，因为这种不确定性与我们的生活密切相关，而且人类已经发展出了很多理论来解决这类不确定性问题。相对而言，这类不确定性具备可预测性，虽然我们并没办法总是预测正确，但当预测很多次后能达到一定的准确率。回到第一种"可解决的不确定性"，其实它没什么好研究的，不确定就用某种方法确定即可。最后是第三种"不可解决的不确定性"，其实这类不确定性对人类非常重要，只是它已经超出了人类的认知范围。当然假如这类不确定事件允许我们多次观察的话也能建立起预测模型，只是这个太难了。你也可以想象上帝有一百个培养皿，每个培养皿里面都有一个宇宙在进化着，这时上帝就能预测这些"不可解决的不确定性"。

所以我们重点还是回到概率问题，与概率密切相关的一个概念叫随机，所谓随机就是可能发生也可能不发生，一个事件如果是随机的，那么它就是一种概率性的。正是因为随机事件是不确定的，所以才能够通过概率来描述，如果你总能预知你手中掷出去的骰子的点数，那么概率就没存在的必要了。从另一个角度看，随机事件也是具备某种规律性的，概率就是用来描述这种规律性的。也就是说正是因为某个事件具有某种性质才能使用概率来建模，假如造物主不赋予它们这种特殊的性质，那么我们也没办法对这些事件进行建模。比如还以掷骰子为例，如果我们掷一万次发现六个数字发生的比例很不平均，再掷一万次还是很不平均，而且两次实验的结果差别很大，那这个事件就明显无法用概率来建模。

人类是一个擅长总结规律的物种，也就是说人类的大脑偏向于从看到的事件中提取出某种规律。比如普通人会对多次观察到的现象进行归纳总结，而科学家、数学家则会从更深层次去挖掘更本质的规律性质。然而人类这种偏向于总结规律的机制未必总是好事，它会使我们总是擅长忽略事件的随机性而牵强地去总结规律。其实现实世界中的很多事件都是属于独

立随机事件，但人们却总是喜欢强行在完全随机的事件中总结所谓的因果规律，然后根据此规律对未来进行预测，我们始终不肯承认很多事件的发生是无缘无故随机发生的。

不仅宏观世界充满了不确定性，微观世界也同样是一个随机的世界。从物理角度看，宏观物质都是由大量的原子组成，比如金块由金原子组成。原子都有自己的瞬时位置和速度，但是我们没有办法同时确定原子的位置和速度，当我们越确定原子的位置时就对其速度越不明确，反之亦然。此外原子还具有衰变的特性，能量越高的原子就越不稳定，它就可能通过衰变来使自己变成更加稳定的原子，衰变的过程中自然就会释放能量。原子的衰变也是一种不确定的随机现象，也就是说对于单个原子来说我们没办法预测它具体何时会衰变。那该如何来描述这种不确定的性质呢？答案就是通过整体来描述，当把大量原子作为一个整体时其所体现出来的规律就是确定的。假如我们用大量的原子来做实验，实验发现今天有二分之一的原子衰变了，明天有四分之一的原子衰变了，而后天又有八分之一的原子衰变了，往后以此类推。那么就可以说该原子在每天的衰变概率为 50%，这样就从整体解决了个体不确定的问题。

原子世界的随机衰变

5.3 以概率描述随机

不确定性是上帝送给我们的礼物，正是未来充满了不确定性才让我们总是对明天有所期待，才总让我们保持好奇心去探索未来，才使这个世界多姿多彩。然而不确定性也会使我们的生活充满挑战，它让我们心里很不踏实，而人类的天性让我们总是希望所有事物都能在自己的控制之中。于是人类正在努力去征服生活中的不确定性，当然我们尝试去征服的是"概率性的不确定性"，对于"不可解决的不确定性"我们仍然几乎没有任何办法。

对于"概率性的不确定性"事件，很明显从名字就能知道核心在于概率性，此类不确定性唯一的规律就是概率。为了描述随机事件，我们引入了概率这个概念，所谓概率就是事情发生的可能性。对于随机事件，虽然我们没办法预测或控制它在某个时刻一定会发生，但我们却可以用概率来描述它发生的可能性。人类通过对世界上各种随机事物的研究而总结出来概率论这套理论，概率论为我们提供了认识不确定事件的方法。

今天你去买了一张彩票，你可能会畅想万一自己中了大奖后该如何开始自己的退休生活，可以肯定的是你一定不会马上跑去跟你的领导辞职，因为你也知道这个概率实在是太低了，假如你学过概率论，你还能算出自己中大奖的可能性是几亿分之一。我们来看看如何理解这个概率，假如天气预报告诉我们明天下雨的概率是70%，根据概率的大小我们的决策一般都是偏向带雨伞的。那么如果下雨了我们就会认为果然下雨了，70%的可能性确实发生了；而如果没有下雨的话我们就会觉得天气预告确实也没错，它说了还有30%的可能性是不会下雨的。听完这个解释后我们发现概率这个概念很神奇，它说什么都是对的、可解释的。概率可以根据以往的情况给我们一个可能性值，最终要如何决策还是需要我们的大脑去敲定。

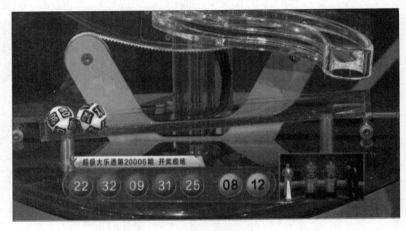

大乐透彩票开奖

概率有时也会让我们犯难，特别是对具有严重后果的事情的决策。如果决策错误的后果仅仅是导致被雨淋，那么怎么决策问题都不大。但假如决策错误的后果是导致你失去生命或失去大量财产，这时就会让你很犯难了。下面举两个例子，请仔细思考下你会如何决策。第一个例子是假如人类正在遭受某种很严重的流行病，科学家紧急研发出了一种应对该流行病的疫苗，然而该疫苗存在一定的致命风险，从接种人群统计来看打疫苗有千分之一的概率会死亡，但不打疫苗则百分之一的概率会死亡。此时你会选择打疫苗还是不打呢？第二个例子是假如你在某个活动现场被抽中成为最幸运观众，主持人拿了三张卡片（其中一张是一百万元奖金，而另外两张是空白的）让你抽了一张，然后主持人先翻开了剩下两张中的一张空白卡片，接着主持人问你要不要跟她互换卡片。此时的你又会怎么抉择呢？

客观主义者和主观主义者对概率有完全不同的看法，客观主义者认为概率完全是客观的，随机的不确定性是这个世界的自然属性。而主观主义者则认为概率是主观的信念，某些事件发生的概率是可以由人类改变的，比如他们认为掷骰子时如果我们能知道以哪个角度、多少力度、什么位置抛出，那么就可以改变随机事件的概率。

然而在概率学科的理论上却不以客观和主观来区分，概率论发展到现在，根据对概率的不同解读可以将对概率研究的人员分为两个学派——频率学派和贝叶斯学派。

频率学派认为事件的概率需要通过大量实验或者大量事实样本来确定，并且认为概率是固定且精确的。他们认为对概率只能通过实验事实数据来计算，因为我们没有上帝视角可以直接获得确切的事件概率值，所以只能通过产生的事件来反向推算事件的概率值。假如我们想要计算掷骰子掷到 4 的概率是多少，那么就必须掷成千上万次，然后观察 4 出现的频率。这种方式在大量实验或大量事实样本的情况下效果很好，然而现实世界中很多事件是无法大量实验的，这种情况下计算出来的概率就不太准。此外，他们还认为随机事件无须先验知识，比如他们不会关注骰子是否被做了手脚。

贝叶斯学派则认为世界不断在变化，事件的概率由先验信念不断地修正得到，在计算事件概率时可以结合先验信念，先验信念就是根据当前情况主观认为的可信度。该学派的核心在于"先验"两个字，概率除了表示客观事实的可信度，它还可以融合事件的主观信任度，主观信任度建立在对事件的已有认识的基础上。举一个例子，医生收集了一定数量某种疾病的病例进行研究，通过计算他发现该疾病的治愈率是 30%，然而根据他多年经验立马发现这个结论是不对的，他觉得治愈率起码是 80% 以上，此时他就根据自己的先验知识去修正这个结论。

两个学派的本质区别主要在于先验，对先验的不同认识会影响到对事情的看法，同时也会影响我们的决策。

骰子

5.4 概率思维

我们日常生活中充满了概率事件的场景，然而人类的大脑却不擅长处理概率。比如有很多人宁愿选择坐十个小时汽车也不选择坐两个小时飞机，因为空难的惨烈让他们产生了很大的心理阴影，但实际上发生车祸的概率远大于飞机出事的概率。当然这并不是人类大脑的固有缺陷，只是我们的祖先为了能在恶劣的环境中生存下来而进化出的一种思考方式。我们的祖先在作决策时往往会高估给我们带来生命威胁的灾难，虽然这些灾难发生的概率可能很小，但是一旦发生却是非常致命的。为了能让人类不断地传承下去，我们的大脑必须具备很强的风险意识，甚至是无限放大风险概率。

然而人类发展到今日，我们必须要以一种更加理性的思考方式来看待这个世界，这样才能让人类更好地发展下去。以概率统计的视角去看待世界才能让我们的收益最大化，当然要做到这点并不容易，这意味着我们要与我们大脑原有的思维方式去对抗，一旦我们能以概率为基础去理解这个世界，那么我们将会打开一扇新的大门。

我们的大脑还会经常将概率性问题和因果关系问题混淆。我们仍以新冠疫情为例，在我们国家研发出新冠疫苗后大部分人都进行了疫苗接种，然而从公布的信息可以看到即使是接种了疫苗但仍然有可能会被感染。此时在网络上就可以看到一些人声称疫苗无效，他们的思维就是将概率性问题和因果关系问题混淆了，简单地由"接种了疫苗还是会被感染"得出疫苗无效的结论。实际上这种思维是错误的，因为疫苗并不能提供百分之百的保护率，接种人员仍然有一定的概率会感染病毒，只是说这种概率要比未接种的人低得多。

讲了这么久概率，那么它到底意味着什么？它是怎么计算的呢？下面以抽奖箱为例来看概率的计算，假如里面装了五个球，其中三个是白球两个是黑球，此时我们思考一下"抽一次抽出白球的概率是多少"这个问题。此时频率学派站出来了，他们说"抽出白球的概率是60%，如果你们不信我们就抽一万次给你们看，结果肯定接近60%。"然而贝叶斯学派可能会说"我们认为抽一万次是很傻的行为，而且很多情况都不可能给你进行多次重复实验，我们就靠直觉主观地认为抽出白球的概率为80%，因为我们觉得今天跟白球特别有缘分。"很明显人们对概率的理解并没有完全达成共识，这两派人看起来就像是理性客观与感性主观对决，他们唯一的相同点就在于概率范围都是从0到1。人类总是偏向于认为理性客观更正确，但是很多时候感性主观的思维却能得到更好的结果，因为感性主观代表了人类的一种经验积累。

在了解了概率之后，我们再深入了解概率衍生出来的联合概率和条件概率这两个概念。先看联合概率，假设我们同时抽出两个球，如果要计算抽出的两个球都为白球的概率，那么此时的概率就是联合概率。联合概率有两个核心点：一是两个或多个事件必须同时发生，必须同时抽出两个球再揭晓结果，如果先抽了一个球并揭晓了结果然后才抽第二个球则不属于联合概率；二是两个或多个事件必须是彼此独立的，也就是说抽出的两个球不会对彼此的结果有影响。仍然是上面的那个盒子，假设第一个球是白球为事件 A，第二个球是白球为事件 B，则这两个事件的联合概率记为 $P(AB)$。$P(AB)$ 的概率等于 $P(A) \times P(B)$，即为 0.6（五个球三个白球）×0.5（四个球两个白球）=0.3，也就是说同时抽两个球，这两个球都为白球的概率为 30%。

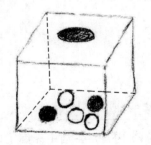

抽奖箱

接着看条件概率，假设我们要抽出两个球，这次我们不

同时抽取两个球，而是先抽一个球并揭晓结果后再继续抽取另一个球。如果已知抽取的第一个球是白球，那么再抽一个是白球的概率我们就称为条件概率。条件概率的核心点在于一个事件的发生是已知的，在此已知事件的基础上计算另外一个事件的概率，注意条件概率多数情况下事件之间是非独立的。现在假设第一次抽取的是白球为事件 A，第二次抽取的是白球为事件 B，那么条件概率记为 $P(B|A)$。条件概率要如何计算呢？最朴素的做法就是抽一万次，分别记录第一次抽取为白球的次数 N 和第一次抽到白球的情况下抽第二次也是白球的次数 M，于是便能计算 $P(B|A)=M/N$。进一步推广有 $P(B|A)=P(AB)/P(A)$，最终能计算出条件概率 $P(B|A)=0.3/0.6=0.5$，即 50%。

是不是有点神奇？前面从条件概率出发推导出它与联合概率的关系，那么能不能反过来从联合概率去理解条件概率呢？其实也很好理解，前面说到 $P(AB)=P(A)×P(B)$，其中 $P(B)$ 可以理解为 $P(B|A)$，因为此处 $P(B)$ 就是事件 A 发生的情况下的概率，所以 $P(AB)=P(A)×P(B|A)$，便得到了条件概率和联合概率之间的关系。

我们再通过一个例子来体会联合概率和条件概率的关系，某个工厂的某条生产线生产的产品每 100 件就有 6 件不合格，这 6 件不合格的产品包含了 4 件次品和 2 件废品。此时如果我们随机抽取一件产品，那么抽到不合格的概率是多少呢？很明显有 $P($ 不合格 $)=6/100=3/50$。接着我们计算加了限定条件的概率，如果已经知道抽到的是一个不合格的产品，那么此时抽到废品的概率又是多少呢？这种情况也很简单，$P($ 废品 | 不合格 $)=2/6=1/3$。最后计算随机抽取一件产品抽到既不合格又是废品的概率，很明显只有 2 件产品符合这种情况，所以 $P($ 既是不合格又是废品 $)=2/100=1/50$。有了这三个概率后我们来验证一下联合概率和条件概率的关系，$1/50=3/50×1/3$，明显有 $P($ 既是不合格又是废品 $)=P($ 不合格 $)×P($ 废品 | 不合格 $)$。

生产线上的产品

5.5　贝叶斯定理

仍然是生产线的例子，联合概率和条件概率将"不合格"与"废品"两者的概率通过等

式联系起来。既然我们已经推导出了 P(既是不合格又是废品)=P(不合格)×P(废品|不合格)，那么能不能调换一下位置使等式仍然成立呢？P(既是废品又是不合格)=P(废品)×P(不合格|废品)，直观上这个等式仍然是成立的，英国的数学家托马斯·贝叶斯是最早思考这个等式的人。我们试着计算一遍看等式是否成立，P(既是废品又是不合格)=2/100=1/50，P(废品)=2/100=1/50，P(不合格|废品)=1，很明显等式是成立的。然后我们又能发现 P(既是不合格又是废品)与 P(既是废品又是不合格)实际是一样的，这样更进一步就可以推导出另外一个等式 P(不合格)×P(废品|不合格)=P(废品)×P(不合格|废品)，这个等式实际上就是贝叶斯定理了。写成数学公式就是 $P(A|B)=P(B|A)×P(A)/P(B)$，这个公式非常有用，直到现在都还有着广泛的应用。

Thomas Bayes

贝叶斯定理

$$P(A\mid B)=\frac{P(B\mid A)P(A)}{P(B)}$$

贝叶斯定理

上面讨论的例子中"不合格"与"废品"是完全的包含与被包含关系，更一般的情况是一种交叉关系，比如"多云"与"下雨"的关系就是交叉关系，可能多云会下雨也可能无云也下雨。假如你花了 100 天的时间观察你所在的城市每天早上的天气情况，其中有 10 天是雨天，有 60 天是多云的，下雨时早上是多云的天数是 5。那么如果今天早上你出门时看到了一大片云，你该不该带伞呢？下面就通过你统计的 100 天的天气情况来计算今天下雨的概率，很明显我们要计算的概率是 P(下雨|多云)，那么根据贝叶斯定理，先计算多云的概率 P(多云)=60/100=0.6，然后计算下雨的情况下多云的概率 P(多云|下雨)=5/10=0.5，接着计算下雨的概率 P(下雨)=10/100=0.1，最后计算 P(下雨|多云)=0.5×0.1/0.6=1/12。可以看到今天下雨的概率小于十分之一，此时你是否决定要带伞呢？

对于 $P(A|B)=P(B|A)×P(A)/P(B)$ 公式，它在人工智能机器学习领域中得到了广泛应用，该公式被赋予了新的意义，其中 $P(A)$ 表示先验概率而 B 表示一种证据，$P(A|B)$ 是指获得新证据后修正的概率（后验概率）。而 $P(B|A)/P(B)$ 则被称为似然函数（Likelyhood Function），这是一个调节因子，它的作用是让先验概率根据证据不断修正并接近真实概率。注意先验概率是我们在得到证据之前根据经验所得到的值，有一定的主观因素在里面。

多云的晴天与多云的雨天

贝叶斯定理其实更像是一种思维方式，它接近于我们大脑的思考模式，甚至还有人将贝叶斯定理上升到哲学范畴。毫无疑问，贝叶斯定理是一项非常贴近我们生活的定理，它也能在生活上给我们一定的启发。

首先看先验概率，它是一种根据经验设定的一个概率值，注意我们并不要求它一定要多准确，定一个大概值就行，因为后面可以通过证据去修正。先验概率告诉我们：当我们收集掌握的信息并不足以得到一个确切答案时，我们可以根据已掌握的信息和经验先对事件进行大胆假设，如果一直以缺乏判断依据为借口而裹足不前则很可能无法找到答案。

其次看后验概率，它是指获取到新的证据后修正的概率，它要求我们一定要学会根据获得的新信息来修正自己的判断。我们的大脑为了保护自己经常会存在一种固执的思维，特别是那些对某些方面经验老到的人，他们往往过于沉迷于自己的经验判断而忽略掉出现的新证据，固执的思维让他们无法及时去调整自己的判断，最终造成严重的误判。

最后看似然函数，它是一项用来对先验概率修正的调节因子。前面我们说要根据已掌握的信息进行大胆假设，在假设后我们还需要提供一种能不断调整的机制，似然函数就是这样的一种机制。大胆假设并行动起来，然后去寻找新的证据来不断修正自己的判断，使自己的假设不断逼近正确的答案。

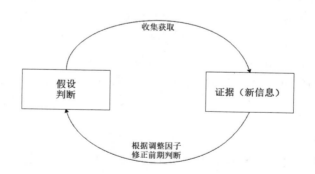

贝叶斯思维方式

此外，贝叶斯定理在更深入的层面还能给我们很多其他的启发。一个是先验概率虽然不要求多么准确，但如果它能在一开始就更接近正确答案的话，我们就能少花很多力气得到正确答案。所以对于先验概率，我们应该花精力尽量得到一个靠谱的初始值，可以请教更有经验的人、思考更深入点、从不同渠道获取不同信息等，这样就能少走很多弯路。另外一个是我们收集获取的证据（信息）的质量将会很大程度上影响到最终结果，如果采集到的证据是劣质的甚至是错的，那么要再多的证据也没用，它只会让你离正确的答案越来越远。所以是否能辨别信息的可靠性和质量是至关重要的，我们最应该掌握的是如何获取高质量的信息。

贝叶斯同时也是一种解决逆向概率的思维，它的优势在于即使在掌握的数据少的情况下也可以做出预测。常规的正向概率好比由因到果的推理，而逆向概率则是一种由果来倒推因的过程。如果我们已知 10 个球中有 2 个白球和 8 个黑球，那么计算随机抽取到一个白球的概率就属于正向概率，而且正向概率很容易求得。而逆向概率则刚刚好相反，我们事先并不知道盒子里有多少个黑球和白球，只知道一共有 10 个球。然后随机抽三次而且每次抽出后都放回，三次的结果为 2 黑 1 白，通过这三次抽取的结果来计算箱子里白黑球的比例。

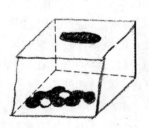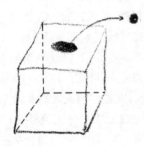

正向概率与逆向概率

逆向概率就是在事件已经确定的条件下去推断假设发生的可能性。现实中的问题更多是需要这种逆向概率的方式来解决的，通过不断地观察新信息来修正先验概率，得到一个更加合理的后验概率。也就是说在现实生活中大多数情况下我们掌握的都只是有限的信息，无法得到全面的信息，于是我们希望在信息有限的情况下，尽可能做出一个好的预测。比如在工厂中想统计生产出来的产品的优品率，此时我们肯定没必要去检查所有生产的产品，而是通过某种策略抽查其中的某些产品，然后根据这些产品来推算整体的优品率。

5.6　概率分布

很久以前的数学家发现很多事件以个体的角度去看时无法发现任何规律，然而将大量的个体组合到一起，以总体的角度去看时就能发现一些规律。比如我们研究一个 15 岁学生的身高总结不出什么规律，而研究某个城市所有 15 岁学生的身高时就会发现所有学生的身高集中在某个数值并向两边平滑下降。可以通过下图来理解。多数人的身高集中在 165cm 左右，越远离中心（165cm），人越少，150cm 以下和 180cm 以上的人都很少。这就是所谓的分布，即大量个体在某个维度上包含所有可能值范围的分布情况。

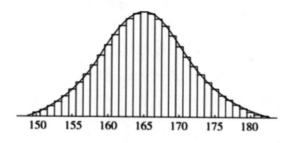

某城市 15 岁学生身高分布（单位：cm）

分布与概率是密切相关的，它可以用来描述概率，只需要把纵坐标设为频率就与概率契合了，横坐标上每个刻度所包含的数量除以总数量便能得到频率。前面我们说通过概率来描述随机事件，随机事件的结果值都对应着不同的概率，我们可以将随机事件的结果值在横坐标上表示出来，每个事件结果值对应的概率则在纵坐标上表示。所以，概率分布用来描述随机变量（横坐标）取值的概率规律。

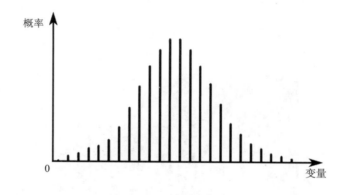

离散型概率分布

随机变量可以是待研究的任意数值指标对象，分为两大类：离散型随机变量和连续型随机变量。

离散型随机变量，指随机变量只能取非连续的离散的特定数值。当我们掷骰子时它的结果只可能是 1、2、3、4、5 和 6 中的一个，不可能出现 3.5 的数值。现实中很多情况都是离散的，比如一个企业的员工数、一个城市的汽车数量、一个工厂一天生产的产品数量等都属于离散型的数据。

连续型随机变量，指随机变量能取一定区间内的任意数值，相邻的两个数值之间能无限分割，看起来就像连续的。当我们测量物体的长度时，如果不限定测量精度则可能是合理范围内的任意数值，它就属于连续型数据。实际上现实生活中的很多变量都可以在连续型和离散型之间互相转换，比如人的体重，如果测量设备精确到个位数就是离散的，而如果不断提供更加精确的设备则变成是连续的。

数学家们发现现实生活和自然界中虽然存在着不同的数值指标对象，但是很多指标对象的分布都符合某种模式规律，所以他们对大量指标对象研究后总结出了一些常见的分布模式规律，并且深入研究了这些分布模式的特性。下面我们来一起了解这些常见的分布。

5.6.1　伯努利分布

伯努利分布（Bernoulli Distribution，又称 0-1 分布、两点分布）是最简单的一种分布，它的可能结果只有 0 和 1 两个值，随机变量只有 0 和 1，很明显它属于离散型随机变量。假设我们有一枚不均匀的硬币，正面（用 1 表示）的概率为 p=0.4，而硬币反面（用 0 表示）的概率为 1-p=0.6。这种情况就属于伯努利分布，概率分布如下图所示。实际生活中结果只有两种情况的概率一般都属于伯努利分布，比如我们投篮的结果只有命中和不命中的情况，比如做判断题时结果只有对与不对，比如一个人上学是否守时的结果也只有迟到和没迟到，这些场景都属于伯努利分布。

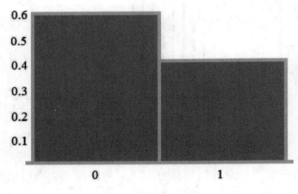

不均匀硬币的伯努利分布

5.6.2　二项式分布

二项式分布研究的是 n 重伯努利实验成功的分布，伯努利分布是二项式分布的特殊情况，当 n=1 时则为伯努利分布。仍然以抛硬币为例，假定我们的实验是以抛 4 个硬币为一组，抛的方式可以是一次性抛 4 个硬币，也可以是抛 4 次每次抛一个硬币。同时每个硬币正面朝上的概率为 50%，背面同样为 50%。在这种设定下，每组实验可产生从 0 到 4 次正面朝上的所有可能结果。我们的目标是计算这 5 种结果——0 次、1 次、2 次、3 次及 4 次正面各自出现的概率。现实生活中类似情形比比皆是，比如评估某种疫苗的有效性：若疫苗对个体有效的概率为 0.9，那么在 10 人接种后，有效人数恰好符合二项式分布规律。

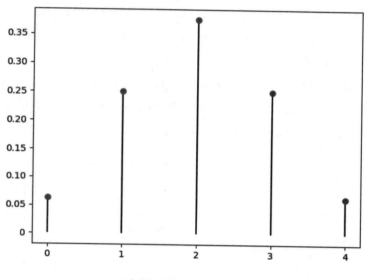

4 重伯努利实验成功的分布

二项式分布的实验包含以下 5 个特性：

1. 在研究二项式分布之前需要先确认每组实验包含多少个实验，即确认 n 重伯努利实验中的 n 值。

2. 每一组的实验都是独立的，前一次实验的结果不影响后面的。

3. 每个实验只包括成功或失败两种可能结果。

4. 每次实验中成功的概率都是一样的。

5. 如果要通过实验来验证二项式分布，则可以做多组 n 重伯努利实验，例如做 10000 组实验，每组实验又包含 n 个实验。

5.6.3 几何分布

几何分布与二项式分布有点相似，它们相同的地方在于都是 n 重伯努利实验，每个实验只包含成功或失败两种可能结果，而且每次实验成功的概率都是一样的。而与二项式分布不同的是，几何分布研究的是第几次实验取得首次成功的概率分布。说明白点就是"第一次就取得首次成功的概率""第二次才取得首次成功的概率""第三次才取得首次成功的概率"、……、"第 n 次才取得首次成功的概率"。

现在我们以一个具体例子来阐明几何分布。假设要开展一个 6 重伯努利实验，设每次实验成功的概率为 0.4。在此情境下，第一次实验就取得首次成功的概率为 0.4；若第一次尝试失败（概率为 0.6），则第二次实验才取得首次成功的概率为 0.6×0.4=0.24；若前两次尝试都失败（概率为 0.6×0.6），则第三次实验才取得首次成功的概率为 0.6×0.6×0.4=0.144；按照此规律我们可以计算"第四次实验才取得首次成功的概率为 0.6×0.6×0.6×0.4""第五次实验才取得首次成功的概率为 0.6×0.6×0.6×0.6×0.4"和"第六次实验才取得首次成功的概率为 0.6×0.6×0.6×0.6×0.6×0.4"。

几何分布给我们的启发是：我们不要害怕失败，只要我们具备一定的能力并且勇敢坚持付出，那我们一定会离成功越来越近。因为连续失败的概率随着尝试次数的增多而不断下降，所以只要坚持不断地尝试你总会等到成功的那一次。

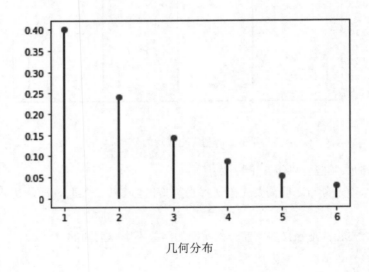

几何分布

5.6.4 多项式分布

多项式分布是二项式分布的推广，二项式分布中可能的结果只有两项，而多项式分布中可能的结果可以超过两项。比如掷骰子，它一共有 6 个面，即有 6 种可能项，每个项的概率都是 1/6，概率加起来为 1。多项式的分布比二项式的复杂很多，越多项涉及越多维度。为了能用坐标表达出来，我们将 n 重伯努利实验的 n 设定为 2，即每次实验掷 2 次骰子，那么它的结果可能有 18 种，比如两个都不为 1、两个都不为 2、一个为 1 另一个不为 1 等，更多的情况如下概率分布图所示。注意这里的分布是通过一万次实验（每次实验掷两次骰子）计算的概率结果，所以可能会存在一些误差。

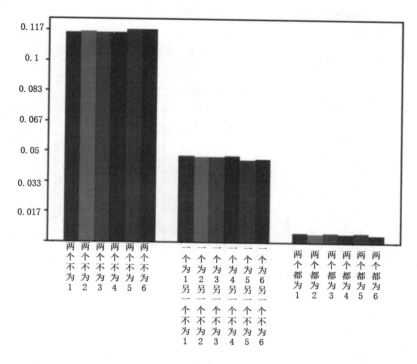

2重伯努利实验的骰子结果分布

5.6.5 均匀分布

均匀分布是指在指定区间内所有可能结果的概率都是相等的，由于均匀分布的形状是一个矩形，所以它也被称为矩形分布。下面通过一个例子来理解均匀分布，小明在上午 8 点到 12 点时间内任意时刻需要开会的可能性都是相同的，那么小明这段时间内开会的概率就是均匀分布。假设现在我们想计算小明在 8 点到 9 点开会的概率，那么就可以这样算：(9-8)/(12-8)=25%，实际上它是计算特定范围内的矩形面积占矩形总面积的比例。

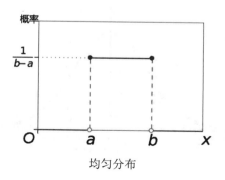

均匀分布

当随机变量为离散型时均匀分布则不是一个矩形,如下图所示,它表示的是掷骰子每一个面的概率,它的结果可能为 1 ~ 6 中的任意一个,而且每个结果的概率都是相等的,它就属于均匀分布。很明显,坐标上只有 1 ~ 6 这 6 个点有概率值,其他点都为 0。

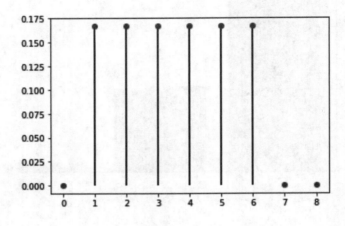

离散型变量的均匀分布

5.6.6 正态分布

正态分布是很常见的连续型随机函数,也称为高斯函数,可以用均值 μ 和标准差 σ 两个简单度量来对其进行定义。其中均值 μ 是指随机变量的均值,它能够描述正态分布形状的对称轴位置,而标准差 σ 描述的是正态分布形状变化的幅度。在这个世界中多数事件都符合正态分布性质,也许是造物者对其更加偏爱吧。正态分布的曲线呈钟形,两头低中间高,左右对称,因此人们又经常称之为钟形曲线。下图是一个正态分布图,可以很清楚地看到均值 μ 和标准差 σ 是如何影响这个"钟"的位置和形状。当 $\mu=0$、$\sigma=1$ 时则表示它是一个标准的正态分布,即分布的曲线以 $x=0$ 为对称轴,然后根据 $\mu-\sigma$ 和 $\mu+\sigma$ 向两边散开。

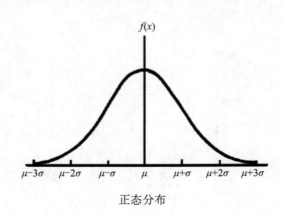

正态分布

我们还能直接根据 σ 来快速得到指定区域的面积占比，即对应的概率值。如下图中，$0 \sim 1\sigma$ 范围的概率值为 34.1%，$1\sigma \sim 2\sigma$ 范围的概率值为 13.6%，$2\sigma \sim 3\sigma$ 范围的概率值为 2.1%。类似地，对称的另一边情况也一样。生活中遇到的很多情况都是正态分布的，比如某个省的高考成绩符合正态分布，社会中的个人收入符合正态分布，某个城市所有人的体重也符合正态分布。正态分布也能给我们一定的启发和思考，这个社会中不管是做什么事，大部分人都是处于中间那部分，而两边极端的人都非常少，也就是说大部分人都属于一般情况，非常差和非常优秀的人都很少，可能也就百分之一或者千分之一甚至是万分之一。如果想让自己变得更有价值就需要努力朝着优秀的那端出发，然而一个群体必定要符合正态分布，也许这正是人类能不断向前走必须遵守的规律，所以多数处于平庸境地的或者较差的人也可以释怀些，因为一个群体一个社会必须得是需要各种各样的人处在不同的位置才能发展，而正态分布可能就是最优的、最有利于人类发展的分布结构。

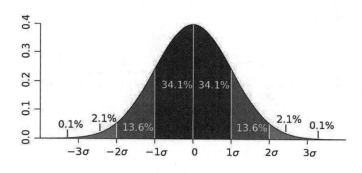

不同 σ 范围正态分布的概率

5.6.7　幂律分布

最后再看一个通常会让我们陷入深思的分布——幂律分布。为什么说它会让我们陷入深思呢？因为这条分布曲线能解释现实生活中很多深层次的现象，它能描述"二八定律""长尾理论""马太效应"等概念。那么先看一下它长什么样子，如下图，可以看到刚开始一小部分的随机变量所对应的纵坐标值都很大，然后突然就呈一个很陡的坡度降下来，后面大部分的随机变量对应着很小的纵坐标值。这种趋势的曲线能很好地解释现实中很多场景，比如人们日常在使用英语单词时真正常用的单词量很少，而大部分单词都比较少用到，如果将单词出现的频率从高到低的顺序排列，则单词出现的频率与排名序号的常数次幂存在反比关系。实际上这就是幂律分布。

通常我们也把上述这种现象称为"二八定律"，也就是说 20% 那部分的事件占了 80% 的可能性，实际上并不一定就是准确的 20% 和 80%，而主要是指小部分人或事占用了大部分资源，它更多的是表达一种很不平等的关系。当然它还可以往外扩展，比如抓住 20% 的关键因素就能达到 80% 的收益。类似的还有"长尾理论",它更多用在商业中,比如少数的高频 App 应用占用了大部分用户的时间,而那个长长的尾巴就是众多的低频 App 应用。还有少数的大公司的收益占了整个行业大部分的收益,而剩下很少的收益才由众多小公司分配。而在经济学和社会学上有个"马太效应"概念,它是指少数人占了大部分的财富,而剩下的很少财富由大多数人分配,富者越富穷者越穷。

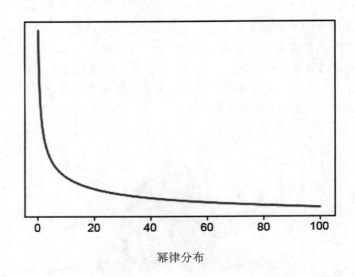

幂律分布

　　幂律分布能给我们很多启发,在个人管理上我们要将有限的时间和精力放到重点目标上,把这些目标完成了就算是成功一大半了,切不要想着把每一件事都做好;在工作中我们要抓工作的重点和亮点,把这些工作高质量完成就能让上级很满意了,不要一味地接收任务,要学会拒绝;在投资管理上我们要重点关注能带来大部分收益的几个项目,而不要把精力平均分配在几十个项目上;在分析问题的过程中我们要抓住问题的主要矛盾,不要被其他的次要事项蒙蔽了双眼;在产品管理中我们要明白 20% 的客户会给我们带来 80% 的利润,要重点服务好这些重点客户;在生活中我们要明白 20% 的时间包含了 80% 的快乐,所以在快乐时要尽情快乐;在社交中不必维系所有认识的人的情感,我们真正需要的只是很少一部分朋友。

第**6**章

如何寻找复杂模型的最优解

6.1　什么是最优解

　　最优解是指解决某个问题最好的方案或达到某个目的最好的方法，在这个过程中肯定存在很多甚至是无数个不同的解，但我们最想找到的是最好的那个解。我们生活的社会中有很多行业都涉及最优解问题，比如经济、数学、军事、通信、管理、交通物流等行业。在现实世界中我们也经常会遇到最优解的问题，尝试通过以下的点来思考最优解的情形。

- 如何才能花最少的时间实现某个目标？
- 如何才能以最小的代价达到某种效果？
- 如何才能以最小的风险完成某件事？
- 如何才能付出最少的努力获得某项成果？
- 如何才能在工作中将效率提升到最高？
- 如何才能让机器的运行性能达到最优？
- 如何才能在某件事中得到最多收获？
- 如何才能在某个经济项目中获得最多收益？

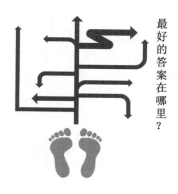

寻找最好的解

大多数情形下，我们通常不知道什么样的解才是最优解，所以为了寻找最优解我们通常会采取不断试错的方法。每次尝试可能带来更好的解也可能是更差的解，只要尝试的次数足够多就能找到我们认为的最优解。试错的次数也有条件限制，如果试错成本很高则不能进行太多次试错，在无法重复的极端情形下就完全无法试错了。另外还有一小部分问题可以通过数学的方式来描述，这种情况就可以使用数学工具来求得最优解。

此外，最优解还分全局最优解和局部最优解。在所有可能范围内的最优解就是全局最优解，如果不存在比当前解更好的解时则表示我们已经找到了全局最优解。在某个范围内的最优解就是局部最优解，如果当前解的附近不存在比它更好的解，但在很远的地方存在比当前解更好的解，那么当前解就是局部最优解。实际问题中我们并不能保证总是能找到全局最优解，这受到模型本身包含的因素之间的关系、定义的目标、模型涉及的约束以及用于寻找最优解的算法和策略等多方面的影响。

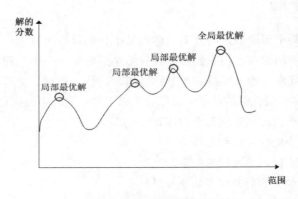

全局最优解和局部最优解

6.2   人工智能与最优化

最优化就是寻找最优解的方法，那么最优化与人工智能有什么关系呢？可以这样说：人工智能本质上就是一个最优化过程。我们通过数学模型来构建智能行为，然后通过学习来求得最优解，人工智能的问题到最后几乎都是回到最优解问题。无论是传统的机器学习还是大热的深度学习，抑或是大有潜力的强化学习，它们的基础核心思想都可以归纳成最优化问题。机器学习或深度学习的模型训练就是一个最优化过程，模型参数通过最小化损失函数来进行调整，以使模型达到最佳性能。强化学习的训练也是一个最优化过程，智能体通过与环境交互来学习如何做出最优决策，从而得到最大的累积奖励。

最优化问题可能存在约束也可能没有约束，通常有约束的情况比无约束的情况更加复杂。另外，约束又可以分为不等式约束和等式约束两类，约束的作用就是将最优解的可能空间限制在某些区域。以下图为例，假设一共有 4 个约束条件，它们共同限定了一个区域，也就是说必须在该区域中去寻找最优解。

有约束的最优化问题

无约束的情况一般采用梯度下降（上升）法来寻找最优解，所谓梯度是一个向量，梯度的方向就是函数在某点增长最快的方向，梯度的模为方向导数的最大值。其中梯度下降的方向就是梯度的反方向，梯度上升的方向则为梯度的方向。对于梯度上升，就好比站在一座山的某个位置上，我们选择往各个方向跨出相同步幅但能够最快上升的方向，最终到达山顶。梯度下降则反过来，从山顶最快到达山谷。山峰代表最大值，山谷代表最小值。

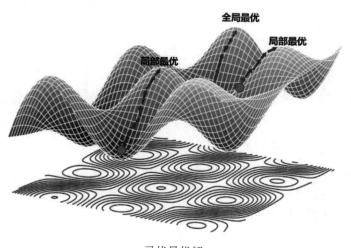

寻找最优解

此外，采用梯度下降（上升）法寻找最优解时有可能会找到局部最优解，一旦陷入局部最优后则可能无法跳出来继续寻找全局最优。所以局部最优问题我们也需要考虑，工程上有专门的方法用于防止掉入局部最优解。不过有时局部最优解和全局最优解差别不会很大，而寻找全局最优又会产生很高的代价，此时便不必关注我们的解是否为全局最优。

6.3 最优化建模流程

要找到最优解我们需要对现实世界进行建模，一般流程可以归纳为 5 个步骤：第一步是定义目标，确定问题的目标并通过数学将目标函数表达出来，同时根据实际情况确定该问题的限制条件；第二步是定义模型，基于目标函数设计数学模型；第三步是收集数据，由于当前人工智能模型都是由数据来驱动的，所以数据是必不可少的，收集相关数据后还要对其进行预处理；第四步是模型优化，根据定义的模型选择合适的优化算法以得到最优解，梯度下降法是最常见的一种优化算法；第五步是模型评估，对训练得到的模型进行评估，如果达不到要求则可以尝试重新设计数学模型或者收集更多数据。

建模的流程

下面我们举一个例子来说明整个流程。假设有一个制造公司需要优化其生产线的生产计划，从而获得最大化的生产效率和利润。公司的目标是在给定时间内尽可能多地生产产品，并确保产品的质量和交货时间。以下是针对这个问题的最优化流程。

1. 定义目标
- 目标函数：最大化生产效率和利润。
- 限制条件：生产线的生产能力、原材料供应、产品的质量和交货时间等。

2. 定义模型
- 综合考虑目标函数和限制条件，设计生产计划的数学模型。

3. 收集数据
- 根据定义的数学模型收集公司生产数据，包括产量、成本和质量等指标。
- 根据限制条件收集生产线的设备和运行状况等信息，以及供应商的原材料供应情况。

4. 模型优化
- 选择合适的优化算法，如梯度下降法、线性规划等。
- 通过优化算法计算模型的最优解，从而得到最优的生产计划。

5. 模型评估

● 根据模型预测最优的生产计划实施生产计划。

● 对生产过程进行评估，根据实际情况对模型算法进行优化和改进。

6.4　模型三要素

为了将现实事物和问题转化为最优化问题的数学模型需要考虑三个要素：因素变量、目标函数和约束条件。首先，我们会根据事物和问题找到影响模型的相关因素，这些因素作为变量将影响目标函数的值，同时它们的取值范围又受到约束条件的限制；然后，再根据我们要达到的目的来建立目标函数，它是最优化问题的核心，通常通过 $\min f(x)$ 或 $\max f(x)$ 来描述目标函数，表示需要最小（大）化某个性能度量；最后，还要找到客观的限制条件并作为模型的约束，包括等式约束和不等式约束。

模型三要素

可以通过下面的公式来表达最优化问题，影响模型的相关因素其实可以看成是一个 n 维向量，向量的每个元素都对应着一个变量，变量值为实数。$\min f(x)$ 是我们构建的目标函数，目标就是最小化该函数（最大化的情况下可以通过负号转化为最小化的情况）。s.t. 表示约束条件，$f_i(x)$ 和 $h_j(x)$ 表示具体的约束函数，分为不等式约束和等式约束两类，约束函数用来限制变量的可能空间，如果不存在约束条件则不需要约束函数。

设 $x = [x_1, x_2, \cdots, x_n], x \in R^n$

$$\min f(x)$$
$$\text{s.t.} \quad f_i(x) \leqslant 0, \quad i = 1, 2, \cdots, q$$
$$h_j(x) = 0, \quad j = 1, 2, \cdots, p$$

6.5　无约束的最优化

当我们对事物和问题进行建模分析时需要尽可能多地考虑所有影响因素，以此来建立更符合实际的模型，然后通过该模型去寻找模型的最优解。然而要找到最优解并不容易，因为模型可能包含着大量的影响因素（变量），这些变量互相联动地去影响模型的最终结果。从更高层面来看事物的联系是具有普遍性的，除了事物内部的联系之外，事物之间也同样存在着联系。此外，更重要的一点是大量变量会导致模型被映射到成千上万维的空间里面，每个变量对应着一个维度，维数的增加将使解可能出现的区域呈指数级增长，寻找最优解的难度自然也是指数级增长。

寻找模型最优解的第一步就是要确定好我们追求的目标，确定好目标后再通过某种策略去寻找最优解。对于大多数问题来说，解可能出现的地方是没有限制的，这些地方存在着无限个解。当维数较少时所有因素和解所构成的空间相对简单，然而随着维数增大到成千上万后就会形成一个十分复杂的空间，我们甚至很难想象出这个空间到底是怎样的一种结构。为了搜索这些多维无限空间，我们需要一些特定的方法和策略才能找到最优解或者近似最优解。比如最简单朴素的方法是暴力搜索，不断尝试寻找不同的解，从中选出最好的那个解，搜索的次数越多就越可能逼近最优解。

问题的模型决定了"变量—解"所构成的空间的维数，可能是二维、三维或更高的任一维数。二维是最简单的空间，这种空间我们是最熟悉的，也就是 x 轴和 y 轴构成的坐标空间。随着 x 变量的变化会导致变量 y 的变化，找出模型最佳的 y 结果也就找到了最优解。对于三维，它就是 x 轴、y 轴和 z 轴，此时根据 x 变量和 y 变量的变化去找最佳的 z 结果。对于四维及更高维，我们可以看成是对应了更多个变量（因素），此时构成的空间更加复杂，多个变量变化共同影响最终的结果。

多维空间

下面通过一个三维空间的例子来理解模型的最优解，假设我们对某个问题进行建模，最终模型的表达式为 $z = xe^{-x^2 - y^2}$。其中 x 和 y 分别代表两个影响模型的因素，而 z 则为模型的最终结果，x 和 y 的变化将会一起影响结果 z。为了让大家形象直观地理解不同解，我们将 x 和 y 从 -2 到 2 区间内的所有解的点都描出来就形成了如下的形状。很明显，分别存在一个最高峰和最低峰，如果我们要找的最优解是最大值则对应在峰顶上，反之如果最优解是最小值则对应在峰底。可以看到还有其他无数的解，这些都不是最优的解。

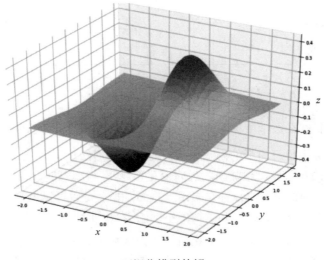

可视化模型的解

在无约束的最优化问题中，最常用的优化方法是梯度下降（上升）法，它是一种通用的优化方法，在机器学习领域中广泛应用于最小（大）化目标函数。其核心思想是沿着目标函数的梯度的反方向进行逐步调整，通过多次迭代后得到目标函数的最优值。下面我们详细讲解梯度下降法的工作原理。

要理解梯度下降法核心就是理解梯度这个概念，然而梯度又与斜率（倾斜度）、导函数等有密切的关系。思考一下，当我们形容一个山坡非常陡峭时如何量化具体有多陡呢？下面两个山坡，明显右边比左边更陡，很容易我们就能想到以高与长的比值作为倾斜度。左边山坡倾斜度为 0.8，而右边山坡倾斜度为 1.6。极端情况下，水平时表示倾斜度为 0，而垂直时则表示倾斜度无穷大。

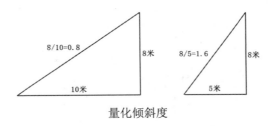

量化倾斜度

当山坡是一条直线时我们可以很容易找到高和长，但是如果山坡是一个曲线的话要怎么定义倾斜度呢？很明显对于曲线来说每个点的倾斜度都不同，直线之所以能得到一个统一的倾斜度是因为直线上所有点的倾斜度都一样。那么我们也可以效仿直线时的处理方法，通过小三角形来近似计算曲线上某个点的倾斜度。如下右图，任意点都能通过三角形来计算倾斜度，三角形切得越小误差就越小，而且曲面就越平滑。

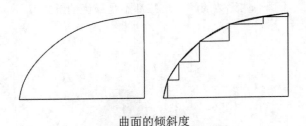

曲面的倾斜度

上面介绍的倾斜度在数学中称为斜率，曲面上任意点的斜率可以用 $k_i = \lim\limits_{\Delta l \to 0} \dfrac{\Delta h}{\Delta l}$ 公式来表示。某个点的斜率等于小三角形的高除以长，而且三角形的长无限接近于 0。斜率有什么意义呢？它表示山坡的倾斜度，越陡峭就说明变化率越大，同样跨一步产生的高度变化越大。再进一步思考，由于曲面上每个点都是平滑连接的，那么是否可以用某个函数来表示曲面上任意点的斜率值？于是数学家们研究了很多不同的函数，而且定义了一个被称为导函数的函数，它可以被用来描述曲面任意点的斜率值。例如函数 $f(x) = x^2$ 是一条曲线，它的导函数是 $g(x) = 2x$，通过 $g(x)$ 这个函数就能快速得到曲线 $f(x)$ 任意点的斜率。假如想知道 $f(x)$ 曲线在 $x=0.5$ 处的斜率，那么就可以将 0.5 代入 $g(x)$ 函数中得到值为 1，所以此处的斜率为 1。

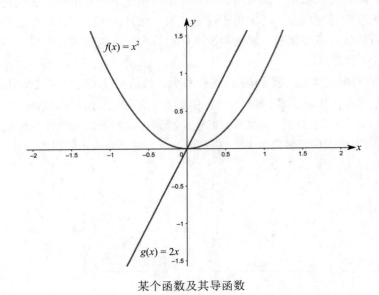

某个函数及其导函数

读者可能还有一个疑问，函数 x^2 的导函数为什么是 $2x$ 呢？根据斜率的定义，导函数可以定义为：

$$g(x) = \lim_{\Delta x \to 0} \frac{f(x + \Delta x) - f(x)}{\Delta x}$$

对于函数 $f(x) = x^2$，我们有：

$$
\begin{aligned}
g(x) &= \lim_{\Delta x \to 0} \frac{(x + \Delta x)^2 - x^2}{\Delta x} \\
&= \lim_{\Delta x \to 0} \frac{x^2 + 2x\Delta x + \Delta x^2 - x^2}{\Delta x} \\
&= \lim_{\Delta x \to 0} \frac{2x\Delta x + \Delta x^2}{\Delta x} \\
&= \lim_{\Delta x \to 0} (2x + \Delta x)
\end{aligned}
$$

当 Δx 趋近于 0 时，有 $g(x) = 2x$，也就得到了该函数对应的导函数了。有了这个函数我们要找曲线的任意点的斜率就非常方便了，直接将某个点对应的 x 轴位置代入就能计算得到。现如今，数学中的导函数已经发展得非常成熟了，某函数的导函数可以直接通过数学家们总结的一系列法则来得到，包括幂规则、乘积规则、商规则和链式规则等。再继续看两个特殊的函数例子，第一个是函数 $f(x) = x$ 的导函数 $g(x) = 1$，表示该直线所有点的倾斜度都为 1。第二个是函数 $f(x) = 1$ 的导函数是 $g(x) = 0$，表示该直线所有点的倾斜度都为 0，它是水平的。

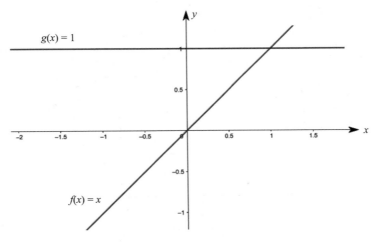

函数 $f(x)=x$ 及其导函数

上面我们通过直线及曲线说明了倾斜度的概念，在数学中其实就是斜率（或称为导数）。而且我们还能将某个曲线的所有点的斜率通过一个函数来表示，这个函数被称为导函数。我们要记住核心的一点：倾斜度表示该点的变化速度。

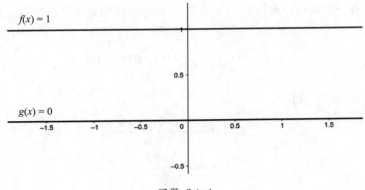

函数 $f(x)=1$

现在我们换个角度来看：某一点的倾斜度实际上也代表了该点在 x 轴的变化所引起 y 轴的变化大小。沿着 x 轴的方向，y 轴变化的大小可以使用斜率来表示。于是我们考虑用一个向量来表示某个点在 y 轴方向上的变化率，如下图中 BC 和 $B'C'$ 分别对应着一个向量，向量大小等于该点对应曲线的斜率值，这个向量我们称为梯度。梯度指向的方向是能让 y 轴变化率最大的方向，梯度的大小就是斜率。于是我们可以定义二维空间中线的梯度为 $\nabla f = \left(\dfrac{\mathrm{d}f}{\mathrm{d}x}\right)$，注意这个向量的方向沿着 x 轴方向。

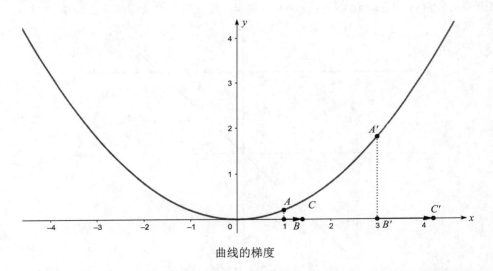

曲线的梯度

我们已经了解了二维空间中线的斜率、导函数、梯度等概念，那么如果推广到平面或曲面又是什么情况呢？对于二维平面内的一条直线或曲线，在某个点上只有一个倾斜度，想象我们在攀爬一条线时只能沿着线的方向不断往上。但对于三维空间中的平面或曲面就不一样了，在某个点上可以有无数个倾斜度，因为沿着不同的方向会有不同的倾斜度。如下两图所示，其中左图平面上 A 点的倾斜度有无数个，比如 AB、AC 和 AD 的倾斜度都是不一样的。就好比我们站在一个平面山坡，垂直于山顶方向走的坡度最大且最累，而如果倾斜着走就坡度小且不会这么累，极端情况下我们横向移动的话坡度则为 0。右图是一个曲面，A' 点同样有无数个方向，每个方向都有一个对应的倾斜度，比如 $A'B'$、$A'C'$ 和 $A'D'$ 三个方向的都有自己的倾斜度。实际上我们已经很明确了，多维空间中倾斜度的描述还需要一个方向的概念，只有指定了方向才能确定该点的倾斜度值。

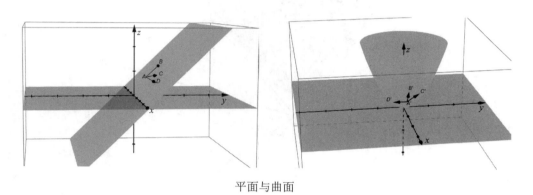

平面与曲面

倾斜度是一个标量，加入方向后组合成一个特殊的向量，这个向量我们称为方向导数。也就是说为了能兼容多维空间对倾斜度的描述，我们又提出了方向导数的概念。对于曲线上 C 点，它的方向导数可以使用向量 $\overrightarrow{AB}$ 来表示，方向为该点的切线，大小则是该向量对应的斜率。

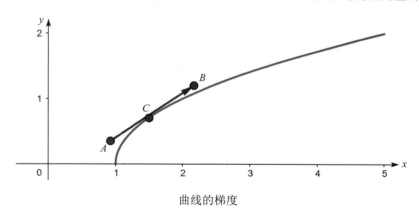

曲线的梯度

对于三维空间中的曲面，某一点的方向导数有无数个。下图中向量 $\overrightarrow{AB}$ 是其中的一个方向导数，假设这个方向导数最大，那么它对应在 xy 平面投影的向量 $\overrightarrow{AE}$ 就是梯度。向量 $\overrightarrow{AB}$ 的斜率可以通过 BE 线段长度除以 AE 线段长度得到。我们可以将 BE 看成是方向导数在 z 轴的分量，而 AE 则是 x 轴和 y 轴共同产生的分量。想象一下，对于同样一个点有另外一个方向导数，对应的向量是 $\overrightarrow{A2B2}$。该向量同样在 z 轴有分量，在 xy 平面也有一个分量，线段 $B2E2$ 与线段 $A2E2$ 之比就是斜率。我们总结一下，不同的方向导数在 xy 平面有不同的投影方向，也对应着不同的 z 轴分量。我们所要找的梯度就是曲面上某个点的所有方向导数中斜率最大的那个

在 xy 平面上的投影向量，比如 $\overrightarrow{AE}$ 向量。我们关注到，x 轴、y 轴和 z 轴的分量都会变动，梯度的问题其实就是寻找 z 轴分量与 x 轴 y 轴组合分量之比最大。

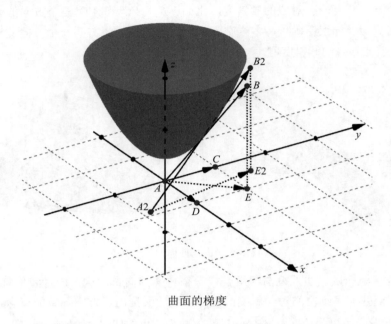

曲面的梯度

前面我们在二维平面中推演并定义了梯度为 $\nabla f = \left(\dfrac{\mathrm{d}f}{\mathrm{d}x}\right)$，那么对于三维空间我们推测梯度

为 $\nabla f = \left(\dfrac{\partial f}{\partial x}, \dfrac{\partial f}{\partial y}\right)$。如下图所示。

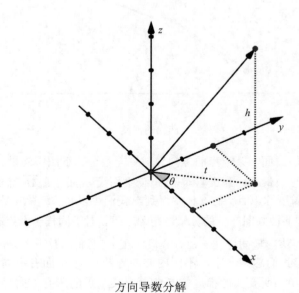

方向导数分解

我们来验证这个推测，根据方向导数的定义，某个点的方向导数如下。

$$f'(x,y) = \frac{\Delta f}{\Delta t} = \lim_{t \to 0} \frac{f(x + \Delta x, y + \Delta y) - f(x, y)}{t}$$

$$= \lim_{t \to 0} \frac{f(x + t\cos\theta, y + t\sin\theta) - f(x, y)}{t}$$

根据泰勒展开的一阶近似有如下的式子，这实际上是一个公式。从感性上也很容易理解，就是说 x 轴上的增量与 y 轴上的增量相加等于 z 轴的增量。

$$\Delta f \approx \frac{\partial f}{\partial x} \Delta x + \frac{\partial f}{\partial y} \Delta y = \frac{\partial f}{\partial x} \Delta t \cos\theta + \frac{\partial f}{\partial y} \Delta t \sin\theta$$

所以，

$$f'(x,y) = \frac{\Delta f}{\Delta t} = \frac{\frac{\partial f}{\partial x} \Delta t \cos\theta + \frac{\partial f}{\partial y} \Delta t \sin\theta}{\Delta t} = \frac{\partial f}{\partial x} \cos\theta + \frac{\partial f}{\partial y} \sin\theta$$

这个式子与向量的点乘格式一致，所以我们转化成向量点乘格式。假设向量 $a = \left(\frac{\partial f}{\partial x}, \frac{\partial f}{\partial y} \right)$ 和向量 $b = (\cos\theta, \sin\theta)$ ，它们的夹角为 β ，于是有如下式子。

$$f'(x,y) = ab = |a||b|\cos\beta = |a|\cos\beta$$

当确定一个点后 $\frac{\partial f}{\partial x}$ 和 $\frac{\partial f}{\partial y}$ 就都确定，即向量 a 确定且不会再变。方向导数随着夹角 β 的变化而变化，当 $\cos\beta$ 为 1 时方向导数有最大值且为 $|a|$。很明显，向量 a 对应着方向导数最大值的方向和大小，它与前面我们推测的梯度公式 $\nabla f = \left(\frac{\partial f}{\partial x}, \frac{\partial f}{\partial y} \right)$ 是一致的。

类似地，更多维空间的梯度为 $\nabla f = \left(\frac{\partial f}{\partial x_1}, \frac{\partial f}{\partial x_2}, \cdots, \frac{\partial f}{\partial x_n} \right)$ ，即函数对各个维度的偏导组合成的一个向量。某个点的方向导数如下。

$$f'(x_1, x_2, \cdots, x_n) = \frac{\Delta f}{\Delta t} = \lim_{t \to 0} \frac{f(x_1 + \Delta x_1, x_2 + \Delta x_2, \cdots, x_n + \Delta x_n) - f(x_1, x_2, \cdots, x_n)}{t}$$

根据泰勒展开的一阶近似有如下的式子，每个维度上分量累加得到函数总的增量。

$$\Delta f \approx \frac{\partial f}{\partial x_1} \Delta x_1 + \frac{\partial f}{\partial x_2} \Delta x_2 + \cdots + \frac{\partial f}{\partial x_n} \Delta x_n$$

现在设 t 对应的向量与每个维度的夹角为 $\theta_1, \theta_2, \cdots, \theta_n$ ，则上式可以转换成如下式子。

$$\Delta f \approx \frac{\partial f}{\partial x_1} \Delta t \cos\theta_1 + \frac{\partial f}{\partial x_2} \Delta t \cos\theta_2 + \cdots + \frac{\partial f}{\partial x_n} \Delta t \cos\theta_n$$

所以，

$$f'(x_1, x_2, \cdots, x_n) = \frac{\Delta f}{\Delta t} = \frac{\partial f}{\partial x_1}\cos\theta_1 + \frac{\partial f}{\partial x_2}\cos\theta_2 + \cdots + \frac{\partial f}{\partial x_n}\cos\theta_n$$

同样将它们转成向量点乘的格式，设向量 $a = \left(\dfrac{\partial f}{\partial x_1}, \dfrac{\partial f}{\partial x_2}, \cdots, \dfrac{\partial f}{\partial x_n}\right)a$ 和向量 $b = (\cos\theta_1, \cos\theta_2, \cdots, \cos\theta_n)$，且它们的夹角为 β。此外，还有一个恒等式成立，即 $\cos^2\theta_1 + \cos^2\theta_2 + \cdots + \cos^2\theta_n = 1$。于是多维方向向量如下。

$$f'(x_1, x_2, \cdots, x_n) = ab = |a||b|\cos\beta = |a|\cos\beta$$

当 $\cos\beta$ 为 1 时方向导数有最大值且为 $|a|$，向量 a 与梯度 ∇f 是一致的，也就是说多维空间中梯度 $\nabla f = \left(\dfrac{\partial f}{\partial x_1}, \dfrac{\partial f}{\partial x_2}, \cdots, \dfrac{\partial f}{\partial x_n}\right)$ 对应着最大的方向导数和方向。

最后，让我们记住梯度的意义：对于函数 $y = f(x_1, x_2, \cdots, x_n)$，通过分别对每个自变量求偏导可以得到梯度 $\nabla f = \left(\dfrac{\partial f}{\partial x_1}, \dfrac{\partial f}{\partial x_2}, \cdots, \dfrac{\partial f}{\partial x_n}\right)$，这个梯度能用来指导函数 y 往变化率最大的方向移动，核心是通过自变量 $x_1, x_2, \cdots, x_n$ 来描述函数 y 变化率的信息。

了解梯度概念及其数学原理后，我们来看梯度下降是如何进行的。在人工智能最优化的问题中通常都是要找到最小误差的最优解，那么我们就可以利用梯度作为指导，使得误差函数往最优解的方向去逼近。由于梯度指向的是函数增长最快的方向，所以我们要反过来让误差函数往梯度相反的方向移动，这样就能往最小误差的点移动。以下图中的曲线为例，假设我们选定一个初始点 A。梯度相反的方向是负 x 轴方向，那么一步要移多长呢？我们可以设定一个系数 $\alpha = 0.1$，那么每一步移动的距离 $l = \alpha\nabla f$。将 $x=3$ 代入该公式得到 $l=0.7$，所以我们要移动到 $x=3-0.7=2.3$ 的位置，对于误差函数来说对应是从 A 点移动到 B 点。很明显可以看到误差值变小了，到此算是完成了第一个周期。第二个更新周期从 B 点开始，同样将 $x=2.3$ 代入 $l = \alpha\nabla f$ 公式得到 $l=0.6$，那么我们就要移动到 $x = 2.3 - 0.6 = 1.7$ 的位置。对于误差函数则是从 B 点移动到 C 点，误差值又变小了。类似地，我们可以不断根据 $l = \alpha\nabla f$ 计算 x 轴移动的大小。误差函数则从 C 点到 D 点再到 E 点再到 F 点，误差值不断下降。

假如误差函数为 $f(x, y)$，此时的情况也类似。第一轮假如选定初始点 G，G 点在 xy 平面的投影为 I 点。将 I 点对应的 (x,y) 值代入到 $l = \alpha\nabla f$ 可以计算下一步移动到 J 点，从 G 点到 J 点对应的误差值减少了。第二轮从 J 点继续移动，通过 $l = \alpha\nabla f$ 可以计算下一步走到 K 点。第三轮同样的操作到达 L 点，往后不断往误差越来越小的位置移动。对于更多维的误差函数也是进行同样的操作。以上就是梯度下降法的原理及过程，这是人工智能的一个核心算法，要了解人工智能的原理就必须对梯度下降法深入理解。

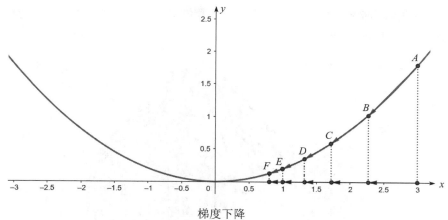

梯度下降

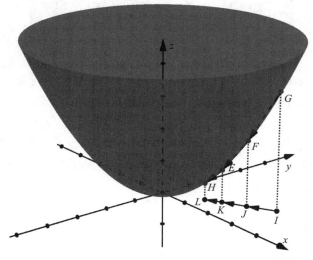

曲面的梯度下降

　　为帮助大家更形象地理解，我们仍然以下山为例。假如我们随机迷失在一座大山中，而且这座大山云雾弥漫无法看到远处的山谷的位置，只能通过工具测量当前位置的坡度来决定往哪个方向走。现在的目标是要找到一个山谷，那么应该怎么制定最快的下坡方案呢？此时就可以通过梯度下降法来解决，我们根据当前位置测量出梯度信息，然后朝着与梯度相反的方向迈一步，接着在新到达的位置再继续测量梯度信息，然后继续朝着与梯度相反的方向走下一步。不断重复这个过程，最终就能够最快到达山谷。

　　整座山的形状代表了目标函数的形状，越复杂的数学函数将拥有越复杂的形状。山的所有位置都对应着函数的解，但只有山谷是最优解。我们每走一步所到达的一个位置都对应一个解，但这个解不一定是我们想要的。我们靠工具测量的坡度就是梯度，它表示目标函数在当前位置的变化率。此外，还有一个很重要的参数值就是步长，我们找到了最陡峭的方向后要迈多大的步，步长也称为学习率。

寻找下山的路径

下面我们通过一个具体例子来看如何通过梯度下降法来解决最优化问题。假设我们收集了 100 个数据样本，它们对应的数据点如下图所示，现在我们想要找出一个函数来描述这些数据。从整体形状看它像是一条直线，所以我们就假设这个函数为 $f(x) = \theta_1 x + \theta_0$，我们需要确定的是 θ_0 和 θ_1 这两个参数值。那么要如何确定呢？我们制定了一个依据：通过这个函数预测出来的 100 个值应该与 100 个真实样本最接近，也就是说所有的预测误差加起来最小。这就是最优化问题，我们的目标是最小化整体误差。

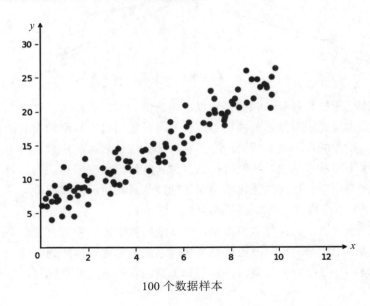

100 个数据样本

整体平均误差可以用函数 $J(\theta)=\dfrac{1}{n}\sum\limits_{i=1}^{n}(f(x^i)-y^i)^2$ 来表示，其中 $n=100$，每个样本输入 $f(x)$ 得到预测值减去对应真实样本得到误差，并通过平方使误差都为正。当然我们也可以将误差定义为 $\dfrac{1}{n}\sum\limits_{i=1}^{n}\left|f(x^i)-y^i\right|$，只不过这里的绝对值符号不方便进行求导，所以通常不使用绝对值的方式。$J(\theta)$ 就是最优化中的目标函数，目标就是要让它最小化。怎样使它最小呢？这就要靠数学上的偏导数来解决了，将每个变量的偏导数作为分量所组成的向量就是梯度，在梯度下降法中正是通过梯度来指导最优解的查找的。梯度的方向是函数增长最快的方向，而梯度相反的方向则是函数下降最快的方向，梯度下降法就是往梯度相反的方向去调整。下面是分别对 θ_0 和 θ_1 求偏导的结果，梯度向量 $t=\left[\dfrac{\partial J(\theta)}{\partial \theta_0},\dfrac{\partial J(\theta)}{\partial \theta_1}\right]$。类似地，如果函数包含三个参数则梯度有三个分量，有多少个参数就有多少个分量。

$$\frac{\partial J(\theta)}{\partial \theta_0}=\frac{2}{n}\sum_{i=1}^{n}(f(x^i)-y^i)$$

$$\frac{\partial J(\theta)}{\partial \theta_1}=\frac{2}{n}\sum_{i=1}^{n}(f(x^i)-y^i)\cdot x^i$$

一旦我们有了梯度也就知道往哪个方向走能使目标函数值越来越小，但我们还需要设定每一步要迈多大，也就是步长（也称学习率）。这个参数需要我们根据经验和实际自行设置，它决定了每次参数更新的幅度。步长太小可能导致收敛（找到最优解）速度缓慢，步长太大则可能导致在最优解附近震荡而无法收敛。在工程中选择合适的学习率是非常重要的，通常我们会设定一个固定学习率或者使用某种策略来动态调整学习率，从而帮助目标函数快速准确地找到最优解。

有了梯度和步长，我们就可以根据下面的公式分别对两个参数进行更新。其中 α 是学习率，θ_0' 为上一步的参数值，最开始时 θ_0' 和 θ_1' 都是一个随机数。最终效果如下图所示，目标函数 $J(\theta)$ 与 θ_0'、θ_1' 两个变量的关系是一个两边高中间低的形状，最开始 θ_0' 和 θ_1' 随机点在 A 点，然后通过梯度和步长不断更新，最终走到最小值的位置，从而找到最优解。

$$\theta_0=\theta_0'-\alpha\frac{\partial J(\theta)}{\partial \theta_0}$$

$$\theta_1=\theta_1'-\alpha\frac{\partial J(\theta)}{\partial \theta_1}$$

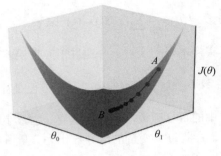

目标函数与参数的关系

6.6　有约束的最优化

我们已经知道模型中的所有变量与解会构成一个多维的空间，我们的目标就是在这个多维空间中寻找最优解。如果这个多维空间中的所有区域都允许解出现的话则称为无约束最优化，反之如果只允许在某些符合要求的区域内寻找最优解的话则称为有约束最优化，这些限制的区域称为可行区域。一个模型可以有多个约束，约束通过表达式来描述，可以由一个或多个变量进行描述。下面的坐标图是一个三维空间模型，其中 x 轴和 y 轴分别对应两个变量，而 z 轴对应解。x 轴和 y 轴中限定了一个可行区域，那么模型的解所对应的 x 值和 y 值就必须在这个范围内。

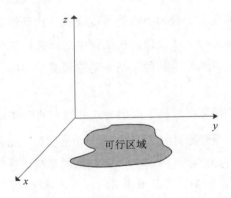

约束下的可行区域

下面通过一个生活中的实际问题来了解有约束的模型。假设你的公司新规划了一个 $7.2m^2$ 的储物区域，现在领导让你来负责采购储物柜布置该区域，要求总预算是不超过 1400 元，而且要使总的存储空间最大。市面上有 A 和 B 两种型号的储物柜，其中 A 型储物柜的相关信息为：占地 $0.6m^2$，空间大小为 $0.2m^3$，价格为 100 元。而 B 型储物柜的相关信息为：占地 $0.8m^2$，空间大小为 $0.3m^3$，价格为 200 元。现在思考下你要如何采购储物柜，才能让总的存储空间最大？

设购买 A 型 x 个，B 型 y 个，那么总花费 $c=100x+200y$，总占地面积 $s=0.6x+0.8y$，总存储空间 $z=0.2x+0.3y$。此外还有两个约束条件：$c \leqslant 1400$，$s \leqslant 7.2$。目标是使 z 在满足两个约束条件的情况下取最大值。

我们通过三维坐标来描述这个问题，第一步可以画出 $z=0.2x+0.3y$ 在坐标中是一个平面；第二步画出该平面在 x-y 轴的投影平面，它就是 x 和 y 可能的取值平面；第三步画出 $c=100x+200y$ 直线，这条直线左半部分表示符合 $c \leqslant 1400$ 的区域；第四步画出 $s=0.6x+0.8y$ 直线，该直线左半部分表示符合 $s \leqslant 7.2$ 的区域。第三步和第四步中左半部分重合的区域就是可行区域，最终就是要在这个区域内寻找 z 的最大值。注意这里我们为了方便将所有的可能值看成是一个平面了，实际上它们是若干个坐标点。其中 x 和 y 的取值都是离散的，也就是说储物柜数量只能是整数的，不能是小数。

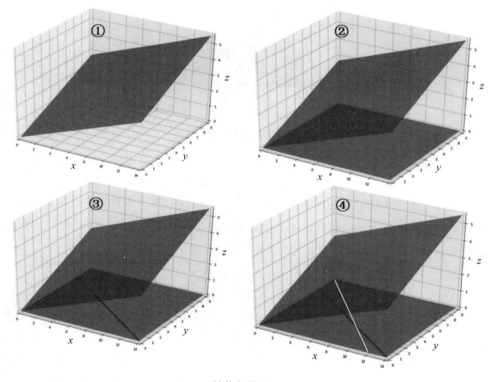

储物柜模型

如下图所示，由于与模型相关的两个约束都在 x 轴和 y 轴组成的平面上，所以我们最需要关注的是 x 轴和 y 轴两个维度的关系。先画出 $100x+200y \leqslant 1400$ 的区域（坐标直线及阴影部分），然后再画出 $0.6x+0.8y \leqslant 7.2$ 的区域，两个阴影部分重叠的部分就是同时满足两个约束条件的区域，最终可行区域如第三个图所示。将这部分包含的所有点分别代入 $z=0.2x+0.3y$ 计算出结果，最大值就是我们在约束空间下的最优值。

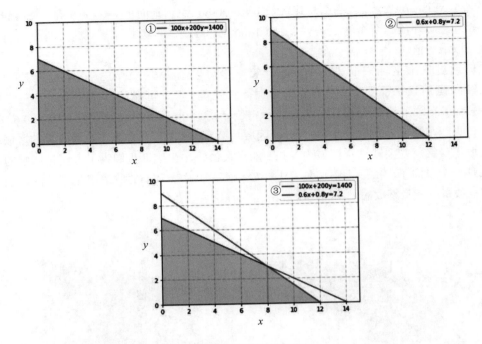

两种储物柜的可行区域

纵使有了约束情况变得更加复杂，但我们还是有数学工具可以解决的。对于等式约束的情况，可以引入拉格朗日乘子来解决，将原来的目标函数和约束函数一起转化为拉格朗日函数。拉格朗日函数与原来的目标函数拥有共同的最优解，所以只要求解拉格朗日函数的最优解即可。假设我们要求解 $f(x_1, x_2)$ 的最小值，而 $g(x_1, x_2)$ 是约束条件，可以通过下面两个式子来表示。其中 min 表示最小化，如果是最大化则是 max，而 s.t. 表示受约束于。

$$\min f(x_1, x_2)$$
$$\text{s.t. } g(x_1, x_2) = 0$$

那么可以引入拉格朗日函数 $L(x_1, x_2, \lambda) = f(x_1, x_2) + \lambda g(x_1, x_2)$，函数 $L(x_1, x_2, \lambda)$ 的最小值就是函数 $f(x_1, x_2)$ 的最小值。为什么可以将原函数的最小值转换成求解拉格朗日函数的最小值呢？下面我们来详细了解其中的数学原理。如下图所示，假设 $f(x_1, x_2)$ 对应的曲面为图中的球面，而 $g(x_1, x_2)$ 则对应一个切过球面的平面。平面作为约束条件使得球面候选点的位置必须约束在球面与平面相交处，也就是说我们要在两个面相交的地方寻找极值。此时的思路就是要研究极值处有什么特殊的性质，通过这个性质来定位极值点。数学家深入探索后确实发现了一个性质：在极值点的位置两个面的梯度互相平行、方向相反且成一定比例，用数学来表示就是 $\nabla f = -\lambda \nabla g$。这个特性可以这样理解：在极值点处两个函数的向量必须平行，否则沿着约束条件移动会增大或减小 $f(x_1, x_2)$ 的值，那么该点就不是极值点了。将这个性质转换成 $\nabla f + \lambda \nabla g = 0$，于是我们想着构造一个新函数 $L(x_1, x_2, \lambda) = f(x_1, x_2) + \lambda g(x_1, x_2)$。这个新函数在它的极值处的梯度为0，也就是 $\nabla L = \nabla f + \lambda \nabla g = 0$，我们发现它与上述性质相同。综上所述，新函数 $L(x_1, x_2, \lambda)$ 的极值点与 $f(x_1, x_2)$、$g(x_1, x_2)$ 两个面相交的极值点一致，那么就可以把求解目标函数 $f(x_1, x_2)$ 在约束条件 $g(x_1, x_2)$ 的极值转换成求解新函数 $L(x_1, x_2, \lambda)$ 的极值问题。

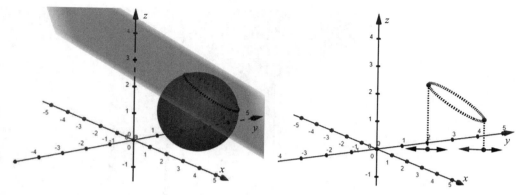

拉格朗日函数的数学原理

令函数 $L(x_1, x_2, \lambda)$ 的偏微分等于0，便有如下方程组，三个未知数通过三个方程可以求得 x_1、x_2、λ 三个参数值，其中 x_1 和 x_2 便是 $f(x_1, x_2)$ 的最优解。对于更多参数的情况也可以通过类似的处理得到最优解。

$$\frac{\partial L}{\partial x_1} = \frac{\partial f}{\partial x_1} + \lambda \frac{\partial g}{\partial x_1} = 0$$

$$\frac{\partial L}{\partial x_2} = \frac{\partial f}{\partial x_2} + \lambda \frac{\partial g}{\partial x_2} = 0$$

$$\frac{\partial L}{\partial \lambda} = g(x_1, x_2) = 0$$

拉格朗日函数也能推广到更多维的情况，比如我们要求解 $f(x_1, x_2, \cdots, x_n)$ 的最小值，而约束条件则是 $g(x_1, x_2, \cdots, x_n) = 0$ 是约束条件，用数学符号描述如下。

$$\min f(x_1, x_2, \cdots, x_n)$$
$$\text{s.t.} g(x_1, x_2, \cdots, x_n) = 0$$

同样地在极值点也存在 $\nabla f = -\lambda \nabla g$ 性质，所以我们构造的新函数为 $L(x_1, x_2, \cdots, x_n, \lambda) = f(x_1, x_2, \cdots, x_n) + \lambda g(x_1, x_2, \cdots, x_n)$。在极值处函数 $L(x_1, x_2, \cdots, x_n, \lambda)$ 对每个自变量的偏微分都为0，可以组成 $n+1$ 个方程，于是便能求解出对应的 $x_1, x_2, \cdots, x_n$。

下面再看约束条件为不等式的情况如何找最优值，假设我们要最大化 $f(x_1, x_2)$，它的约束条件为 $g(x_1, x_2) \geqslant 0$，那么可以用下面式子来表示。

$$\max f(x_1, x_2)$$
$$\text{s.t.} \; g(x_1, x_2) \geqslant 0$$

我们知道当约束条件为等式时对应着一个平面，那么当约束条件变为 $g(x_1, x_2) \geqslant 0$ 不等式时又是什么情况呢？实际上它就是以 $g(x_1, x_2) = 0$ 平面为分割平面的一个立体空间。如下图所示，$g(x_1, x_2) \geqslant 0$ 约束条件对应着 $g(x_1, x_2) = 0$ 平面及该平面上面的空间。

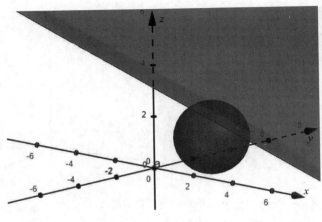

不等式条件

那么应该怎么求解不等式约束的情况下的最大值呢？此时最优解候选区域不再是一个曲线，而是一个平面。如下图 $g(x_1, x_2) \geqslant 0$ 空间与 $f(x_1, x_2)$ 相交平面是候选区域，在 xy 平面对应着一个投影区域。我们只能从这个区域中去寻找最优解，如果以 $g(x_1, x_2) = 0$ 作为分割面，那么最优解可能出现在 $g(x_1, x_2) < 0$、$g(x_1, x_2) > 0$ 空间中或者在 $g(x_1, x_2) = 0$ 平面上，下面我们分别对这三种情况进行分析。

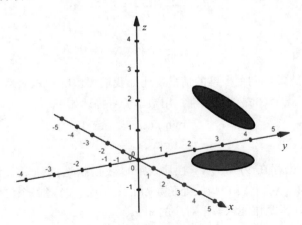

候选区域及其投影

（1）假设最优解出现在 $g(x_1, x_2) > 0$ 区域范围内，如下图 P1 点属于该区域，可以发现此时的最优解并不受约束条件作用。也就是说我们可以直接令目标函数的梯度为 0，然后对求解出来的解进行验证是否属于该区域，如果是则认为在约束条件下目标函数的最优解为 P1。

（2）假设最优解出现在 $g(x_1,x_2)=0$ 相交线上，如下图 P2 点所示，可以发现此时实际上就是前面已经介绍过的约束条件为等式的情况，可以构建 $L(x_1,x_2,\lambda)$ 拉格朗日函数进行求解得到最优解。

（3）假设最优解出现在 $g(x_1,x_2)\geqslant 0$ 区域之外，如下图所示，P3 点属于该区域，很明显此时的解是不满足条件约束对应的约束空间的，所以这个解应该舍弃掉。

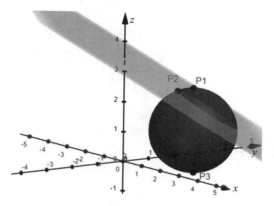

极值点可能区域

下面通过一个简单的例子来理解，假设我们的目标是求解 $f(x_1,x_2)=x_1^2+x_2^2$ 的最小值，而它受约束于 $g(x_1,x_2)=2-x_1-x_2\leqslant 0$。

$$\min f(x_1,x_2)=x_1^2+x_2^2$$
$$\text{s.t.} g(x_1,x_2)=2-x_1-x_2\leqslant 0$$

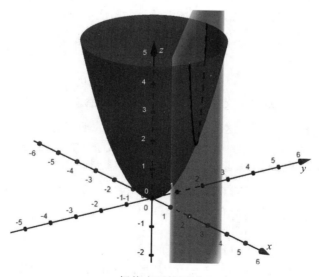

极值点可能区域

首先令 $f(x_1, x_2)$ 的梯度为 0，根据两个式子得到 $x_1 = x_2 = 0$。我们验证该点是否在约束范围内，将它们代入 $2 - x_1 - x_2 \leqslant 0$ 后发现约束条件不成立，所以这个解不成立，应该将其舍弃。

$$\frac{\partial f}{\partial x_1} = 2x_1 = 0$$

$$\frac{\partial f}{\partial x_2} = 2x_2 = 0$$

假如还有其他的解则继续验证是否符合约束条件，但现在已经没有其他极值点，所以我们继续在相交线（$2 - x_1 - x_2 = 0$ 的情况）上寻找解。这种情况我们可以直接构建拉格朗日函数来进行求解，即 $L(x_1, x_2, \lambda) = x_1^2 + x_2^2 + \lambda(2 - x_1 - x_2)$，然后令 $L(x_1, x_2, \lambda)$ 的梯度为 0 来求解最小值。

$$\frac{\partial L}{\partial x_1} = 2x_1 - \lambda = 0$$

$$\frac{\partial L}{\partial x_2} = 2x_2 - \lambda = 0$$

$$\frac{\partial L}{\partial \lambda} = 2 - x_1 - x_2 = 0$$

根据上面三个方程组可以求得 $x_1 = 1$，$x_2 = 1$，很明显该点符合约束条件，将它们代入 $f(x_1, x_2) = x_1^2 + x_2^2$ 计算得到最小值为 2。

总体而言，不等式约束的大致解决思路是：通过求无约束和相交线上的解，然后再验证这些解是否满足约束条件。数学家追求的是公式的统一和美感，他们并不想将这些情况分别展开进行讨论，取而代之的是使用一系列简洁的公式来表达。于是 Karush、Kuhn 和 Tucker 三位数学家提出了 KKT 条件，通过该条件能够计算并验证不等式约束的最优解。

假设我们的最优化问题为：

$$\min f(x_1, x_2, \cdots, x_n)$$
$$\text{s.t.} g(x_1, x_2, \cdots, x_n) \leqslant 0$$

那么对应的 KKT 条件如下，这四个式子非常巧妙地描述了各种情况。式子（1）中当 λ 为 0 时 $\nabla f(x_1, x_2, \cdots, x_n) = 0$，实际上这就是无约束时求极值点的方法，求解的极值点通过式子（4）进行验证是否符合要求。式子（1）中当 λ 不为 0 时则式子（2）中的 $g(x_1, x_2, \cdots, x_n)$ 必须为 0，此时对应的约束条件为等式，那么通过构造拉格朗日函数进行求解即可。

$$\begin{cases} \nabla f(x_1, x_2, \cdots, x_n) + \lambda \nabla g(x_1, x_2, \cdots, x_n) = 0 & （1） \\ \lambda g(x_1, x_2, \cdots, x_n) = 0 & （2） \\ \lambda \geqslant 0 & （3） \\ g(x_1, x_2, \cdots, x_n) \leqslant 0 & （4） \end{cases}$$

实际上，在人工智能领域比较少涉及有约束的最优化问题，大多数都是无约束的最优化问题。所以我们要理解的重点还是无约束情况下如何进行最优化，更进一步就是要理解梯度下降法。

第 **7** 章

向量与矩阵抽象万物

7.1 现实世界的数字化

要将现实世界通过计算机处理的第一步就是要数字化，人类通常会通过触觉、听觉、视觉、嗅觉等去感受这个现实世界。其中听觉对应的信息媒体是声音，视觉对应的是图像和视频，触觉与嗅觉目前更多是通过文本进行描述。目前计算机并未发展出触觉和嗅觉相关的外接设备，明显计算机是无法向人类提供这两个感觉的，当我们在屏幕上看到一块海绵时无法用手去触摸海绵柔软的感觉，同样看到一杯咖啡时也无法闻到咖啡的味道。所以，目前我们所讨论的现实世界数字化更多是指声音、图像、视频和文本等类型，通过这些类型来尽量将我们的世界装进电脑里面去。

现实世界数字化

我们知道计算机是一个二进制的世界，它通过 1 和 0 来构建整个完整的计算机世界，所以可以看成是用 1 和 0 来编码我们的现实世界。如果从现实世界信息的多样性方面上看，保存这些信息肯定是非常复杂的，但如果我们从二进制的角度去看则会简单很多，它们都由一

105

串 1 和 0 的数字组成，只不过这个串的长度可能达到成百上千万。我们从其中也可以悟出一个道理：最简单的东西组合到一起，当组合数量大到一定程度就可以变成很复杂的事物。

说到二进制我们再来看看计算机的微观世界，实际上它是一个电子的世界，计算机的内部核心元器件运作时都是由"电子奔跑"带动起来的。电子元件可以看成是具有开关状态的闸门，当处于开状态时电子能通过，而处于关状态时则无法通过。相比于宏观世界的机械方式，电子的形式具备很多好处，包括速度更快、成本更便宜、体积更小、更加安全可靠等。此外，数字化后的信息还要保存到磁盘上，磁盘上的数据同样是以二进制的方式保存，在磁盘上留下磁性则表示 1，如果没留下磁性则表示 0。

有了 1 和 0 就可以组成二进制数字，然而每个二进制数字该表示什么意思并没有严格的规定。比如 01000011，它既可以表示 67 也可以表示大写 C，还可以表示 67 分贝的声音或灰度值为 67 的图片，甚至还可以表示计算机的第 67 条指令。所以正是有了这种多样化的表示方式，我们才能用它来描述现实世界中各种各样的物体。下面分别看不同的信息如何用二进制来表示。

最简单的类型是数字，在日常生活中我们最熟悉的是十进制数字，比如 10 表示十，100 表示一百。那么二进制表示数字也很简单，直接就是做一个二进制到十进制的转换就行了。计算机中用 1010 来表示十，用 1100100 表示一百。

实际上数字和字符都属于文本类型的信息，那么字符又是怎么表示的呢？最朴素的想法是我们自己去规定每个字符所对应的数字，比如 0 对应"A"、1 对应"B"、2 对应"C"、10000 对应"我"等。然而，如果每个人都自己规定一套字符表示，那当两台计算机通信时就会完全误解对方所表达的意思。就好比两个说不同语言的人进行交流，完全是鸡同鸭讲。为了统一计算机中字符的表达，计算机科学家就提出了编码集，比如 ASCII 编码，它规定了不同数值对应的字符。当然并非只有 ASCII 一种编码集，还有很多很多其他的编码集，例如 UTF-8、汉字编码字符集（GBK）、统一码（Unicode）等。所以计算机之间只要约定好使用同一种编码集，它们就能互相理解彼此所表达的信息。

相对而言，图像和视频的表示则比较复杂。二者其实本质都是图片，因为视频是由大量图片有序排列起来的形式，当每秒钟快速播放数十张图片时我们人眼看起来画面就像在动一样。所以我们主要看图片是如何表示的，实际上图片是由大量的像素组成的，每个像素就是一个小格子，当它们足够小时人类的眼睛就无法分辨这些小格子。我们以非彩色图片为例（灰度图），灰度图将白色与黑色之间分为 256 个等级。灰度图中的每个像素格子都有自己的数值大小用来表示灰度值，范围为 0 ~ 255。如下面这张灰度图片，它对应着很多灰度值。注意当我们把这张图再缩小一些之后，我们的眼睛就无法分辨出其中的一个个小像素格子了。

[214 209 206 199 198 204 202 195 201 194 191 195 211 205 202]
[209 195 198 196 197 191 178 156 140 157 189 199 205 209 205]
[201 201 191 177 164 122 84 66 70 78 135 194 204 204 203]
[201 199 194 135 78 65 60 62 59 74 113 192 218 209 203]
[209 205 148 74 64 64 73 77 64 69 112 195 208 207 210]
[196 198 155 85 84 92 146 152 74 65 113 194 206 208 201]
[212 206 205 147 140 165 195 166 76 62 117 198 208 218 210]
[213 217 209 206 204 197 206 156 71 72 120 201 215 210 203]
[214 213 210 209 212 208 207 155 72 67 138 206 213 215 203]
[212 215 215 211 213 212 204 143 69 78 157 212 211 213 205]
[217 217 217 212 217 217 201 133 69 77 162 214 215 213 208]
[219 214 215 211 216 216 199 131 69 74 161 211 217 213 210]
[217 215 217 213 216 216 201 129 66 77 170 209 214 211 211]
[217 217 215 212 217 218 199 115 64 77 173 213 216 212 212]
[217 216 209 210 216 215 199 110 69 80 176 215 217 213 212]
[217 218 212 216 219 214 207 127 75 93 187 215 210 212 211]
[218 215 216 215 215 216 218 190 129 142 208 215 212 217 210]

图片中的灰度值

　　我们再进一步了解灰度值，灰度图的取值范围是 0 ～ 255。可以看到当灰度值为 0 时表示的是最黑的颜色，而随着值的增加则会使颜色看起来越来越亮，当为最大值 255 时则表示的是最白的颜色。根据这个灰度示意图，再回看上图中"1"字的部分，明显可以看到中间"1"字黑色部分的值都在 50 ～ 100 的范围内，而周边比较白的部分的值主要都是 200 以上。

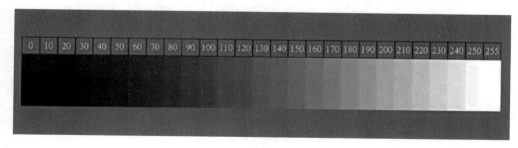

灰度值示意图

　　声音在自然界中是一种模拟信号，所谓的模拟信号就是指连续的点，而数字信号则是离散的点。我们知道计算机里面处理的都是 1 和 0 的离散数字信号，所以涉及从模拟信号到数字信号的转换。同样地，声音也是以数字信号的形式保存到存储介质上的。比如激光唱片简称 CD，里面的音乐保存的就是数字信号，光盘上有很小的洞，有洞的用 1 表示，而没洞的则用 0 表示。

由于连续的模拟信号包含了无数个点，而离散的数字信号的个数却是有限的，所以从模拟信号到数字信号的转换需要进行采样操作。所谓采样就是定时收集某段时间内的指定数量的数据点，比如 1 秒采集 60 个点，那就表示通过这 60 个点来表示原来的模拟信号。如下图中，假如 1 秒时间内包含的模拟信号如上半部分所示，那么采样后就变成 60 个离散的点。不过要注意实际的声音信号并非标准的正弦波，它是不规则的波形。

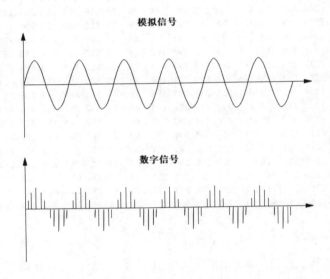

模拟信号与数字信号

实际声音信号

上述不同的信号类型数字化后在计算机中可以分为结构化数据和非结构化数据。结构化数据可以看成是数据库的一张表，表的每一列都清晰定义了其所表示的意义，列的值可以是数值或者类别值，每一行的数据都代表一个样本数据。而非结构化数据则包含了自然语言文本、图像、音频、视频等数据，这些类型的数据不能通过一个简单的数值来表示，每条数据的大小也不相同。

本节主要了解了现实世界中的各种信息如何转换成数字化进行表示，包括文本、声音、图像及视频，只有数字化后的信息才能在计算机里面进行处理。将现实世界表示成二进制世界是对现实世界信息更深层次处理的前提，人工智能就是通过对这些二进制编码信息的处理来实现智能。

7.2　空间与向量

说到空间我们经常会与时间关联起来，即所谓的时空概念。在物理上，时空包含了三维的空间和一维的时间，它们一起组合成四维时空。空间可以看成是三维的无限物理延伸，而且它还是连续不断的并且能容纳所有物体。当然我们也可以自己定义某个空间的大小，通常会通过长宽高等性质来描述。就好比现实世界中的人、建筑等都在某个空间内。某个物体在某个空间的位置可以通过笛卡儿坐标来描述，也就是我们最熟悉的 x、y、z 轴。

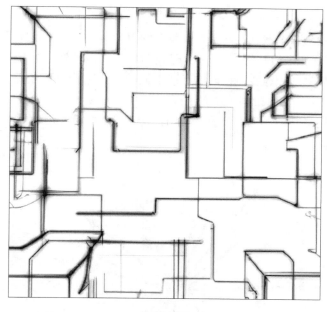

物理空间

空间概念也可以推广到其他领域中，比如数学的空间就是点和几何结构的集合。最著名的也是我们平常生活接触最多的就是欧几里得空间，对应着古希腊数学家欧几里得所创建的欧几里得几何。相对于低维度来说主要有平面几何空间和立体几何空间，这些空间中还定义了距离、角、内积等一系列概念并规定了相关约束。

如果将二维、三维推广到有限 n 维，则把从二维到有限 n 维的所有符合定义的空间统称为欧几里得空间。那么主要有哪些定义约束呢？欧几里得空间主要的有 5 点约束：满足距离的约束、满足线性结构的约束、满足范数的约束、满足内积的约束、必须是有限维度。

　　实际上数学定义了很多空间，通过某些概念及约束对空间进行定义以便能描述某些对象集合，由此带来的好处就是能够方便地描述这个空间内的运动。

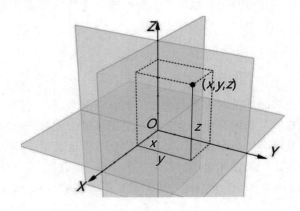

三维欧几里得空间

　　与空间很相关的另一个概念是向量，最早在物理学中因为需要一种量能同时表达大小和方向，比如位移、压力和速度等，于是引入了向量概念。向量是一个有限个数的元组，向量元组包含的个数可以添加或减少，同时它还能缩放。于是便引出了向量空间概念，向量空间就是满足一定条件的向量组成的空间。对于人工智能领域来说，在众多空间中最常见且很有用的是向量空间。向量空间对应的对象就是向量，在引入向量概念之后，很多问题的处理都将变得更加简洁清晰。

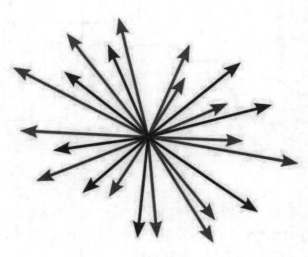

向量空间

　　我们能直观感受看到的向量空间一般为二维或三维的向量空间，也就是对应着平面坐标系（x 轴和 y 轴）和三维坐标（x 轴、y 轴和 z 轴）。但实际上，向量空间除了包括二维和三维，同时还能推广到有限 n 维向量空间。向量空间很重要的约束就是线性约束，即能够进行加法和数量乘法且满足交换律、结合律、分配律，因此向量空间也叫线性空间。

　　向量通过一段有方向的线段来表示，箭头从起始点指向终点。箭头的长度表示向量的大小，而箭头的方向表示向量的方向，通常在字母头上加个箭头来表示某个向量，比如 $\overrightarrow{AB}$ 或 $\vec{a}$。如下图中 O 点 (0,0,0) 和 P 点 (2,3,5) 一起确定了一个向量，该向量可以表示为 $\overrightarrow{OP}$。在物理领域，还使用矢量作为向量的等同概念，而计算机领域中会使用数组或列表来表示向量。

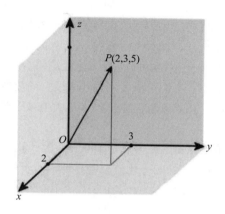

三维空间中的向量 $\overrightarrow{OP}$

7.3　向量抽象万物

　　向量在数学上的定义是抽象的，那它有什么作用呢？从更高层面看，向量是一种对事物抽象的思维，同时也是一种很有用的工具，将事物转换到向量体系能高效简洁地解决很多问题。我们可以将事物映射成向量，也可以将事物的特征映射到向量空间。

　　前面我们已经介绍过要把现实世界"装进"计算机里面第一步就是要数字化，通过将文本、图片视频、声音等信息进行编码，使之变为二进制数据保存到计算机上。但人工智能模型还需要对这些二进制数据格式作进一步表示，这样才更方便做运算。

　　从数值特性类型来看，数值类型包括连续型数值、离散型数值、类别型数值以及时序型数值。

- **连续型数值**，它可以是任意一个确定的数值，通常用来表示某物体的属性值。比如房子的价格、天气温度、身高体重等。
- **离散型数值**，同样是用来表示某物体的属性值，只是这些属性值是离散的无法分割的。比如某个班级的学生数、书店销售的书籍数量、居住的楼层等。我们不能说某个班有

30.5 个学生，也不会说我住在某个小区的 16.2 层。

- **类别型数值**，用来表示多种类别的数值，这些数值不具有数学上的意义。比如我们用 1、2、3 分别表示红色、黑色、白色，或者用 0、1 分别表示男和女。
- **时序型数值**，是指在一定时间内按一定间隔收集的数字序列，沿着时间的方向每隔一段时间生成一个数据点。在金融行业中最多见时序数值，比如每天股票的走势。

7.3.1 连续 / 离散数值的向量化

连续型数值与离散型数值经常用来描述量的大小，比如身高体重，此类数据我们可以直接当成标量使用，或者可以看成是一维向量。对连续和离散数值进行向量化常用的方法是归一化。什么叫归一化呢？举个例子，假设某个模型包含身高和体重两个特征，假设身高范围为 150 ～ 190cm，而体重范围为 50 ～ 100kg。归一化就是将身高和体重都映射到 0 ～ 1 的范围中，这样就能消除量纲的影响。我们可以使用最小 - 最大缩放方法（Min-Max Scaling），该方法将每个特征值减去最小值，并除以特征值范围（最大值减去最小值），这样就能将所有特征值压缩在 0 ～ 1 之间。

对于身高特征，最小值是 150cm，最大值是 190cm，因此我们可以按 "归一化身高 = (身高 -150) / (190-150)" 公式计算身高的归一化值。同样地，对于体重特征，最小值是 50kg，最大值是 100kg，因此可以按 "归一化体重 = (体重 -50) / (100-50)" 公式计算体重的归一化值。通过归一化后身高和体重都在 0 ～ 1 范围内，既保持了原始数据相对大小的关系，同时又消除了量纲的影响。

7.3.2 类别型数值的向量化

类别型数值指具有多种类别的数据，类别之间可能具有大小关系，也可能不具有大小关系。比如学生的成绩分为优、良、中、差 4 个等级，这些分类可以用从大到小的数值来表示。而如果是红、黄、蓝、绿 4 个颜色，这些颜色没有大小关系，所以不宜使用数值来表示。下面我们一起来了解 3 种常用的对类别型数值进行编码的方法。

第一种是序号编码，这种编码方式很简单，同样是优、良、中、差 4 个等级，我们直接用 4、3、2、1 来编码这 4 个等级。

第二种是独热编码，通常也叫 One-hot 编码，它能将一个有 n 个分类的数值编码成 n 维稀疏向量。比如我们对红、黄、蓝、绿 4 个颜色进行编码，可以将这些取值分别映射为整数 1、2、3 和 4，然后将其转换为独热编码，即红为 [1, 0,0,0]，黄为 [0, 1, 0,0]，蓝为 [0, 0, 1,0]，绿 [0,0,0,1]。这样 4 个颜色都对应了一个 4 维的二进制向量，向量之间没有大小关系，只有相等或不等的关系。

第三种是二进制编码，我们可以发现独热编码有一个问题，就是每个向量都只能有一个 1，这种编码方式会造成存储空间的浪费。实际上向量中的每个位都可以有两种状态，但独热编码限定了只能有一个。为了充分利用每个位的状态来提高编码效率，我们可以使用二进制编码方式。二进制编码分为两步，第一步是将类别型数值分别赋予一个对应的十进制的正整数值，比如一共有 10 个类别就可以将它们赋值为 1 ~ 10。第二步是将赋值的正整数值转换为二进制进行表示，1、2、⋯、10 分别转为 0001、0010、⋯、1010。对比下来可以发现，原来独热编码需要用 10 个位才能完成编码，而二进制编码只用了 4 个位即可，当类别数量很大时将大大降低维数并且节省存储空间。

7.3.3 时序型数值的向量化

时序型数值是指一组按照时间顺序排列的数据，如时间序列、语音信号、运动轨迹等。人工智能通常需要将时序数据转换为向量，这样才能进行后续的分析和建模。通常有以下 3 种向量化方式。

第一种是将时序数据直接转换为一维向量。对于时间序列数据，可以将每个时间点的值依次排列形成一个向量；对于语音信号，可以将每个时刻的声音强度值依次排列形成一个向量。比如我们以天为单位，收集到 5 天上证指数的数据分别为 3200、3250、3300、3340、3100，那么可以将其表示为 [3200,3250,3300,3340,3100] 一维向量。

第二种是滑动窗口方法，将时序数据分成若干个固定长度的窗口，每个窗口内的数据都可以看作一个向量。我们可以通过窗口长度的选择和滑动步长来平衡数据的丰富度和计算效率。比如有一个序列为 1、2、3、4、5、6，设定一个大小为 3 的窗口，滑动步长为 1，那么该序列可以表示成 [1,2,3]、[2,3,4]、[3,4,5]、[4,5,6] 4 个向量。

第三种是统计特征方法，提取时序数据的一些统计特征，如均值、方差、最大值、最小值等，将这些特征组成一个向量。这种方法可以减少数据维度，但会丢失一些时间序列的细节信息。

7.3.4 文本的向量化表示

独热编码是文本很常用的一种编码方式，主要应用在自然语言处理场景中，比如我们可以使用独热编码来表示单词。假设一共有一万个词，我们将这一万个词固定好顺序，构建成一个词典。其中 Man、Woman、King、Queen 和 Apple 五个词对应的位置分别为 5391、9853、4914、7157 和 456，那么这 5 个词就可以分别用一个一万维的向量来表示，向量中只有在该词出现的位置的元素才为 1，其他元素全为 0。

独热编码的主要优点在于它能够将分类特征的不同取值之间的关系消除，从而避免错误地将这些取值之间的顺序当作真实的关系。当然独热编码也存在缺点，一是当类别很多时会导致维度灾难问题，比如包含十万个单词的词汇对应着十万维的向量，它将消耗大量内存及计算资源。二是独热编码会丢失语义信息，它无法反映出单词或字符之间的相似度或关联度。

$$
\begin{matrix}
\textbf{Man} & \textbf{Woman} & \textbf{King} & \textbf{Queen} & \textbf{Apple} \\
(5391) & (9853) & (4914) & (7157) & (456) \\
\begin{bmatrix}0\\0\\0\\0\\\vdots\\1\\\vdots\\0\\0\end{bmatrix} &
\begin{bmatrix}0\\0\\0\\0\\0\\\vdots\\1\\\vdots\\0\end{bmatrix} &
\begin{bmatrix}0\\0\\0\\\vdots\\1\\\vdots\\0\\0\\0\end{bmatrix} &
\begin{bmatrix}0\\0\\0\\0\\0\\\vdots\\1\\\vdots\\0\end{bmatrix} &
\begin{bmatrix}0\\\vdots\\1\\\vdots\\0\\0\\0\\0\\0\end{bmatrix}
\end{matrix}
$$

词典中 5 个单词的独热编码

对于独热编码所存在的问题，我们可以使用分布式词向量形式来解决。分布式词向量直接用普通的向量来表示词向量，每个分量的值可以为任意实数。向量的维数可以由我们自行定义，比如我们定为 4 维，则原来的“Man”和“Woman”的词向量可以变为如下的格式。分布式词向量在减少维度的同时还能将语义相似的单词聚到一起，更好地捕捉了词汇之间的语义关系及上下文信息。

$$
\begin{bmatrix}-1\\0.01\\0.03\\0.09\end{bmatrix}\begin{bmatrix}1\\0.02\\0.02\\0.01\end{bmatrix}
$$

分布式词向量

我们肯定会产生一些疑问：每个词对应的具体分布式向量值是多少，这又是怎么得到的呢？很明显我们不可能人工去确定每个词的向量值，因为这个词汇量很大，而且词与词之间的语义关系具体要怎么用数学距离来表示也是一个大问题。所以我们常用的方法是一种叫 Word2vec 的技术，它能对我们收集的大量文本进行计算训练，然后得到这些文本包含的所有词的分布式向量。

7.3.5 图片的向量化表示

在介绍如何对图片向量化前我们需要先了解图片是如何数字化保存在计算机中的，实际上通常以下面 3 种方式保存。

1. RGB 图方式

RGB 图是最常用的一种图像编码方式，该方式通过红（Red，R）、绿（Green，G）、蓝（Blue，B）3 个颜色通道来描述一张图片。我们可以简单地将每张图像看成是由 3 个子图组合而成，比如下图中的原图由红色通道子图、绿色通道子图和蓝色通道子图组合而成。由于存在 3 个通道，所以每个像素点都存在 3 个像素值，这 3 个像素值分别表示红、绿、蓝 3 种颜色的强度值，它们的数值范围都在 0 ～ 255 之间。整体看就是由 3 个像素矩阵组成 RGB 图。

原图由 3 个通道图组成

2. 灰度图方式

顾名思义灰度图看起来就是灰色的，图片由白到黑之间的 256 个灰度级别来描述。灰度图编码只有一个通道，所以每个像素只对应一个数值，该数值表示灰度强度。灰度强度值在 0 到 255 之间，0 表示黑色，255 表示白色。灰度图只对应一个像素矩阵，元素值范围为 0 ～ 255。

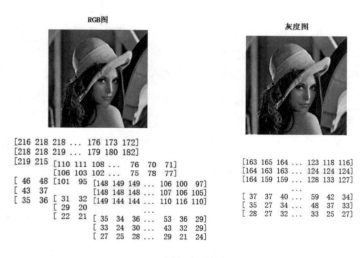

RGB 图与灰度图

3. 二值图

二值图是一种只包含黑和白两种颜色的图像，这是一种非黑即白的编码方式。黑色用 0 表示，而白色用 1 表示，即二值图中的像素值只能是 0 或 1。这个二值图可以从灰度图转换而来，比如我们设定一个阈值为 127，灰度值大于该值的赋值为 1，反之则赋值为 0，这样就实现了转换。二值图对应一个像素矩阵，元素的值为 0 或 1。

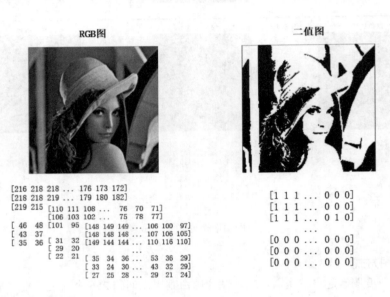

4. RGB 图与二值图

我们已经了解了 RGB 图、灰度图和二值图 3 种方式，现在看如何向量化这些图片。最简单的向量化方法是将每个像素拼起来成为一个一维向量，该向量包含的元素数量为图片的像素总数。比如有一张灰度图或二值图的图片，长和宽分别为 30 和 20，那么就可以从左到右、从上到下一行行将像素拼起来，组成一个包含 30×20=600 个元素的一维向量。但如果是 RGB 图则可以按照红绿蓝顺序将每个通道的向量拼接起来，则最终组成一个包含 30×20×3=1800 个元素的一维向量。这种方式简单直接，但它没有考虑像素之间的空间关系，可能导致信息损失。

还有一种常用的方法是按照图像原本的矩阵结构来向量化，实际上就是一个二维向量。比如有一张灰度图或二值图的图片，宽和长分别为 15 和 17，那么将组成大小分别为 15 和 17 的二维向量，看起来就像一张表格。而 RGB 图则有 3 张这样的表格，一起组成三维向量。需要注意的是，不管使用哪种向量化方法通常都会对图像进行归一化预处理操作，以便更好地提取图像的特征信息。

```
[214 209 206 199 198 204 202 195 201 194 191 195 211 205 202]
[209 195 198 196 197 191 178 156 140 157 189 199 205 209 205]
[201 201 191 177 164 122  84  66  70  78 135 194 204 204 203]
[201 199 194 135  78  65  60  62  59  74 113 192 218 209 203]
[209 205 148  74  64  64  73  77  64  69 112 195 208 207 210]
[196 198 155  85  84  92 146 152  74  65 113 194 206 208 201]
[212 206 205 147 140 165 195 166  76  62 117 198 208 218 210]
[213 217 209 206 204 197 206 156  71  72 120 201 215 210 203]
[214 213 210 209 212 208 207 155  72  67 138 206 213 215 203]
[212 215 215 211 213 212 204 143  69  78 157 212 211 213 205]
[217 217 217 212 217 201 133  69  77 162 214 215 213 208]
[219 214 215 211 216 216 199 131  69  74 161 211 217 213 210]
[217 215 217 213 216 216 201 129  66  77 170 209 214 211 211]
[217 217 215 212 217 218 199 115  64  77 173 213 216 212 212]
[217 216 209 210 216 215 199 110  69  88 176 215 217 213 212]
[217 218 212 216 219 214 207 127  75  93 187 215 210 212 211]
[218 215 216 215 215 216 218 190 129 142 208 215 212 217 210]
```

灰度图对应的矩阵

7.3.6　声音的向量化

声音是一种时序数据，可以采用类似于时序数据的向量化方法来将其转化为向量。第一种方式是将声音信号分成若干个固定长度的窗口，每个窗口内的数据可以看作一个向量。可以选择窗口大小和重叠率来平衡数据的丰富度和计算效率。常用的窗口长度为 20 ～ 30ms，重叠率为 50% ～ 75%。比如下面的一段声音，有一个窗口按照指定步长不断向右移动，每个窗口对应一个一维向量。

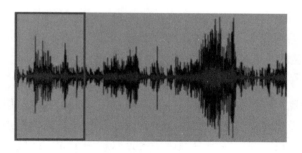

声音时序的窗口

另外一种是将声音信号先转换到频域，通常使用傅里叶变换将时域变换到频域。然后将变换后的系数作为向量，这种方法可以捕捉到不同频率上的特征，常用于语音识别等任务。如下图中频域的坐标值对应的若干值共同组成向量。

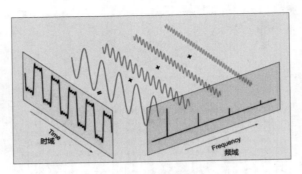

声音信号的时域与频域

7.4　矩阵与张量

在介绍了向量概念及向量化相关的知识后，我们再来了解一下与之密切相关的两个概念：矩阵和张量。

矩阵是由 m 行 n 列元素组成的矩形阵列，相对于向量，其实可以把矩阵看成是由一组向量组成的对象。比如前面提到过的词向量，正是 m 行 1 列的特殊矩阵。如果把指定数量 n 个的单词组成一组，那么就是 m 行 n 列矩阵。

$$
\begin{array}{c}
 & \overset{\displaystyle n列}{} \\
\begin{matrix} m \\ 行 \end{matrix}
\begin{bmatrix}
a_{1,1} & a_{1,2} & \cdots & a_{1,n} \\
a_{2,1} & a_{2,2} & \cdots & a_{2,n} \\
\vdots & \vdots & \ddots & \vdots \\
a_{m,1} & a_{m,2} & \cdots & a_{m,n}
\end{bmatrix}
\end{array}
$$

m 行 n 列矩阵

对于向量而言，矩阵的本质作用就是对向量施加变换操作，也就是说矩阵是用来描述变换的。比如下面的表达式，向量 x 经过矩阵 A 所描述的变换后变为向量 y。

$$A\vec{x} = \vec{y}$$

通过前面的介绍我们已经知道向量和矩阵都可以用来表示事物，但是某些场景下向量和矩阵无法满足需求，于是便需要张量（Tensor）。张量是一个多维的数组，可以看作向量和矩阵的推广。二维张量可以看作矩阵，三维张量可以看作一个立方体或者一个矩阵的集合。下面看看不同维数的张量：

- 零维张量只有大小，对应标量。
- 一维张量有大小和方向，对应向量。
- 二维张量为数据表，对应矩阵。
- 三维张量为数据立体。

● 四维到 n 维对应着多维的数组。

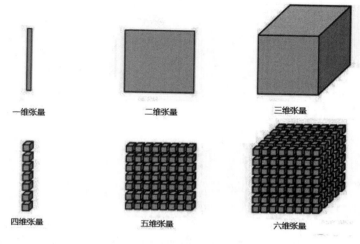

一维张量　　　　二维张量　　　　三维张量

四维张量　　　　五维张量　　　　六维张量

不同维数的张量

第**8**章
机器学习

8.1　机器学习是什么

机器学习是一种人工智能领域的技术，它通过算法模型让计算机从大量的数据中学习并自动改进算法。这意味着，我们可以通过大量的数据和一个学习算法，让计算机自动从数据中学习模式和规律，以获得对新数据预测或决策的能力。机器学习技术在很多领域中都有广泛应用，如语音识别、图像识别、自然语言处理、推荐系统、金融风险评估、医疗诊断等。

与传统的计算机程序不同，机器学习算法不需要显式地编写规则或程序，而是通过对大量数据的学习实现自动提取特征并生成预测模型。也就是说机器学习不使用明确的指令编码来完成任务，而是研究一种学习框架，让机器从数据中学习并获得相应能力。机器学习的正式定义为："对于某类任务 T 和性能度量 P，如果一个计算机程序在 T 上以 P 衡量的性能随着经验 E 而自我完善，那么我们称这个计算机程序从经验 E 中学习。"。

机器学习

机器学习关注的是如何通过编程让机器自己从以往的数据样本里面学习某些规律，从而能够对未来进行预测或决策，即实现一个可以根据经验（数据）并以某种规范为指导来进行自我优化的任务执行程序。比如我们收集了很多猫和狗的不同照片，机器根据这些照片自己学习到规律，从而实现了识别猫和狗的能力。通常我们会对机器学习模型输入许多猫或狗的图片和相应的标签（猫或狗），这些标签告诉机器学习模型哪些是猫哪些是狗。然后模型就会自动从这些数据中学习猫和狗的特征，比如它们的颜色、形状、纹理等。一旦这个模型被训练好了，我们就可以输入一张新的图片，让计算机预测它是猫还是狗。

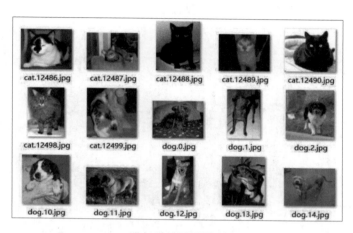

猫与狗的不同照片

8.2　机器学习与人工智能

　　总体上来说，机器学习属于人工智能的子集，是实现人工智能的一种方式。而谈到机器学习就必然牵涉到近些年大火的深度学习，深度学习又是机器学习的子集。三者的关系就像是俄罗斯套娃似的一层套一层。人工智能定义的范围最大，所有能让机器模拟人类行为的技术都属于人工智能。机器学习则是一种算法框架，通过该算法能从数据中学习到规律。深度学习则是特指多层的神经网络算法，神经网络也属于机器学习，而深度学习则突出于"深度"二字，表示层数很多很深的神经网络。

人工智能、机器学习、深度学习三者的关系

1956年的达特茅斯会议正式产生了人工智能这个名词，人工智能之父约翰·麦卡锡（John McCarthy）给人工智能下了一个定义："制造智能机器的科学和工程"。实际上它属于计算机科学的一个分支，用计算机来模拟人类的智能行为。

　　人工智能有很多实现途径，比如它可以是大量的 if-else 表达式，也可以是统计概率模型。前者是基于规则的，可以看成是硬编码，就是人工编写大量的判断指令来实现人工智能。后者不是硬编码，而是通过统计样本得到模型从而实现人工智能。不管用什么实现方式，只要能实现人工智能目的的都能称为人工智能。

约翰·麦卡锡

　　1959年机器学习先驱亚瑟·塞缪尔（Arthur Samuel）给机器学习下了一个定义："无需显示编程就能给计算机提供学习能力的研究领域"。也就是说无需编写明确的执行指令，比如大量的 if-else，而是通过数据学习到某种能力。他自己通过机器学习的方法最终实现了让计算机学会下西洋棋，到1962年时已经能够打败美国的一个州冠军。实际上，机器学习是人工智能实现的一个途径。

亚瑟·塞缪尔

深度学习是机器学习中的一类方法，主要指的是使用深层人工神经网络来实现学习。简单浅层的人工神经网络其实也属于机器学习的范畴，而深层人工神经网络是对其的一种扩展。深度主要描述的是神经网络的层数，层数多了就变为深层了。它之所以会成为当前的主流是因为它比传统的机器学习算法拥有更高的准确率，而且它还能自动发现模式并提取特征。一般来说，神经网络层数越深则具有越强的特征提取能力，但它需要的计算量也比浅层神经网络多得多。

约舒亚·本吉奥（Yoshua Bengio）、杰弗里·辛顿（Geoffrey Hinton）和杨乐昆（Yann LeCun）三位专家在深度学习领域中深耕多年，直到 2006 年后才迎来爆发。但深度学习前进的道路是曲折的，深度学习一度因为计算能力的限制一直得不到认可，好在后来随着硬件算力设备不断提升使其威力得到释放。深度学习大幅提升了各种任务的准确率，在若干领域中甚至超过了人类的平均水平。也因为深度学习所带来的新一轮的巨大影响力，这三位科学家共享了 2018 年的图灵奖。

8.3　机器学习的本质

在了解了机器学习与人工智能的关系后，我们知道了机器学习主要是通过非硬编码的方式来为机器提供学习能力并使机器产生智能。比起大量的 if-else 人工硬编码的实现方式，机器学习偏向于让机器自己从样本数据中学习规律。那么机器学习的本质到底是什么？

在传统的计算机程序中，程序员需要手动编写逻辑和规则来解决问题，但是这种方法难以适应复杂的问题和不断变化的数据环境。机器学习的核心是模型训练，通过训练数据和算法，计算机可以逐步改进模型的性能，从而提高预测和决策的准确性。在训练的过程中，机器学习算法会根据样本数据不断调整模型的参数，以最小化误差或损失函数，从而使模型能够更准确地预测新的数据。机器学习的本质在于利用统计学习方法和大数据的优势，让计算机从数据中自动学习并提高性能，从而实现更加智能和高效的决策和预测。

下面通过一个例子来了解机器学习的过程。假设我们要训练一个机器学习算法来识别手写数字。我们将使用一个包含很多手写数字的数据集，让算法从中学习如何区分不同的数字。算法首先需要对数据集进行处理，提取出数字的特征，如线条的长度、角度等。接着我们用这些特征来训练算法，调整算法的参数，使其能够更准确地识别数字。最后我们就可以使用新的手写数字图片来测试算法的性能，看看它是否能够正确地识别数字。

手写数字数据集

在这个例子中，机器学习的本质是通过对数据进行学习和模式识别，使计算机能够从数据中提取规律和模式，从而进行数字的分类和识别。算法不是按照预先编写的规则来执行任务，而是通过学习数据集中的模式和特征，自己构建模型和规则以完成任务。这种学习过程是通过训练算法来实现的，使用数据来调整算法的参数，使其能够更准确地进行数字的分类和识别。通过机器学习，我们可以让计算机自动进行数字的分类和识别，而不需要人工干预。这可以帮助我们节省大量的时间和精力，并实现更准确和更高效的数字识别。

毫无疑问，机器学习给人工智能带来了革命性的实现方法，至少目前来说是这样的。其实机器学习不仅仅只是某些具体的算法，从更高层面上看，它的核心思想就是模拟人类学习和认知的过程。

我们先看下图左边人类的学习过程，人类在成长过程中通过各种感官及大脑积累了大量经验，而经验又会引导我们大脑的规则，当我们遇到新问题时通过大脑规则来进行预测决策。类似地，下图右边的机器学习通过对大量历史数据进行训练而得到模型，新数据输入模型后得到预测及决策结果。在一定程度上，机器学习的学习过程模拟了人类的学习认知过程。

需要注意的是，人类和机器的学习认知机制还是有很大的不同。人类只需要看几张猫和狗的图片就能识别猫和狗，但机器却需要海量的猫和狗的图片才能实现同样的能力。此外，对于没有遇到过的问题类型，人类能够通过已有知识和经验加以推理判断，但机器却不行。

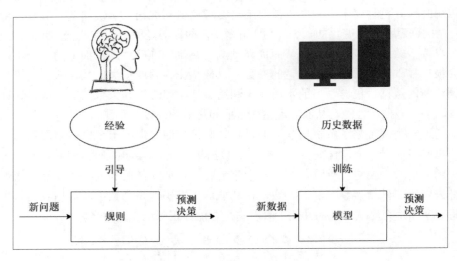

学习过程对比

8.3.1 机器学习算法类型

机器学习大致可以分为监督学习、无监督学习、半监督学习和强化学习 4 类。

- **监督学习**：它是一种利用已有标签的数据进行训练的算法，旨在通过建立输入与输出之间的映射关系，对新的未标签数据进行预测。

- **无监督学习**：它是一种利用没有标签的数据进行训练的算法，旨在发现数据中的潜在结构和模式。
- **半监督学习**：它是一种利用部分有标签数据和大量未标签数据进行训练的算法，结合了监督学习和无监督学习两种学习方法。
- **强化学习**：它是一种通过与环境的互动来学习最优行动策略的算法，智能体（agent）通过不断地与环境进行交互学习如何做出正确的决策以最大化累积奖励。

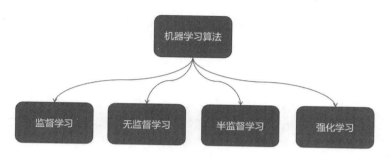

机器学习类型

8.3.2 监督学习

在介绍监督学习之前我们要先了解离散变量和连续变量两个概念，其实前面章节也介绍过，这里我们再简单了解一遍。离散变量是指取值只能是一些特定的数值或者取值为整数的变量。例如，一个骰子的点数就是一个离散变量，因为它的取值只能是 1、2、3、4、5 或 6 中的一个。连续变量则是指在一个给定的区间内可以取到任意值的变量，通常是实数。例如，人的身高就是一个连续变量，因为它可以在任意的范围内取值，如 1.5 米、1.75 米或者 1.728 米等。两者之间的关键区别在于，离散变量的取值只能是特定的数值，而连续变量的取值可以是任意的数值。

骰子点数与身高

监督学习是机器学习中最常见的一种学习方法，它的目标是从已经标注好的数据集中学习出一个模型，使得该模型可以对未知数据进行准确的分类或预测。监督学习的任务可以分为分类和回归两大类，分别对应离散变量和连续变量。

分类任务是指将样本分为不同的类别，它是监督学习中最基本的任务之一。在分类任务中，训练数据集中的每个样本都会被赋予一个标签或类别，模型的目标是通过学习这些标签或类别的规律来对新的数据进行分类。分类任务可以分为二元分类和多元分类两种。

（1）二元分类是指将样本分为两个类别，如"是"或"否"，"真"或"假"等。在二元分类中，通常使用一些二元分类算法，如逻辑回归、支持向量机（Support Vector Machines，SVM）等来预测一个新的样本属于哪一类。

（2）多元分类是指将样本分为三个或以上的类别，如"猫""狗""鸟"等。在多元分类中，可以使用一些多元分类算法，如决策树、随机森林、朴素贝叶斯等来预测一个新的样本属于哪一类。

回归任务是指预测数值型变量的值，如房价、股票价格等。在回归任务中，训练数据集中的每个样本都会被赋予一个连续的数值，模型的目标是通过学习这些数值的规律来对新的数据进行预测。回归任务可以分为线性回归和非线性回归两种。

（1）线性回归是指使用线性函数来预测数值型变量的值，如 $y = mx + b$，其中 y 是预测值，m 是斜率，b 是截距，x 是自变量。在线性回归中，可以使用一些线性回归算法，如最小二乘法、岭回归等来预测一个新的数值型变量的值。

（2）非线性回归是指使用非线性函数来预测数值型变量的值，如 $y = a + bx + cx^2 + dx^3$，其中 y 是预测值，a、b、c、d 都是模型的系数，x 是自变量。在非线性回归中，可以使用一些非线性回归算法，如神经网络、决策树回归等来预测一个新的数值型变量的值。

监督学习是利用带标签的样本进行学习，所谓标签可以看成是数据对应的答案，即给定了样本数据的输入 X 和标签 Y，通过 X 和 Y 来指导学习算法训练生成一个函数，该函数描述了输入和输出之间的关系。训练时需要不定量的训练样本，每个训练样本都包含了一个输入—输出对。监督学习算法通过这些样本学习到一个模型，然后就可以将新数据 x 输入到模型中，模型会产生一个输出值 y，这个 y 就是模型所预测的结果。

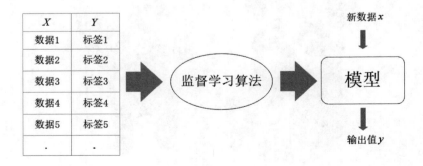

监督学习

简单来说，就是我们给计算机展示一些例子，并告诉它这些例子对应的结果是什么，计算机就可以通过学习这些例子，自己发现其中的规律，然后根据这个规律对新的情况进行分类或预测。

监督学习算法就像是一个小孩在学习认识物品，我们给他看若干个苹果、梨和草莓的图片，并且告诉他哪些是苹果哪些是梨哪些是草莓，他就会总结出判断不同水果的规律，规律就保存在模型里面。

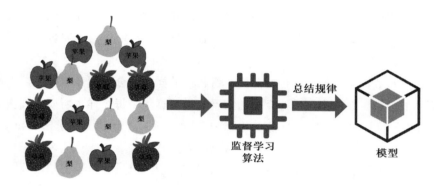

监督学习总结规律

得到模型后就意味着小孩已经学会了识别苹果、梨和草莓，然后我们就可以输入其他的苹果、梨和草莓的图片到模型中，它就会推理出图片中是苹果、梨还是草莓。

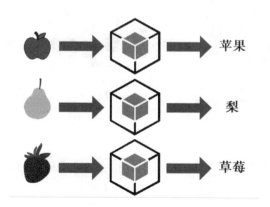

监督学习推理

在图像分类问题中，监督学习算法需要从一组已知的图像和它们对应的标签中学习一个函数，以便能够对新的、未知的图像进行分类。在这种情况下，图像是输入数据，标签是输出数据。学习算法会分析这些输入—输出对，找到图像的特征和标签之间的关联，以便能够对新的图像进行分类。

如果我们要训练一个监督学习算法来预测房价,则需要一些标记数据,包括房子的特征(例如面积、卧室数量、位置等)以及相应的房价。通过这些标记数据,可以训练一个模型来预测新房子的价格,该模型可以使用各种算法,如线性回归、决策树、支持向量机等。在测试阶段,可以将新的房子的特征输入到模型中,以获得预测的价格。

8.3.3　无监督学习

与监督学习相对应,无监督学习是使用未标记的样本进行学习。训练样本中只有数据输入 X 而没有标签 Y,也就是说在学习的过程中没有指导监督,所以叫无监督学习。常见的无监督学习包括聚类和降维。

聚类指通过对数据集中的样本进行分组,将相似的样本划分到同一类别中,不相似的样本划分到不同的类别中。在聚类中,算法通常不知道数据集中每个样本所属的真实类别,而是在聚类过程中根据样本之间的相似度或距离进行分组。常用的聚类算法包括 K-means、层次聚类、密度聚类等。举个例子,我们有一堆水果,而且并不知道这些是什么水果。现在通过无监督聚类算法对其进行聚类,综合颜色值、长宽比例值、重量等信息将相近范围的分到同一类,这样就可以得到多个分组。

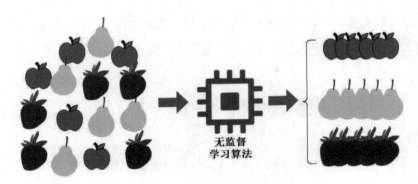

无监督学习聚类

降维是指将高维数据集转换为低维表示,同时尽可能地保留数据集中的重要信息和结构。降维有助于减少计算和存储开销,提高模型的性能和效率。主成分分析(Principal Component Analysis,PCA)是一种最常用的线性降维方法,它通过找到数据集的主成分或方差最大的方向,将高维数据集转换为低维表示。如下图中,原来的三维空间通过 PCA 技术降到二维空间,原来的数据也从三维空间被映射到二维空间中。需要注意的是,降维过程中可能会损失一些数据集的信息和结构。

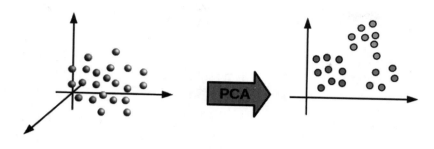

从三维空间降到二维空间

监督学习的分类与无监督学习的聚类看起来是比较相似的概念，相同的地方是它们都将数据进行分组分类，然而两者还是存在不同的地方。我们很容易混淆这两个概念，下面以"水果分组"为例来体会一下二者的区别。

监督学习的分类，它要求我们收集要分类的水果图片，而且我们必须明确每一张图片对应的水果是什么，如"图片1=香蕉""图片2=苹果""图片3=草莓""图片4=苹果""图片5=香蕉"等。通过监督学习算法就能学习香蕉、苹果、草莓对应的特征，比如香蕉形状长长的且是黄色的，苹果圆圆的且是红色的。等到计算机学习完后就拥有识别香蕉、苹果和草莓的能力，这个能力通过模型文件保存，此外它只能识别我们标注包含的这三种水果。因此，监督学习的分类会得到一个识别模型，如果将新的图片输入到这个模型中就能够识别出是香蕉、苹果还是草莓。

无监督学习的聚类，我们同样收集很多水果图片，但不需要我们标注每张图片是什么水果。聚类要做的就是提出分组规则来让这些水果图片进行分类，至于分成多少个类别，每个类别是什么它并不知道，它所关注的仅仅是将图片进行分组。比如，我们可以根据颜色、大小、形状来分组，然后自行设置一个组数，完成聚类后就能得到相应组数的分组结果。一般情况下我们并不知道每个组代表的是什么。可以看到无监督学习的聚类并没有学习到任何水果的识别能力，也没有产生模型文件，我们也没有办法将新的图片输入进去得到一个预测的结果。

8.3.4 半监督学习

半监督学习是一种介于有监督学习和无监督学习之间的一种学习方式，它的数据样本中只有少量带标签的样本，多数样本都不带标签。半监督学习的目的是利用少量的有标签数据和大量的无标签数据来提高机器学习算法的性能，它的基本思路是通过利用无标签数据的结构信息和相似性来帮助模型提升性能。

之所以要提出半监督学习是因为获取有标签数据往往需要大量的人力和时间成本，有时在实际项目中并不具备这么多人力和时间用来做标注工作。此时就可以考虑使用半监督学习的方式，对一小部分数据进行标注，剩余的大部分数据则是无标签的。然后使用有标签数据来训练模型，同时使用无标签数据来增强模型的泛化能力。当然，半监督学习也是要付出代价的，它虽然节省了人力和时间成本，但相比于监督学习它的性能却会受到影响，比如预测准确率会降低。

半监督学习在实际应用中具有广泛的应用，尤其是在数据集标注难度大、标注成本高昂的情况下。通过利用大量的无标签数据，半监督学习可以在一定程度上解决标签数据稀缺和标注成本高的问题。

还是以梨、苹果、草莓的识别为例，在一堆水果中我们只对三个水果打了标签。然后通过半监督学习算法总结规律得到模型，最终就可以根据学习到的模型进行预测。

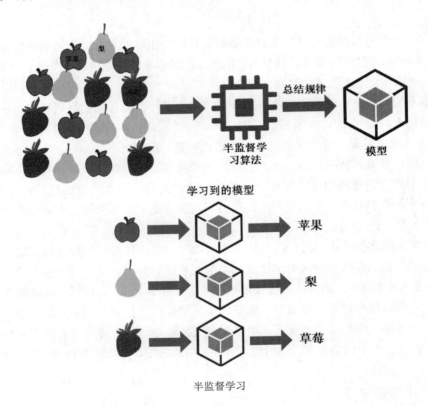

半监督学习

8.3.5 强化学习

强化学习是一种机器学习的分支，其目的是通过智能体与环境的交互学习做出最佳决策。在强化学习中，智能体通过观察环境的状态，执行动作并接收相应的奖励或惩罚来学习最佳的行为策略。它与监督学习方法的不同之处在于它不需要预先标记好的数据集，而是通过不断试错来进行学习，因此适用于那些没有先验知识的复杂问题。强化学习的应用非常广泛，在游戏、机器人控制、金融交易等领域中都有着重要的应用。

强化学习的过程通常可以用以下4个元素来描述：状态、动作、奖励和策略。智能体通过观察环境的状态来选择一个动作，该动作将导致智能体进入一个新的状态，并获得一个奖励或惩罚。总的来说，智能体在环境中执行动作，并且根据环境给出的奖励或惩罚来调整它的行为策略，通过不断与环境的交互进行学习，逐渐调整自己的策略以获得更高的奖励。

比如下面的机器人，它要完成的任务是走出迷宫。它会根据当前的环境选择执行一个动作，然后根据环境提供的信号对动作的好坏做评价，根据评价会得到奖励和惩罚从而达到学习的目的。当进行很多次试错后机器人就知道在什么状态下该采取什么行为才能得到奖励，从而能顺利地走出迷宫。

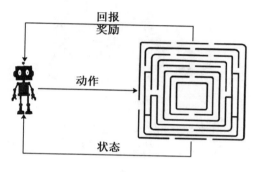

强化学习

8.3.6　理解"训练"

当我们讨论机器学习时经常会讲到训练这个词，比如我们会说"训练一个模型"或者"一个训练好的模型"，甚至有时我们还会调侃训练模型的人为"炼丹师"。不管是训练还是炼丹，都很形象地描述了获取模型的过程，AI工程师调制好程序并放在算力机器上运行得到一个模型文件。下面我们看看训练的具体意义。

"炼丹"

训练原来的意思是指有计划有步骤地对受训者传授某种技能，使受训者发生生理反应，从而改变受训者的素质和能力，通常受训者是人或动物。比如一个人通过某种训练让自己身材更完美或气质更优雅；一只警犬通过某种训练后具有严明的纪律；还比如一个人在考试前通过练习训练使自己获得高分。训练的核心点就是人或动物通过训练后会产生变化，可能是身体的也可能是大脑的。

训练小狗

那么机器学习中的训练是什么意思呢？很明显我们不是对着一个机器人进行言传身教，而是指针对某个机器学习算法计算确定它的算法的过程。我们分别从监督学习、无监督学习和强化学习 3 个方面看训练的含义。

监督学习是从大量的数据—标签对中找到一个具体的数学函数，这个函数对应着输入和输出，而训练就是寻找这个数学函数的过程。我们知道一个数学函数包含着若干个参数，比如 $y=ax+b$ 中 a 和 b 就是参数，训练就是根据大量数据—标签对去确定函数参数的过程。一个效果良好的数学函数通常包含了大量的参数，参数量级从百万到亿，甚至大模型能到千亿级别，通过训练找到每个参数的值。

总体而言，监督学习的"训练"是指使用数据来训练一个模型，使其能够从数据中学习到特定的模式或规律。这个过程可以简单地被描述为将输入数据和预期输出数据提供给算法，然后通过调整算法的参数来最小化实际输出数据和预期输出数据之间的误差。完整的模型训练及部署过程包括以下 5 个步骤。

（1）**数据准备**：这包括收集数据、清理数据、将数据分成训练集和测试集等步骤。

（2）**模型选择**：选择适当的机器学习算法和模型架构。

（3）**模型训练**：将训练数据提供给算法，让模型学习数据中的模式和规律。在这个过程中，模型的参数和结构会被调整，以最小化模型的误差。

（4）**模型评估**：使用测试数据评估模型的性能，看看模型是否可以泛化到新的数据集中。

（5）**模型部署**：当模型已经被训练和评估后，可以将其应用于新的数据中，以进行预测或分类等任务。

需要注意的是，训练过程的质量和效果取决于所选择的算法、数据的质量和数量以及训练参数的设置等因素。因此，在训练过程中需要仔细调整这些因素，以确保得到一个准确、可靠的模型。

监督学习的流程

无监督学习通过算法对数据进行分析，这些数据不需要人工进行标注，而是直接对原始数据进行分析。在无监督学习中，训练是指通过对无标签数据的学习来找到数据内在的结构和模式的过程。具体来说，无监督学习中的训练通常包括以下 4 个流程。

（1）**聚类**：将数据集中的数据按照相似性进行分类，生成多个聚类簇。这种方法可以帮助我们理解数据集的结构和特征。

（2）**降维**：将高维数据转化为低维数据表示，降低数据维度，使得数据更容易可视化、处理和分析。

（3）**异常检测**：检测数据集中的异常点或离群值，帮助我们发现数据集中的异常情况和异常行为。

（4）**关联分析**：找出数据集中的项集之间的关联规则，帮助我们理解数据集中的相关性和依赖关系。

在无监督学习中，训练过程通常是自主进行的，机器学习模型会自动发现数据中的结构和模式，而不需要人工干预。与有监督学习相比，无监督学习的结果更加难以量化和评估，因为我们没有一个准确的标准来评估无监督学习算法的性能。

无监督学习的流程

在强化学习中，训练是指通过让智能体与环境进行交互，从而学习最优的策略，使智能体在特定环境中实现目标的过程。具体来说，强化学习中完整的训练通常包括以下 5 个流程。

（1）**定义环境**：定义智能体需要操作的环境，包括环境的状态、智能体的行为和奖励规则等。

（2）**定义智能体**：定义智能体的行为方式和决策规则，包括动作选择策略、状态估计和值函数等。

（3）**与环境交互**：智能体通过执行动作与环境进行交互，获得当前状态和对应的奖励信号。

（4）**训练智能体**：智能体根据当前状态、奖励信号和策略选择，更新自己的价值函数和策略，使其更好地适应环境。

（5）**性能评估**：使用测试集来评估智能体的性能，通过观察智能体的表现来调整模型的超参数，以提高智能体的表现能力。

强化学习的流程

总之，强化学习的训练过程是通过与环境交互来学习最优策略的过程。在这个过程中，智能体通过不断地尝试和探索来提高自己的策略和行为，并根据奖励信号来调整自己的价值函数和策略。这个过程需要大量的实践和尝试，以使智能体能够在复杂的环境中快速适应和优化自己的行为。

第**9**章
机器学习如何辨别事物

在第 8 章中我们了解了什么是机器学习及其本质，机器学习模拟人类获取知识的方法，通过对大量历史数据进行训练而得到模型，然后对新数据进行预测。同时也了解了机器学习的算法类型，其中监督学习是最常用的学习类型，通常我们使用监督学习来实现预测事物的能力。预测事物可以归类为分类问题（辨别能力）和回归问题（捕捉关系）。

实际上，分类问题和回归问题的区别在于输入类型和输出类型的不同。对于分类问题，它的输出是有限个离散变量。而对于回归问题，它的输入变量和输出变量都是连续变量。比如下图中，左边的是分类问题，要完成的任务是学习如何区分圆形和方形两类事物，并得到一个能辨别这两类事物的数学函数，根据该函数可以预测新的输入属于这两类中的哪一类。而右边的是回归问题，它的任务是根据数据点捕捉到一个描述输入和输出关系的数学函数，根据这个函数对新的输入预测一个数值。

本章我们将先深入学习监督学习是如何辨别事物的，这属于分类问题。

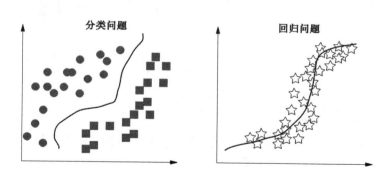

分类问题与回归问题

9.1　二分类与多分类

人工智能很重要的一个能力就是识别物体，而识别其实就是对物体进行分类，即根据某些属性来对物体进行分类。现实世界中充满着分类的问题，最简单的分类就是二分类。比如下图中左半部分，根据某些属性（例如颜色、形状）对苹果和香蕉进行分类。这里的颜色和形状就是输入，它们是有限个离散变量。

分类问题更常见的还是多分类的情况，就好比下图中右半部分。一共有 4 种水果，我们希望得到一个模型（数学函数），通过输入若干属性它就能识别梨子、香蕉、苹果和草莓这 4 种水果，这便是多分类。现实中的多分类随处可见，比如对手写的阿拉伯数字和中文的识别，对一段监控视频中识别出不同汽车的颜色，考勤系统通过人脸识别对应出不同同事的信息等。

在分类过程中我们提到了属性的概念，它其实就是对物体各种性质的描述。监督学习中需要根据输入来得到输出，其中输入的就是事物的属性，对应的值为属性值。由于监督学习的模型本质就是一个数学函数，所以当我们说将属性输入到模型时实际上是要输入属性值。比如颜色属性，我们可以定义红色的值为 1，黄色的值为 2，绿色的值为 3，颜色属性值必须为这三个数其中之一。再比如形状属性，我们可以定义长宽比的值为该属性值，此时的属性值可以是任意实数。

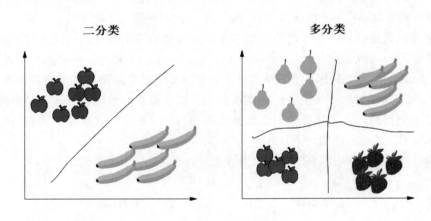

二分类与多分类

9.2　分类的实现方式

人工智能分类的实现方式主要有两大类：基于知识的分类（也称为基于规则的分类）和基于数据的分类（也称为基于机器学习的分类）。

9.2.1　基于知识的分类

基于知识的分类是通过人工构建分类规则来将输入变量分为不同的类别。在基于知识的分类中，专家通常使用他们的领域知识和经验来设计分类规则，这些规则可能基于特定的特征或属性，如颜色、形状、大小等。然后将输入数据与这些规则进行匹配，以确定其属于哪个类别。基于知识的分类适用于已知数据领域，并且对于输入数据特征已知的情况下，可以产生非常准确的分类结果。比如医生专家对登革热症状的相关知识很熟悉，他总结了六方面的特征并形成规则，根据这些特征和规则就能够对新病人进行登革热的识别。

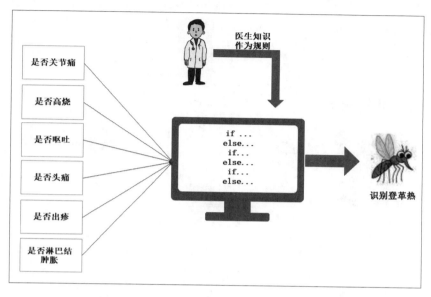

基于知识的分类

基于知识的分类能为分类结果提供更好的解释性和可解释性。如果我们明确知道特征和分类之间的关系，那么直接使用基于知识的分类一般来说效果会更加好，因为专家知识拥有明确的因果关系。但基于知识的分类也存在缺点，这种方法需要专家的经验和知识，并且在处理复杂问题时可能会变得非常困难。此外，有些知识也难以用规则表达，而且很多规则可能也会产生冲突。

9.2.2 基于数据的分类

基于数据的分类是通过从已有数据中学习规律来实现不同类别的预测，实际上就是通过某种自动学习的方法来对大量的数据样本进行学习并得到一个数学函数。自动学习方法能自动找到区分不同类别的规律，这些规律会被抽象在数学函数里面，通过这个数学函数就能对新的数据进行分类预测。这种方法不要求拥有专业领域的知识和经验，它的核心思想是从数据中来再直接到数据中去，不必知道为什么会这样分类，只要能正确得到分类结果即可。

我们再来了解机器根据数据抽象一个模型的过程。首先，我们需要确定好若干特征，比如颜色、形状和大小等，这些特征的选择可以不依赖于专家的领域知识。这种方式更加友善，因为实现人工智能分类功能的研发人员不可能掌握每个领域的专业知识。然后，将特征和类别都表示成数字，由于每个数据实例都有多个特征，所以可以使用向量来表示。接着，通过某种自动学习方法对输入（特征）和输出（类别）进行学习，从而得到一个最能划分这些数据样本分类的数学函数 $y=f(x)$。最后，我们就能通过这个数学函数对新的数据进行分类预测。如下图，为了实现狗、猫、熊猫的分类，我们的目标是根据大量数据样本的特征找到一个最优的数学函数 $y=f(x)$，这个函数能最大限度地适应样本。当一个新的数据特征输入到函数后就能分别得到狗、猫、熊猫的概率，概率最高的就是分类的预测结果。

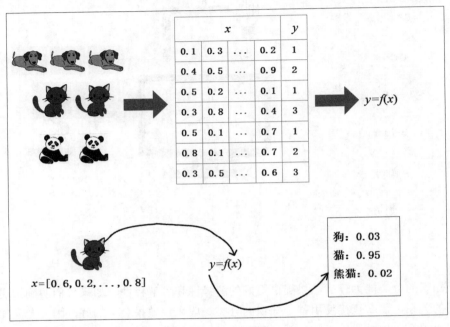

基于数据的分类

我们可以认为基于数据的分类方法是以统计概率思想为基础的，根据样本的各种特征统计得到分类模型。整个过程我们可以不依赖于专家知识，我们只知道某些特征与分类结果是有联系的，但我们没必要确切知道这些联系具体是怎样的。当然从另一个角度看，这也恰恰是它的缺点。因为有时我们想知道特征与分类之间明确的内在关系，此时却无能为力，因为基于数据的分类模型就像是一个没办法解释的黑盒。应该注意的是，特征和分类之间必须客观存在某种规律时分类工作才有意义，如果二者是完全随机的，那么分类将失效。

9.3　机器学习分类算法

机器学习中所有算法的核心思想都是通过数据来驱动模型的能力，即它们都属于基于数据的分类。分类问题的目标是将输入数据分为不同的类别，比如我们可以将人的各种特征作为输入数据，将性别作为相应的标签（类别）。然后使用一种分类算法来训练一个分类模型，使其能够学习到不同人的特征和其相应性别之间的关系，训练完成后就可以使用该模型来对不同特征的人的性别进行预测。机器学习中常见的分类算法包括以下 5 种。

- 朴素贝叶斯。
- K 近邻。
- 决策树。
- 逻辑回归。
- 支持向量机。

9.3.1 朴素贝叶斯

朴素贝叶斯（Naive Bayes）是一种基于贝叶斯定理的机器学习算法，它是一种简单又非常有用的分类算法，常用于文本分类、垃圾邮件过滤、情感分析等任务。其基本思想是先计算给定特征条件下每个类别的后验概率，然后选择最大后验概率的类别作为预测结果。朴素贝叶斯算法使用收集到的数据来估计各个特征条件下类别的概率，并基于这些概率进行分类。例如，在垃圾邮件识别的场景中，朴素贝叶斯会统计各个单词在垃圾邮件和正常邮件中分别出现的频率，然后对新邮件中包含的单词分别计算垃圾和非垃圾条件下的概率，概率最大的分类即为分类结果。

在朴素贝叶斯分类的过程中，它会根据收集到的数据样本和贝叶斯定理来计算新的输入属于哪个分类。如下图所示，我们要预测一个输入，那么就可以通过数据样本和贝叶斯定理来分别计算苹果、梨和草莓的后验概率，三个后验概率中最大的后验概率对应的是苹果，所以苹果为最终预测的类别。

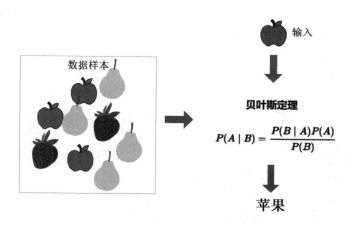

朴素贝叶斯分类

在朴素贝叶斯算法中，"朴素"指的是它假设所有特征之间都是相互独立的，不考虑特征之间的相互作用。比如用朴素贝叶斯对苹果、梨和草莓进行分类时，我们先定义了颜色、重量和形状三个特征，那么意味着这三个特征是相互独立的。也就是说颜色和重量没有联系，颜色和形状没有联系，重量和形状也没有联系。很明显，这个假设在实际情况中并不一定成立，比如形状和重量可能是有联系的。实际上，正是因为朴素贝叶斯算法具有朴素的特性，使我们不必考虑特征之间的联系，也就大大降低了建模的复杂度和计算量，所以该算法得到了广泛的应用。

朴素贝叶斯算法的优点包括简单、高效，并且在处理大规模数据集时具有较好的性能。然而由于它假设特征之间相互独立，因此可能无法处理某些复杂的关联关系。

具体来说，朴素贝叶斯算法通过以下 5 个步骤进行分类。

（1）准备训练数据集，该数据集包含已经标记好的样本。

（2）统计每个类别的先验概率，即在训练数据集中，每个类别出现的概率。

（3）确定特征，并计算每个特征在每个类别下的条件概率，即统计在训练数据集中每个类别下每个特征的条件概率。

（4）对于待分类的样本，根据贝叶斯定理计算它属于每个类别的后验概率。

（5）选择具有最大后验概率的类别作为预测结果。

根据以上步骤我们以一个垃圾邮件识别的例子来说明朴素贝叶斯算法。

第一步，准备训练数据集。假设我们收集了 20 封邮件，其中有 6 封是垃圾邮件，14 封是正常邮件。其中哪些是垃圾邮件哪些是正常邮件需要我们去标注。

第二步，统计每个类别的先验概率，分别为 $P($ 正常邮件 $)$=14/20=70%，$P($ 垃圾邮件 $)$=6/20=30%。

第三步，我们确定使用"折扣""免费"和"优惠"三个单词作为特征，然后计算每个类别下出现"折扣""免费"和"优惠"的条件概率。假设分别为 $P($ 折扣 | 正常邮件 $)$=10%，$P($ 折扣 | 垃圾邮件 $)$=50%，$P($ 优惠 | 正常邮件 $)$=15%，$P($ 优惠 | 垃圾邮件 $)$=40%。$P($ 免费 | 垃圾正常邮件 $)$=20%，$P($ 免费 | 垃圾邮件 $)$=70%。

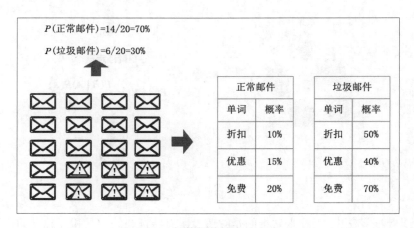

邮件相关概率

第四步，假如有一个新的邮件内容包含了"折扣"和"免费"两个词，那么需要计算比较"正常邮件"和"垃圾邮件"两个类别后验概率的大小来确认它所属的分类。根据贝叶斯定理，下面是计算"正常邮件"和"垃圾邮件"的后验概率公式，可以看到分母其实都是相同的，所以直接比较分子即可。此外，对于更多特征的情况也一样，分母可以省去而直接比较分子部分。

$$P(正常邮件 | 折扣, 免费) = \frac{P(折扣, 免费 | 正常邮件)P(正常邮件)}{P(折扣, 免费)}$$

$$= \frac{P(折扣 | 正常邮件)P(免费 | 正常邮件)P(正常邮件)}{P(折扣, 免费)}$$

$$P(垃圾邮件 | 折扣, 免费) = \frac{P(折扣, 免费 | 垃圾邮件)P(垃圾邮件)}{P(折扣, 免费)}$$

$$= \frac{P(折扣 | 垃圾邮件)P(免费 | 垃圾邮件)P(垃圾邮件)}{P(折扣, 免费)}$$

两个分类的后验概率分别为 $P($正常邮件 | 折扣, 免费$)=P($折扣 | 正常邮件$)\times P($免费 | 正常邮件$)\times P($正常邮件$)=0.1\times0.2\times0.7=0.014$，$P($垃圾邮件 | 折扣, 免费$)=P($折扣 | 垃圾邮件$)\times P($免费 | 垃圾邮件$)\times P($垃圾邮件$)=0.5\times0.7\times0.3=0.105$。

第五步，根据计算结果，这封邮件属于垃圾邮件的后验概率为 0.105，而属于正常邮件的后验概率为 0.014。因此，朴素贝叶斯算法将预测这封邮件为垃圾邮件。

通过这个例子我们可以看到朴素贝叶斯算法利用先验概率和特征的条件概率来对未知邮件进行分类。它假设特征之间相互独立，这个假设大大简化了后验概率的复杂度。虽然在现实中这个假设并不总是正确的，但在很多情况下仍然能为我们提供有效的分类方法。

9.3.2　K近邻

K近邻（K-Nearest Neighbors，KNN）是一种常见的机器学习算法，它的基本思想很简单：通过观察最接近待预测样本的 K 个最近邻居样本的标签，来确定该样本的类别，即"K 个邻居中多数为某个类别我就认为自己属于这个类别"。

在 KNN 中，"K"代表要考虑的最近邻居的数量。当我们要对一个新样本进行预测时，算法会计算该样本与训练集中所有样本的距离，并选择与该样本最接近的 K 个邻居。这个过程中我们需要定义一个合适的距离度量方法，如欧氏距离或曼哈顿距离，其中距离用于衡量样本之间的相似度。

假如我们要通过 KNN 来实现猫和狗的分类，并且设定通过体重和声音两个特征作为判断依据，那么从这两个维度可以将现有的 14 只小猫小狗映射到坐标上。现有一只动物，它对应的体重和声音坐标位置为正方形所处的位置。现在要通过 KNN 来判断这只动物的类别，当 K 取 5 时，离正方形最近的 5 个点中，4 个属于猫，1 个属于狗。由于 4 大于 1，所以正方形应该判断为猫。

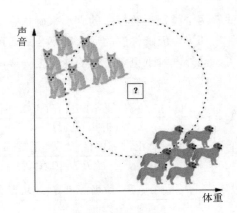

KNN 猫狗分类

具体来说，K 近邻算法通过以下 5 个步骤进行分类。

（1）**数据准备**，我们需要有一组带有标签的训练数据。每个样本都包含了一些特征值和一个标签（所属的类别）。

（2）**计算距离**，对于待分类的新样本，计算它与训练数据中每个样本之间的距离。

（3）**选择 K 值**，我们需要选择一个合适的 K 值，它表示在预测新样本类别时所要考虑的最近邻居的数量。

（4）**选出最近邻居**，根据计算得到的距离，选出与待分类样本最近的 K 个样本。

（5）**预测类别**，统计 K 个最近邻居中每个类别的出现频率，并选择频率最高的类别作为预测结果。

下面我们以性格预测的例子来说明 KNN 分类的过程，即根据一个人的身高和体重来预测他的性别。下表中有一些已知的训练样本，包括人的身高、体重和性别。现在有一个新样本的身高为 170cm，体重为 65kg，我们通过 KNN 来判断他的性别。

已知的训练样本

样本	身高 /cm	体重 /kg	性别
A	158	52	女
B	160	56	女
C	162	58	女
D	172	70	男
E	176	74	男
F	180	80	男

第一步，数据准备，已知的训练样本即需要的训练数据。

第二步，计算距离，我们计算新样本与每个训练样本之间的距离，这里我们使用欧氏距离。

第三步，选择 K 值，假设我们选择 K=3。

$$D_A = \sqrt{(158-170)^2 + (52-65)^2} \approx 17.7$$

$$D_B = \sqrt{(160-170)^2 + (56-65)^2} \approx 13.5$$

$$D_C = \sqrt{(162-170)^2 + (58-65)^2} \approx 10.6$$

$$D_D = \sqrt{(172-170)^2 + (70-65)^2} \approx 5.4$$

$$D_E = \sqrt{(176-170)^2 + (74-65)^2} \approx 9.2$$

$$D_F = \sqrt{(180-170)^2 + (80-65)^2} \approx 18.0$$

第四步，选出最近邻居，距离最近的 3 个邻居分别为样本 D、样本 E 和样本 C。

第五步，预测类别，最近的 3 个邻居中有 2 个是男性，1 个是女性，所以我们可以预测新样本的性别为男性。

KNN 算法的优点是简单易懂、易于实现，并且能够适应各种数据类型。然而 KNN 的计算复杂度较高，特别是对于大型数据集而言，因为需要计算每个训练样本与新样本之间的距离。此外，KNN 对于特征缩放和异常值敏感，因此在使用 KNN 之前，需要对数据进行预处理。

9.3.3　决策树

决策树（Decision Tree）是一种常用的机器学习分类算法，它模拟了人类在面临决策时的思考过程，通过一层层条件逐步判断出最终的结果。顾名思义，决策树就是一棵树结构的决策判断机制，由节点和分支组成。树的根节点表示最初的判断条件，每个节点对应一个特征，每个分支代表一个可能的特征值，叶子节点表示最终的结果。根据这些条件可以一步一步定位到叶子节点上，得到最终的结果。

决策树的构建过程是逐步进行的。根据收集到的训练数据，决策树算法会选择最佳的特征来作为根节点，并将数据集划分为不同的子集。然后对每个子集递归地应用相同的划分过程，直到达到停止条件。比如我们收集了很多人的年龄和性别数据，并且根据他们的情况分别标记为男孩、女孩、成年男性、成年女性、老年男性以及老年女性。此时决策树就可以构建出如下图所示的树结构，从根节点性别开始往下一层层判断就能得到最终的分类结果。

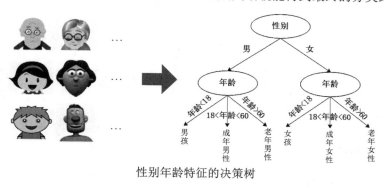

性别年龄特征的决策树

下面通过一个例子来详细了解决策树的工作原理。假设我们收集了一批数据，包含了 10 个人的身高、体重、鞋码和性别信息。现在我们的目标是使用这些数据来训练一个分类模型，以便根据身高、体重和鞋码来预测一个人的性别。决策树算法能从样本中学习到包含身高、体重、鞋码三个特征的模型来预测性别。

身高、体重、鞋码及性别样本

身高 /cm	体重 /kg	鞋码	性别
180	75	42	男
168	55	38	女
175	70	41	男
160	50	36	女
182	80	43	男
155	45	35	女
178	68	40	男
165	52	37	女
185	90	44	男
170	60	39	女

在决策树分类算法中，它会不断选择一个最优的分割点来将数据集分成若干个子集，最终形成一棵决策树。比如下面这棵决策树，首先判断身高是否小于或等于 175cm，如果是就继续看体重是否小于或等于 60kg，如果是则预测为女性，否则预测为男性。而如果身高大于 175cm，则看鞋码是否小于 42，如果是则预测为女性，否则预测为男性。需要注意的是计算出的模型并不意味着能百分之百正确识别所有样本，它只是利用已有样本来寻找最优的模型。

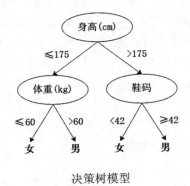

决策树模型

9.3.4 逻辑回归

逻辑回归（Logistic Regression）是非常普遍的一种二分类算法，虽然它的名字叫回归，但其实它是分类算法。它的基本思想是利用一个称为"逻辑函数"或"Sigmoid 函数"的数学函数，将输入特征与对应的概率之间建立一个关系。逻辑函数的输出值介于 0 到 1 之间，可以理解为事件发生的概率。

在二分类问题中，逻辑回归可以将输出分为两个类别，并将输入特征映射到 0 到 1 之间的概率值。一般来说，我们可以选择一个概率阈值，例如 0.5，将大于概率阈值的预测为一个类别，而小于概率阈值的则预测为另一个类别。比如我们可以建立一个逻辑回归模型，通过一个人的体重和身高来判断性别是男还是女。

逻辑回归的本质其实就是将线性方程分割的空间映射到逻辑函数上，将负无穷到正无穷的输出压缩到 0 和 1 之间，该函数能很好地表示二分类的概率。比如下图中，线性方程 $y=x$ 将数据分割成两类。对于相同的横坐标，圆点的纵坐标都大于该线性方程，而正方形点的纵坐标则都小于该线性方程。所以 $y=x$ 直线左边的圆点全部映射到逻辑函数大于 0.5 的曲线上，而正方形点则映射到小于 0.5 的曲线上。

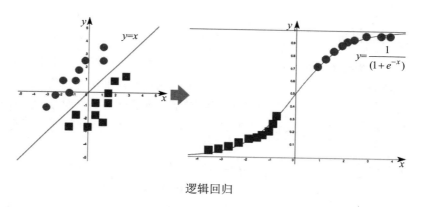

逻辑回归

下面通过一个例子来解释逻辑回归的工作原理，这是一个简单的二元分类问题。假设我们收集了一批学生的学习时间、上课出勤率和考试结果（1 表示通过，0 表示未通过）的数据，我们准备根据学习时间和上课出勤率来预测一个学生是否能通过考试。收集到的 8 个学生样本数据如下。

学生样本数据

学号	学习时间 / 小时	上课出勤率	考试结果
1	2	50%	0
2	3	80%	0
3	4	60%	0
4	5	90%	1
5	6	80%	1
6	4	100%	1
7	6	40%	0
8	3	100%	1

接下来，我们准备使用逻辑回归算法来训练一个预测模型，该模型能学习到学习时间、上课出勤率与考试通过的关系，训练的过程就是寻找最佳的参数。在逻辑回归中，我们使用 Sigmoid 函数作为逻辑函数。它的数学表达式为：

$$Sigmoid = \frac{1}{(1+e^{-z})}$$

其中，z 是一个线性函数，由学习时间、上课出勤率和模型参数决定：

$$z=w_0 \times 学习时间 + w_1 \times 上课出勤率 + w_2$$

在训练过程中，我们要找到最佳的 w_0、w_1 和 w_2，使得逻辑函数能够最好地拟合已知数据。这一过程可以使用梯度下降等优化算法来完成。

一旦得到了最佳的参数值，我们就可以使用该模型来进行预测了。假如有一个学生的学习时间是 4 小时且上课出勤率是 80%，我们可以将 4 和 0.8 代入到逻辑函数中，计算出对应的概率值。如果概率大于 0.5 则预测该学生能通过考试，否则预测该学生不能通过考试。

9.3.5 支持向量机

支持向量机（Support Vector Machine，简称 SVM）是一种广泛应用于数据分类的机器学习算法。它的目标是找到一个最佳的超平面，将不同类别的数据样本分隔开来。超平面是一个概念，是指比当前空间维度低一维的子空间。对于二维空间，超平面是一条直线；对于三维空间，超平面是一个平面；而在更高维度空间中，我们无法可视化超平面，不过它仍然是存在的。

超平面的重要作用是能将空间分割成两部分。如下图所示，一条直线将二维空间中的苹果和香蕉分割成两部分。类似地，一个平面将三维空间中的苹果和香蕉分割成两部分。

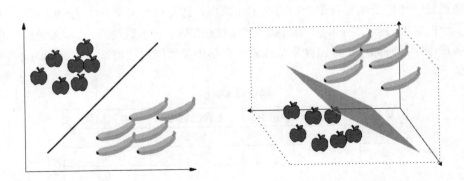

SVM 的超平面

简单来说，SVM 的核心思想是将数据映射到高维空间中，使得数据在该空间中更容易分割。它要求所寻找的超平面具有最大间隔性质，即能够将不同类别的样本点尽可能地分开。这些离超平面最近的样本点被称为支持向量，这也是该算法命名的由来。在下图中，距离超平面最近的两个苹果和两个香蕉都是支持向量，它们决定了超平面的位置和方向。一旦改变了支持向量很可能会直接影响分类的结果，而非支持向量则不会影响超平面的确定，比如比较远的苹果和香蕉的位置改变并不会影响超平面的位置和方向。

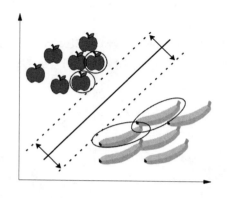

支持向量的样本点

为什么要使间隔最大呢？通过下图可以很清晰地看出来，前三条直线虽然都能正确区分两种类别，但它们更容易将新的数据分错类，即鲁棒性较弱。而间隔最大的第四条直线则鲁棒性最好。

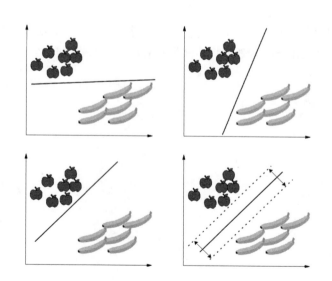

间隔最大的直线鲁棒性最好

下面看 SVM 的 3 个核心点：

● **特征映射**：SVM 使用一个称为核函数（Kernel Function）的技术，将数据从原始特征空间映射到高维特征空间。这样做的目的是为了使数据在高维空间中更容易被分割，比如下图中将原来二维空间中不好分割的样本映射到三维空间中便能达到很好地分割的效果。

- **寻找最佳超平面**：在映射后的高维特征空间中，SVM 需要寻找一个最佳的超平面，使得不同类别的样本点之间的间隔最大化。这个超平面可以看作一个决策边界，将不同类别的样本点分开。
- **样本分类**：当有新的样本点输入时，SVM 会根据它在超平面的位置来判断其所属的类别。样本点在超平面的一侧被归为一类，而在另一侧的样本点则被归为另一类。

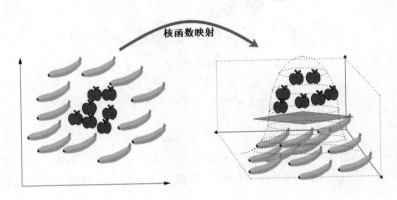

核函数映射例子

总的来说，支持向量机是一种强大的机器学习算法，它在处理分类问题中表现出色。通过寻找最佳超平面，SVM 能够有效地将不同类别的数据样本分割开来。

第**10**章

机器学习如何捕捉关系

在了解了机器学习如何辨别（分类）事物后，下面我们继续了解机器学习如何捕捉事物关系(回归)。回归问题是要先根据数据提取其包含的规律,然后再根据规律去预测新的数据值。

回归问题的目标是预测连续型变量的输出值。例如，我们有一些房屋的数据，其中每个房屋都包含房屋面积、房龄、售价等信息。那么我们可以将这些房屋数据作为训练数据，然后使用机器学习算法来训练一个回归模型，以预测新的房屋销售价格。即将房屋的面积和房龄作为输入数据，将销售价格作为相应的标签数据，然后使用一种回归算法（如线性回归）来训练一个回归模型，使其能够学习到不同房屋特征和其相应销售价格之间的关系。训练完成后，我们就可以使用该模型来对新的房屋进行价格预测。

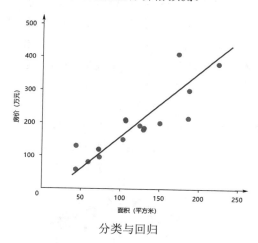

分类与回归

10.1 自然规律的发现

我们生存在一个客观的物理世界中，这个物理世界独立于我们的主观意识和观点存在。它存在于我们的感知之外，并且遵循一系列客观的物理规律。物理世界由物质和能量组成，包括各种物质粒子、物质体和物质场，以及它们之间的相互作用和运动。

我们通过感觉器官与物理世界进行相互作用来建立感知和认知，我们通过视觉、听觉、触觉等感觉来感知物质和能量的存在和运动。基于物理世界中的客观现实所建立的感知和认知将受到物理规律的限制。

这个世界遵循着普遍存在的物理自然规律，如牛顿力学、电磁学、热力学、量子力学等。自然规律是描述自然界中普遍存在的、稳定和可预测的现象和关系的规律性原理。它们是通过科学研究和观察得出的，用于解释和描述自然界中物质和能量的行为。自然规律具有普遍性和适用性，适用于广泛的时间和空间尺度，并可以预测和解释自然界中的各种现象。

客观的物理世界

自然规律包含了描述事物之间的关系，通常使用数学公式或方程来描述，如牛顿的万有引力定律。在 17 世纪，物理学家艾萨克·牛顿观察到苹果落下和行星运动的现象，然后思考背后可能存在的规律。他注意到这些物体似乎还会受到一种力的作用，导致它们的运动和轨道。为了验证他的猜想，牛顿设计了一系列实验和观察，并收集了相关的数据。例如，他研究了月球的运动、陀螺仪的旋转、摆锤的摆动等。基于实验数据的分析，牛顿开始建立数学模型，试图找到描述这些现象的规律关系。他运用数学和物理原理建立了数学模型和方程，试图解释物体运动和轨道的现象。最终，牛顿提出了万有引力定律，即任何两个物体之间存在一个吸引力。这个吸引力与它们的质量乘积成正比，与它们之间距离的平方成反比。牛顿的万有引力定律不仅可以解释行星绕太阳的运动，还能解释地球上物体的自由落体运动、卫星的轨道等现象。该定律经过验证，并被广泛应用于物理学和天文学的领域。

苹果从树上掉下来

通过以上的例子，我们可以知道发现自然规律的过程通常涉及观察、实验、数据分析、模型构建和定律的提出。科学家通过不断地观察和思考，进行实验和数据收集，然后通过数学和理论构建来总结归纳规律，并验证这些规律是否适用于更广泛的情况。从某种程度上来说，科学中一个重要的任务就是寻找描述事物关系的公式。

10.2 机器学习中的变量关系

与发现自然规律的过程相似，使用机器学习捕捉事物间的关系也需要先观察思考可能涉及的所有变量，然后获取数据（如果有必要的话需要从实验中制造数据），然后制定数学方程来尝试拟合这些数据。两者最大的差异在于，自然规律要求数学方程是严格明确且可证明的，而机器学习更偏向于使用一个万能方程来适配样本数据，它不要求严格明确且可证明，它只需找到某个满足要求的方程即可。自然规律偏向于描述事物本质，而机器学习则偏向于模拟事物。

现实世界中很多问题的模型都可以通过若干个变量来描述，并且这些变量所组成的方程式中的因变量和自变量都为连续变量，这类问题在机器学习领域被称为回归问题。所以可以说回归就是用方程来描述若干变量之间的因果关系，是对客观数据的近似描述的一种思想，方程的参数由某种最优化策略来确定。也就是说，因变量的推导由若干自变量共同来决定，而每个自变量都有各自的影响权重（系数），这些权重则由指定的优化策略来确定。

假设某事物及其相关因素具有某种关系，回归的目的就是尝试使用某方程来表示该事物，而一旦我们确定了该方程则意味着我们拥有了预测的能力。比如下面是一个线性方程，有多个因变量及系数，每个因变量都对应着一个因素，因变量是最终的输出结果。这种通过线性方程作为模型的变量关系称为线性回归。

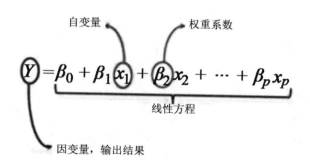

线性回归

为了更好地理解回归问题，我们现在举一个通过线性回归来预测收入的例子。假设想要建立一个模型来预测某个人的收入，首先我们分析影响个人收入的因素，然后尝试定义一个方程来描述收入多少与影响因素之间的关系。这里仅仅以受教育时长作为因素，则可以将收入方程定义为 $y = \beta_0 + \beta_1 x$，其中 y 为收入，x 是受教育月数，β_0 和 β_1 为系数。

如果我们能确定两个系数的值，那么整个方程就确定了。比如 β_0 为 3000、β_1 为 100，则方程为 $y=3000+100x$，β_0 可以认为是没有受过任何教育的人的基本收入为 3000，而 β_1 则表示一个月的教育能让收入增多 100。我们认为输入和输出都是连续变量，属于回归问题，虽然实际上很少说受教育 1.35 个月的，但这个问题的核心是寻找出那条直线方程。

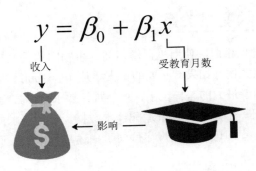

$$y = \beta_0 + \beta_1 x$$

收入　　　　　　　　　　受教育月数

← 影响 —

受教育时长与收入线性回归

在机器学习中，线性回归和非线性回归是两种常见的回归分析方法，用于建立输入变量（特征）和输出变量之间的关系模型。线性回归是假设输入变量和输出变量之间存在线性关系。线性回归模型通过拟合最佳的线性函数来预测输出变量。线性回归适用于输入变量和输出变量之间的简单线性关系，且具有较好的解释性。而非线性回归则假设输入变量和输出变量之间存在非线性关系。非线性回归模型通过拟合非线性函数来预测输出变量。非线性函数可以是多项式函数、指数函数、对数函数、幂函数等。非线性回归适用于输入变量和输出变量之间的复杂非线性关系，可以通过引入更多的特征、多项式转换、基函数扩展等来捕捉非线性关系。

10.3　回归的原理

回归的原理是什么？它是如何产生效果的呢？回归的核心就是确定好方程的形式并且找到适合的方程系数来描述事物。假如方程的形式已经确定，那么剩下的工作就是确定方程的系数。实际上，对于绝大多数问题我们都无法直接通过经验来设置方程的系数，人类并不拥有上帝视角。那么有没有其他办法呢？答案就是通过收集数据样本来确定系数，通过客观事实数据加以统计处理来确定系数。

如下图所示，假设我们收集到 6 个数据样本，然后通过这些数据样本来确定一个代表这些数据的方程。当然实际情况会需要更多的数据样本，并且要求数据样本需要覆盖现实客观情况，符合实际分布。现在我们假设了方程的形式为 $y=\beta_0+\beta_1 x$，那么 β_0 和 β_1 就是要确定的系数。有了这个方程后我们就认为我们的方程能最好地描述这些数据点，即该方程最能代表客观情况。

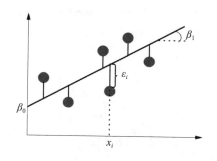

方程与实际值的误差

  很明显，我们没有办法直接想一个系数填上去，但可以从整体上去思考，那就是要让这个方程描述的点与所有数据样本的误差之和最小。所以确定系数值的核心策略就是让该方程的总误差最小，其中 ε_i 表示第 i 个点的误差，所有点的误差之和即为总误差。根据总误差最小的规则就能找到 β_0 和 β_1 值，对于方程而言，β_0 称为偏置，而 β_1 称为斜率。

  在机器学习中，线性回归是最经典的回归算法。我们以线性回归为例讲解回归的原理，其他算法的本质其实都类似。线性回归是一种用于建立连续输入变量和连续输出变量之间线性关系的机器学习算法，它通过建立一个线性方程，将自变量（输入）与因变量（输出）之间的关系进行建模。这种关系可以表示为一条直线，在二维情况下就是一条直线，而在更高维度下则是一个超平面。

  线性回归假设自变量和因变量之间存在线性关系，也就是说，自变量的每一个单位的变化，都会导致因变量按照一个固定的比例进行相应的变化。这个比例由线性方程中的斜率表示。线性回归的目标是找到最佳的拟合直线，使得该直线能够最好地描述数据点之间的关系。最常用的方法是最小二乘法，即通过最小化实际观测值与预测值之间差异的平方和来确定最佳拟合直线。这意味着线性回归需要寻找一条直线，使得所有数据点到该直线的距离之和最小。

  线性回归是一个简约又强大的模型。说它简约是因为我们可以通过二维平面的一元线性方程来了解线性回归的基本思想，而说它强大则是因为通过多元线性方程能够对非线性关系进行建模。一元线性方程即自变量 x 到因变量 y 的映射，多元线性方程则是两个以上自变量到因变量的映射，比如 x_1、x_2、x_3、x_4、x_5 到 y 的映射。

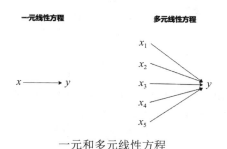

一元和多元线性方程

我们经常会以三维空间的视角误将线性回归与直线对等起来，其实线性回归并不仅仅包括二维平面的直线方程，在多元线性方程中将对应着 n 维空间的超平面。我们以二元线性方程为例，此时的方程刚好对应三维空间的一个超平面。

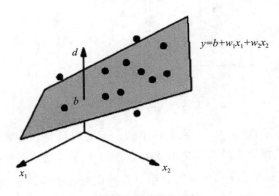

多元线性超平面

在线性回归中经常使用均方误差（Mean Squared Error，MSE）作为误差的描述，即真实数据与预测数据对应点误差的平方和的均值，$MSE = \dfrac{1}{n}\sum_{n}^{i=1}(y_i - y_i')^2$。下图中圆点为真实数据点，正方形的点为预测数据点，直线为回归方程，真实值与预测值之差的平方用于表示两者的误差大小。在图中，6 个点的误差之和再除以 6，得到的就是均方误差。线性回归中最常用的优化方法为最小二乘法，它的核心思想就是最小化均方误差。

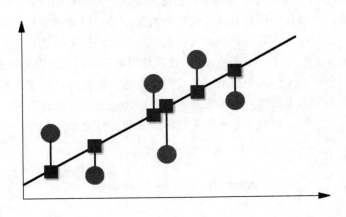

均方误差

我们继续通过预测房屋售价的建模过程来深入理解回归原理。假设我们有 10 个样本，每个样本有 2 个特征，分别是房屋面积（平方米）和房龄（年），以及一个标签，表示房屋售价（万元）。我们的目标是通过这些样本来训练一个模型，可以根据房屋的面积和房龄来预测售价。

房屋面积 / 平方米	房龄 / 年	售价 / 万元
80	1	120
120	1	180
100	2	140
70	1	100
150	3	220
90	2	130
110	1	160
130	2	190
140	3	200
100	1	150

在监督学习中,我们可以采用线性回归模型来实现房价预测。线性回归模型的假设函数为:

$$y' = w_0 + w_1 x_1 + w_2 x_2$$

其中,y' 是模型的预测值;w_0 是偏置项;w_1 和 w_2 是特征的权重;x_1 和 x_2 是样本的特征。为了方便,我们可以将偏置项 w_0 和特征的权重 w_1 和 w_2 组成一个向量 w:

$$w = [w_0, w_1, w_2]$$

在线性回归模型中,我们需要选择一个损失函数来衡量模型的预测误差。为什么需要损失函数呢?其实是为了描述函数预测出来的值与真实值之间的误差,这样就能指导函数往更加准确的方向优化,也就是说我们必须要定义一个评价预测结果好坏的标准,然后才能通过梯度下降法来找到最优解。一般情况下,我们可以选择均方误差作为损失函数,其公式为:

$$MSE = \frac{1}{n} \sum_{i=1}^{n} (y_i - y_i')^2$$

其中,n 是样本的数量;y_i 是第 i 个样本的真实售价;y_i' 是模型的第 i 个预测结果,两者差的平方就是一个样本的误差大小,全部加起来就是所有样本的误差总和。我们的目标是最小化均方误差,也就是尽可能让模型的预测值接近真实售价。为了最小化均方误差,我们可以使用梯度下降法来更新模型的参数。梯度下降法的核心思想是:沿着损失函数梯度的相反方向移动,可以逐步降低损失函数的值,直到达到最小值。

对于线性回归模型,我们可以使用下面的公式来更新参数 w:

$$w_{new} = w_{old} - \text{learning\_rate} \times \text{gradient}$$

其中,w_{new} 表示更新后的参数;w_{old} 表示更新前的参数;learning_rate 表示学习率(即每次),gradient 表示梯度。现在我们可以使用上述公式来训练线性回归模型。

我们可以初始化模型的参数。在这里，我们可以将偏置项设置为0，将特征的权重设置为一个随机小数。比如

$$w=[0, 0.3, 0.4]$$

然后我们开始训练模型。在每次迭代中，我们需要对每个样本进行预测，计算预测值和真实值之间的误差，然后根据梯度下降法的公式更新模型的参数。具体来说，我们可以按照如下5个步骤进行迭代：

（1）对于每个样本，通过下面的函数计算预测值，其中w_0、w_1和w_2都已经在前面设置了初始值。

$$y' = w_0 + w_1 x_1 + w_2 x_2$$

（2）计算每个样本的预测值和真实值之间的误差，比如对于第一个样本，$x_1 = 80$，$x_2 = 1$，那么预测值$y_1' = 0 + 0.3 \times 80 + 0.4 \times 1 = 24.4$，则误差error=120-24.4=95.6。其他样本的误差也按同样的方法计算。

$$error = y - y'$$

（3）根据下面的公式分别计算w_0、w_1和w_2三个参数对应的梯度，其中sum(error)表示所有样本的误差和，这三个公式都是根据梯度下降法分别对MSE损失函数求偏导得到的。假如10个样本的误差和为400，即$sum(error) = 400$，则$gradient_0 = -80$。而$sum(error \times x_1)$是指每个样本的误差error乘以对应样本的x_1，然后将所有值加起来。

$$gradient_0 = -\frac{2}{n} \times sum(error)$$

$$gradient_1 = -\frac{2}{n} \times sum(error \times x_1)$$

$$gradient_2 = -\frac{2}{n} \times sum(error \times x_2)$$

（4）根据下面梯度下降法的公式更新模型的参数，分别计算新的w_0、w_1和w_2的参数值。这三个参数$[w_0, w_1, w_2]$正是线性回归方程中对应的参数，新的参数值能让整体误差更小。

$$w_{new} = w_{old} - learning\_rate \times gradient$$

（5）根据新的参数重新从第（2）步开始执行，去计算预测值和真实值之间的误差，然后再计算出能让误差更小的参数。

10.4　欠拟合与过拟合

当我们使用回归来对事物建模时，可能会遇到欠拟合（Underfitting）与过拟合（Overfitting）现象。欠拟合指的是模型在训练数据上表现不佳，无法很好地捕捉到数据中的关键模式和趋势。这种情况下，模型的表现往往太简单，无法完整地描述数据的复杂性。举个例子，如果我们试图用一条直线来拟合一个非常复杂的非线性数据集，那么这条直线就无法很好地拟合数据

中的细节和变化。在欠拟合的情况下，模型会出现低训练和测试准确度，预测结果也会不准确。

过拟合则是指模型在训练数据上表现得过于出色，几乎能够完美地拟合每一个数据点。然而，当我们将这个过拟合的模型应用到新的数据上时，它的表现就会大幅下降。过拟合的模型过于复杂，过分关注训练数据中的噪声和异常点，以至于将噪声数据的特征也学习到了，而忽略了数据中的真实趋势。这种情况下，模型可能会出现高训练准确度但低测试准确度，预测结果也很可能偏离真实值。

通过下图来理解欠拟合和过拟合现象。假设存在一批数据，下图（a）中使用 $y = \beta_0 + \beta_1 x$ 来捕捉这些数据的关系，很明显它无法完整捕捉到数据的特征。我们增加模型的复杂性来解决这个问题，将模型变为 $y = \beta_0 + \beta_1 x + \beta_2 x^2$，此时基本能很好地拟合数据样本如下图（b）所示。如果我们再继续增加模型的复杂度，比如使用 $y = \beta_0 + \beta_1 x + \beta_2 x^2 + \beta_3 x^3 + \beta_4 x^4$ 来拟合数据，情况则变为图（c）所示，此时就变成了过拟合。

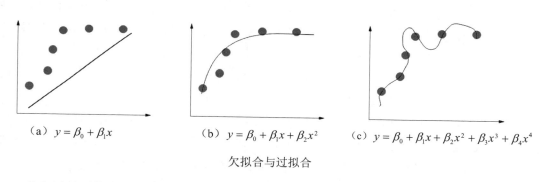

（a）$y = \beta_0 + \beta_1 x$　　　（b）$y = \beta_0 + \beta_1 x + \beta_2 x^2$　　　（c）$y = \beta_0 + \beta_1 x + \beta_2 x^2 + \beta_3 x^3 + \beta_4 x^4$

欠拟合与过拟合

我们以前面的房屋售价预测为例说明欠拟合，我们收集到的样本包含房屋面积和房龄两个特征。现在准备使用线性回归模型来进行建模，假设价格与面积之间存在一个线性关系，先忽略房龄这个特征。我们选择使用简单的直线来拟合这些数据，当训练完模型后发现这个模型无法很好地捕捉到数据中的关系，并且无法很好地拟合这些数据点。这就是欠拟合的情况。

当我们将这个欠拟合的模型应用到测试数据上时，它的性能也会很差。它无法很好地预测测试数据中的价格，因为它没有完整学习到数据中的关系。解决欠拟合问题的方法包括增加更多的特征、增加模型的复杂度或使用更复杂的算法，以更好地捕捉数据中的非线性关系和复杂性。此时我们再加入房龄这个特征，模型就能有所改善。

同样是房屋售价预测，假设使用四次多项式来拟合样本数据。训练后我们发现它能完美地拟合每一个数据点，然而当我们将这个模型应用到实际情况时却表现得很差。这是因为模型过于复杂，它能够完美地拟合训练集中的每一个数据点，包括其中的噪声和异常值。模型过度关注训练数据中的细节，导致它无法泛化到新的数据上。当我们使用这个过拟合的模型来预测未见过的房屋时，它也会给出不准确的预测结果。针对过拟合问题我们可以降低模型复杂度或采用更简单的模型算法，也可以使用正则化技术或增加样本数据来缓解过拟合问题。

欠拟合和过拟合都是机器学习中常见的问题，需要通过不断的调试和优化来找到合适的平衡点，以达到模型在训练数据和新数据上都能够表现良好的目标。

10.5　常用的回归算法

通过上面的学习我们已经基本掌握了机器学习回归及其原理，实际上所有回归算法都通过数据来驱动模型，属于基于数据的回归算法。所有回归算法的核心思想都是一致的，即制定误差来描述方程与实际值的比对并使误差总和最小化。下面我们来看看机器学习中常见的分类算法。

10.5.1　线性回归

首先介绍的是常见且简单的回归算法——线性回归（Linear Regression），它用于建立变量之间线性关系的预测模型，根据输入变量的值预测输出变量的值。在线性回归中，我们假设输入变量与输出变量之间存在线性关系。该关系可以用以下的线性方程表示：

$$y = \beta_0 + \beta_1 x_1 + \beta_2 x_2 + \cdots + \beta_n x_n$$

其中 y 是输出变量的值（预测值），而 x_1、x_2、$\cdots$、x_n 为输入变量的值，β_0、β_1、β_2、$\cdots$、β_n 是模型的参数，代表了变量之间的权重。线性回归的目标是通过样本数据来估计权重参数的值，使得预测值与实际值之间的误差最小化，通常使用最小二乘法来求解参数的最优值。如下图所示，假设只有一个输入变量，所有圆点是收集的样本数据，那么线性回归最终是找到了一条误差最小的直线，即 $y = \beta_0 + \beta_1 x_1$。

线性回归的优点包括模型简单、计算效率高、可解释性强。然而线性回归也有一些限制，例如，它假设变量之间存在线性关系，忽略了非线性关系的影响；同时线性回归对异常值也比较敏感。

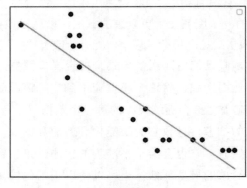

线性回归

10.5.2 多项式回归

多项式回归（Polynomial Regression）是线性回归的一种扩展形式，与线性回归不同的是，多项式回归在模型中引入了自变量的高次幂，以捕捉自变量与因变量之间的曲线关系。多项式回归模型可以表示为：

$$y = \beta_0 + \beta_1 x + \beta_2 x^2 + \cdots + \beta_n x^n + \varepsilon$$

其中 y 表示因变量；x 表示自变量；β_0、β_1、β_2、$\cdots$、β_n 表示回归系数；x^n 表示自变量 x 的 n 次幂；ε 表示误差项。通过引入自变量的高次幂，多项式回归可以拟合为更复杂的曲线关系。例如，如果原始数据显示出曲线形状的趋势，而线性回归无法很好地拟合这种曲线，则可以尝试使用多项式回归来更好地逼近数据。

多项式回归可以通过与线性回归相同的方法进行求解，例如最小二乘法。通过选择适当的多项式阶数，可以平衡模型的拟合能力和过拟合的风险。过高的阶数可能会导致模型过度拟合训练数据，而无法很好地预测新数据。

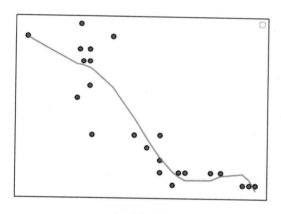

多项式回归

10.5.3 支持向量回归

支持向量回归（Support Vector Regression，SVR）是一种机器学习回归算法，它是支持向量机的扩展，SVR 使用支持向量机的思想来处理回归问题。它的目标是通过在特征空间中找到一个超平面，使得训练样本点尽可能地接近这个超平面，同时保持误差在一定范围内。SVR 通过将输入空间映射到一个高维特征空间中，并寻找一个超平面来最好地拟合数据。它通过核函数来实现非线性回归，以便能灵活地处理非线性关系。

支持向量回归的关键思想是寻找一个问题的最优化的解，即在容忍度范围内最大化边界之外数据点的数量。支持向量回归还引入了一个惩罚参数，用于平衡边界之外数据点的数量和误差的平方和之间的权衡。下图是支持向量回归对同一批样本数据拟合的效果。

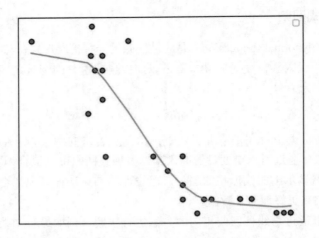

支持向量回归

10.5.4　决策树回归

决策树回归（Decision Tree Regression）是一种基于决策树的机器学习算法，用于解决回归问题。与分类问题中的决策树类似，决策树回归通过构建一棵树形结构来建模和预测连续型的输出变量。

决策树回归的基本思想是将输入空间划分为多个矩形区域，并在每个区域内拟合一个简单的线性模型，即在每个叶子节点上拟合一个常量值。决策树根据特征的取值将样本分割成不同的子集来构建模型。每个内部节点代表一个特征测试，每个叶子节点代表一个预测值。如下图所示，可以看到在自变量方向上由不同的常量值组成。

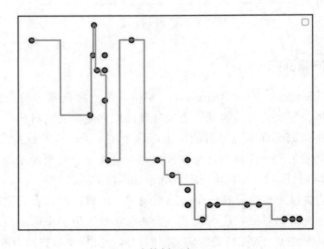

决策树回归

第**11**章
机器学习如何无师自通

前面我们介绍了机器学习如何辨别事物以及如何捕捉事物变量之间的关系，它们都属于监督学习的范畴。不管是分类问题还是回归问题，它们都有一个共同点：那就是它们的数据样本都需要人工进行标注。监督学习经常被业内人士调侃："有多少人工，就有多少智能"，这已足以体现监督学习的特点。那么除了这种需要大量人工介入的学习方法之外，有没有不需要人工标注数据的学习方法呢？本章我们来学习无监督学习。

11.1　无监督学习

无监督学习（Unsupervised Learning）是机器学习中的一种方法，其目标是从无标签数据中发现隐藏的模式、结构和关系。与监督学习不同，无监督学习不需要人工的指导，即无须使用标记好的数据作为输入，无须指定样本的输出是多少或者属于哪个类别。

在无监督学习中，算法通过对数据的属性统计、相似性或潜在结构进行建模和分析，以发现数据中的内在结构和关系。这种学习方式通常可以帮助我们获得对数据集更全面的认识，找出其中的规律和趋势，发现异常值或群组等。无监督学习在处理大规模未标记数据时非常有用，因为无须人工标注数据即可获取有价值的信息。

我们想象一下刚开始认识世界的幼儿是如何识别小狗的，他在家里看到一只动物，它包含四条腿、两只耳朵、一条尾巴、"汪汪"的叫声、柔软的毛等属性特征。假如他在外边看到另外一只小狗，那么他根据属性特征就能够识别出这只动物跟家里的是一样的，但他并不知道这类动物叫"狗"，这就好比无监督学习。如果大人告诉幼儿"你看到的动物叫小狗"，那么他就知道了长什么样的动物是狗，这就好比是监督学习。

如下图中，原始数据中包含了不同形状的物体，但我们并不知道哪些是所谓的"圆形"，哪些是"正方形"。对于无监督的学习方式，我们让机器自己去计算各种形状的差异从而让它们各自聚集起来。此时的核心工作就是要找出具有区分能力的模式，比如边的数量、长宽比例、边是否为曲线等。通过这些潜在的规律就能识别出原始数据中不同形状的物体，但机器并不知道谁是三角形，谁是正方形，甚至不知道是否存在分类和有几个分类。

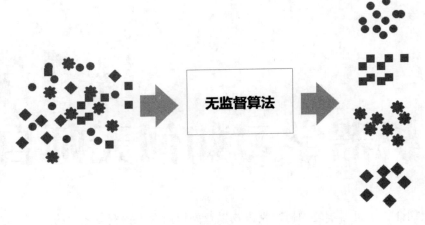

无监督学习

11.2　无监督学习类型

无监督学习大体可以分为四类：聚类（Clustering）、降维（Dimensionality Reduction）、关联规则（Association Rule）以及异常检测（Anomaly Detection）。

- **聚类**：它是一种常见的无监督学习技术，基于数据的特征将相似的数据点分组在一起。正所谓物以类聚人以群分，通过把某种特征作为标准将相似的物体聚到一起。比如以欧氏距离作为评判标准，距离越近就说明越相似。聚类可以帮助我们发现数据中隐藏的群组或簇，并识别出相似的数据点。

- **降维**：顾名思义就是减少维度，将高维数据转换为低维表示，同时尽可能保留原始数据的关键信息。为什么可以降维呢？在建模过程中每个维度都对应着一个事物属性，某个学习任务可能涉及很多属性。这么多属性对模型的影响并非都是一样的，也就是说属性的重要性程度并不相同。此时就可以通过降维来将重要的属性提取出来，把影响较小的因素去掉，以简化问题。需要注意的是，降维并非无成本的，它以损失信息量作为代价。所以我们的目标是尽可能地减少数据的维度，同时又要减少信息损失，以找到能够保留重要信息的更简洁的数据表示。

- **关联规则**：它是发现数据集中各项之间关联关系的过程，通过分析数据中的项与项之间的关联性，可以揭示隐藏的关联关系，让我们从数据中发现有趣的关联。比如在购物篮分析中，关联规则可以揭示哪些商品经常一起购买，一个简单的例子是"购买尿布的人也可能需要购买奶粉"，从而帮助商家制定推荐策略。

- **异常检测**：它是识别数据中显著偏离正常状态的异常数据点的过程，帮助我们发现那些与其他数据点不同的特殊或异常数据。这在许多领域中都有应用，如欺诈检测、设备故障检测等。

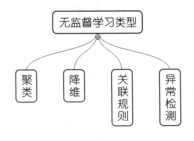

无监督学习类型

11.3 聚类

聚类的核心思想是将数据分成相似的组或簇，使得同一簇内的各数据点之间的相似度高，而不同簇之间的数据点相似度低。聚类算法的目标是在没有先验标签或类别信息的情况下，通过数据点之间的相似性或距离度量来发现隐藏的结构和模式。聚类的核心在于定义相似性度量，比如距离、相似度或密度等，具体的有欧氏距离、曼哈顿距离、余弦相似度等，通过它们来衡量数据点之间的相似性。

聚类算法根据相似性度量将数据点组织成簇。簇是数据点的集合，具有一定的内部相似性和外部差异性。聚类可以看成是无标签数据的分类，我们希望聚成的类别类内差异小类间差异大。聚类在现实中的使用场景有很多，而且聚类也有很多不同的实现算法，例如 K 均值聚类、层次聚类、密度聚类等。

11.3.1 K 均值聚类

K 均值（K-means）是一种常用的聚类算法，其核心思想是将数据分成 K 个簇，每个簇由其内部所有数据点的平均值表示，使得簇内的数据点相似度最高，而不同簇之间的相似度最低。

它的核心思想是根据给定的 K 个初始聚类中心将样本中的每个点都分到距离最近的类簇中，当所有点都分配完后再根据每个类簇的所有点重新计算聚类中心，一般是通过平均值计算。然后再将每个点分到距离最近的新类簇中，不断循环此操作，直到聚类中心不再变化或达到一定的迭代次数。具体的步骤如下。

（1）选择 K 个初始聚类中心，可以是随机选择或手动指定。

（2）对每个数据点，计算其与各个聚类中心的距离，并将其分配给距离最近的聚类中心所对应的簇。

（3）对每个簇，计算其内部所有数据点的平均值，将该平均值作为新的聚类中心。

（4）重复步骤（2）和步骤（3），直到满足终止条件（如达到最大迭代次数或聚类中心不再改变）。

（5）聚类完成，每个数据点都将归属于一个最终确定的簇。

如下图，看看 *K*-means 的聚类过程。假设有 A、B、C、D、E 5 个数据点，开始时随机选择两个初始聚类中心点，分别计算到 5 个点的距离，A 和 B 属于上面的聚类中心，而 C、D 和 E 则属于下面的聚类中心。计算 A 和 B 的平均值并将其作为新的聚类中心点，同样地，也计算 C、D 和 E 的平均值并将其作为另一个聚类中心点。此时 A、B 和 C 属于第一个聚类，D 和 E 属于第二个聚类。最后发现两个聚类中心点都不再改变，于是完成了整个聚类过程。

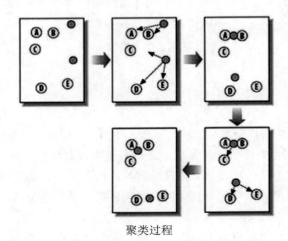

聚类过程

举个现实生活中的例子，假如政府准备在某个地区建设若干个大型医院，医院将形成若干个聚类，附近的小区根据距离的大小归类到对应医院中。这时应该减少几座医院，这些医院又应该如何选址呢？我们的目的是要尽可能让聚类密集，从而使得各个小区到各自医院的距离最短。此时就可以通过 K 均值聚类来实现，现在假设要建设 3 所医院，初始时随机将 3 所医院放到任一位置。然后按照 K 均值聚类的过程逐步执行就能不断得到越来越符合要求的位置，最终以 3 所医院为中心形成 3 个聚类。

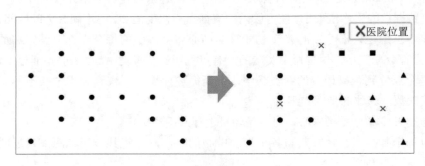

医院选址

11.3.2　层次聚类

层次聚类（Hierarchical Clustering）是一种基于树形结构的聚类方法，它将数据集逐步划分或合并为不同的簇，形成一个层次结构。这种聚类方法不需要预先指定聚类个数，而是通过计算数据点之间的相似度或距离来构建聚类结果。层次聚类可以分为 2 种类型：凝聚型和分裂型。

凝聚型层次聚类从把每个数据点都作为 1 个簇开始，然后逐渐将相似度最高的簇合并，直到达到指定的停止条件。该方法的基本步骤如下：

（1）将每个数据点都作为 1 个初始簇。

（2）根据选择的相似度或距离度量计算任意 2 个簇之间的相似度或距离。

（3）找到相似度最高或距离最近的 2 个簇，并将它们合并为 1 个新的簇。

（4）根据选择的相似度或距离度量，更新合并后的簇与其他簇之间的相似度或距离。

（5）重复步骤（3）和步骤（4），直到满足停止条件（例如达到指定的簇数）为止。

如下图，刚开始对 6 个数据点分别计算两两之间的距离，其中 b 和 c 合并，d 和 e 也进行合并。于是有 a、bc、de、f 4 簇，如果再进一步计算则 de 和 f 合并，最终有 a、bc 和 def 3 个簇。

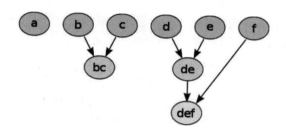

层次聚类

分裂型层次聚类与凝聚型相反，它从一个包含所有数据点的簇开始，然后逐渐将簇分裂为更小的子簇，直到满足停止条件。

11.3.3　密度聚类

密度聚类（Density-based Clustering）是一种基于密度的聚类方法，它根据数据点之间的密度和距离关系进行聚类，它可以发现具有不同密度的数据点并形成聚类。与传统的聚类算法不同，密度聚类可以发现具有不同形状和大小的聚类，并且不需要预先指定聚类的数量。

密度聚类算法将数据点分为核心点、边界点和噪声点，并通过数据点之间的密度可达性来确定聚类。其中核心点是在指定半径内具有足够数量邻居点的数据点。边界点是在指定半径内存在但没有足够数量的邻居点的数据点，但它位于核心点的邻域内。噪声点是在指定半径内没有邻居点的数据点。如下图中，假设最小邻居数为 3，所有标为"1"的 5 个点为核心点。标为"2"的 3 个点为边界点，它们都处于 5 个核心点半径范围内。标为 "3" 的 3 个点为噪声点，它们都处于核心点半径范围外。此外还有一个重要的概念，密度可达是指在所有相连的核心点的半径范围内的点都能互相连接，比如下图中任意两 2 个边界点都能通过若干核心点连接起来。

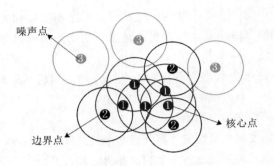

核心点、边界点与噪声点

密度聚类算法的核心思想是通过在数据集中寻找密度相连的核心点来形成聚类。具体步骤如下：

（1）**初始化参数**，设定好半径及最小邻居数 2 个参数。

（2）**计算密度**，对于每个数据点，计算其半径范围内的数据点数量（包括自身）。

（3）**标记核心点**，将具有大于或等于最小领域内数据点数量密度的点标记为核心点。

（4）**找出密度可达点**，对于每个核心点，找出其在半径范围内的密度可达点，即与该核心点相距不超过半径范围的点（包括核心点和边界点）。

（5）**构建聚类**，基于密度可达关系，将所有相连的核心点及其密度可达点组合成聚类。

（6）**标记噪声点**，将没有密度可达点的非核心点标记为噪声点。

根据上述步骤并结合下图，我们来看看密度聚类的过程。对于待聚类的数据点，我们设定了 1 个半径的大小以及最小邻居数为 2（在半径范围内如果加上自己则数据点总数为 3）。然后计算密度，找到核心点和对每个核心点找出其半径范围内的密度可达点，包括核心点和边界点。下图中的大圆圈为每个点的半径范围，对应范围内的点都是邻居点，可以看到有些点包含的邻居数为 0，而有些点为 1 或 2 等。最后根据密度可达关系将所有相连的点组合成 1 个聚类，剩下的没法聚类的点就是噪声点，最终形成 2 个聚类。

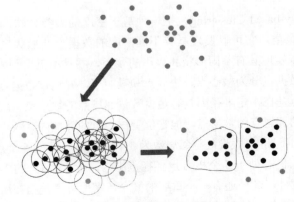

密度聚类过程示意图

11.4　降维

　　降维（Dimensionality Reduction）是指将高维数据映射到低维空间的过程，它的目的是将高维数据转换为低维表示。在机器学习中，数据往往会包含很多特征或维度，这些特征可能包含冗余信息、噪声或不相关的信息，降维的目的是通过保留关键信息和减少冗余来简化数据，这样可以降低计算成本和数据复杂性。如下图，由原来的三维数据降低到二维，同时又能保留原来数据的关键信息。

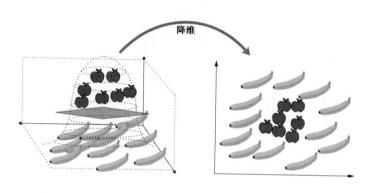

降维

　　常用的降维方法可以分为两类：特征选择（Feature Selection）和特征提取（Feature Extraction）。特征选择是指从原来的所有特征中选择最具有代表性或有用的若干特征，可以通过评估特征之间的相关性、重要性或信息量来选择特征。特征提取是通过线性或非线性变换将原始特征映射到低维空间，特征提取的目标是找到能够保留最大信息量的新特征集。对于降维操作来说，通常一个维度对应一个特征。

　　以一个例子来说明特征选择。假设我们有一个房屋销售数据集，它包含很多个特征，比如房屋面积、房间数量、地理位置、年份以及销售价格。现在我们想要挑选出最具有预测能力的若干特征来预测房屋销售价格。那么就可以使用相关系数来评估各个特征与销售价格之间的相关性，假设我们通过计算得出以下特征与销售价格之间的相关系数。

- 房屋面积与销售价格之间的相关系数为 0.85。
- 房间数量与销售价格之间的相关系数为 0.75。
- 地理位置与销售价格之间的相关系数为 0.40。
- 年份与销售价格之间的相关系数为 0.20。

　　根据相关系数的结果，我们可以初步判断房屋面积和房间数量与销售价格之间存在较强的正相关关系，而地理位置和年份与销售价格之间的相关性较弱。于是我们认为房屋面积和房间数量与销售价格比较相关，选择它们作为特征。实际上，并不是说另外两个特征对销售价格完全没有影响，我们只是在尽量减少数据维度和尽量保留原来信息之间做一个平衡取舍。

第二种降维方法是特征提取，经典的算法是主成分分析（Principal Component Analysis，PCA），用于将高维数据集转化为低维表示，同时保留数据的主要变化信息，它能简化数据结构。高维到低维意味着将多个变量转化成少数的几个综合变量，而综合变量能很好地表达原来多个变量的大部分信息。原来变量之间需要具备相关性，而经过分析后的变量之间则没有相关性。

下面我们从感性角度来了解主成分分析的原理，如下图（a），有一批数据集通过 x 和 y 两个变量来描述。从 x 和 y 两个维度上看，它们所包含的信息量差不多，因为 x 的改变量会导致 y 发生差不多同等的改变，很明显此时不能通过直接忽略某个变量而达到降维。我们尝试创建一个新的坐标系 x' 和 y'，这个坐标的 x' 轴的走势与数据集的某个方向一致，可以看到新坐标系下 x' 轴方向所包含的信息量远远大于 y' 轴的，这样我们就可以忽略掉 y' 轴了。于是我们就能够用 x' 轴来表示原来两个维度的信息，因为 x' 的改变基本只会导致 y' 很小的变化，所以可以直接忽略掉 y' 轴，也就达到了降维的效果。类推到多维情况也是如此的。这就是主成分分析的核心原理，通过数据或坐标轴的转换达到降维的效果，达到提取主要特征的效果。

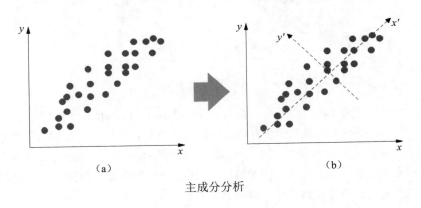

主成分分析

11.5　关联规则

关联规则是无监督学习中另外一种常用的技术，用于发现数据中的频繁项集及它们之间的关联关系，关联规则分析可以帮助我们发现数据集中的隐藏模式和相关性。这些规则通常以"如果……那么……"的形式来表示，其中"如果"部分称为前提，"那么"部分称为结论。

关联规则的两个重要概念是支持度和置信度。支持度指的是一个规则在数据集中出现的频率，即规则的前提和结论同时出现的概率。置信度指的是规则的前提出现的条件下，结论也同时出现的概率。

关联规则可以帮助我们从数据中发现有趣的关联关系，最经典的一个场景就是购物篮分析，通过对顾客的购物清单进行分析能够找到很多有趣的关联关系，超市可以根据这些规律来安排货物的摆放或定制促销活动等。其中最经典的案例就是纸尿裤与啤酒，美国沃尔玛的某个销售经理经过对数据的研究发现一个规律：很多年轻的父亲会在超市里购买纸尿裤的同时买一些啤酒。然后沃尔玛就将纸尿裤和啤酒放到相邻的货架上，从而让这两款商品的销售量增加了很多。

现在我们来详细看看购物商品的分析过程，如何使用关联规则来发现超市购物篮中商品之间的关联关系。假设我们收集到了某个超市的交易数据，其中包含了若干顾客的购物篮信息。假设有如下 5 个交易数据：

交易数据表

交易	商品
购物篮 1	牛奶、面包、黄油
购物篮 2	牛奶、面包
购物篮 3	牛奶、啤酒、鸡蛋
购物篮 4	面包、黄油
购物篮 5	牛奶、面包、黄油、啤酒

第一步，我们先设定支持度和置信度的阈值都为 50%，进而我们希望找到支持度大于或等于 50% 和置信度大于或等于 70% 的规则。

第二步，我们来寻找频繁项集。计算每个商品的支持度，即出现在购物篮中的频率。前面我们已经设定了最小支持度阈值为 50%，根据交易数据计算所有商品的支持度。详细情况见下表：

各商品支持度表

商品名称	出现次数	支持度
牛奶	4	80%
面包	4	80%
黄油	3	60%
啤酒	2	40%
鸡蛋	1	20%

上表分别列出了每种商品的支持度，根据最小支持度阈值，我们确定了频繁项集包括牛奶、面包和黄油。

第三步，寻找关联规则。对于每个频繁项，生成所有候选规则。关联规则见下表：

关联规则表

规则名称	详细规则
规则 1	牛奶 → 面包
规则 2	牛奶 → 黄油
规则 3	面包 → 黄油
规则 4	面包 → 牛奶
规则 5	黄油 → 牛奶
规则 6	黄油 → 面包
规则 7	牛奶、面包 → 黄油
规则 8	牛奶、黄油 → 面包
规则 9	黄油、面包 → 牛奶

第四步，计算置信度。我们计算每个关联规则的置信度，详细情况见下表。筛选出置信度大于或等于 70% 的规则，符合的有规则 1、规则 3、规则 4、规则 6 以及规则 8。

规则置信度表

规则名称	前提出现次数	结论出现次数	置信度
规则 1	4	3	75%
规则 2	4	2	50%
规则 3	4	3	75%
规则 4	4	3	75%
规则 5	3	2	66.7%
规则 6	3	3	100%
规则 7	3	2	66.7%
规则 8	2	2	100%
规则 9	3	2	66.7%

经过上面的四步计算我们得到了符合要求的规则，如何理解这个规则呢？比如规则 1 表示如果一个顾客购买了牛奶，那么他有 75% 的概率也会购买面包。而规则 8 表示如果一个顾客同时购买了牛奶和黄油，那他就 100% 会购买面包。

由此可以看出关联规则分析能够帮助我们发现超市商品之间的关联关系，从而改进商品摆放、交叉销售策略或推荐系统等，达到提升销量的目的。

商品分析

11.6 异常检测

异常检测（Anomaly Detection）是指在给定的数据集中识别出与期望行为明显不同的异常数据点或事件。异常检测常用于发现罕见、突发或异常的情况，这些情况可能具有重要的意义和价值，比如异常交易、设备故障、网络攻击等。异常有不同的表现形式。如下图（a）是一个时序类型的数据点，如果大多数数据点都平稳在某个区间，那么明显超出区间范围的2 个点就可以定义为异常点。下图（b）是另外一种表现形式，两个数据群组内的点都比较紧密地聚集在一起，而另外 3 个点则远离这两个群组，这 3 个特殊点也可以定义为异常点。

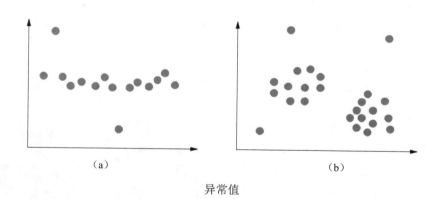

（a）   （b）

异常值

异常检测方法有很多种，我们需要根据数据的特点和问题的需求采用不同的检测方法。常见的异常检测方法有如下 4 类：

- **基于统计的方法**，此类方法假设正常数据点符合某种统计分布，然后通过计算数据点与该分布之间的偏差来识别与正常模式差异较大的数据点。常用的统计方法包括均值、方差、中位数绝对偏差等。比如上图（a）的数据点我们可以先计算平均值，然后每个点与均值相减，超出某个阈值的点则认为是异常点。
- **基于距离的方法**，此类方法通过测量数据点之间的距离或相似性来识别异常，常用的距离是欧氏距离。比如可以计算某个点与最近数据点的距离，如果超出某个阈值则认为该数据点是异常点。

- **基于密度的方法**，此类方法基于数据点周围的密度来识别异常。它们假设正常数据点的密度较高，而异常数据点的密度较低。比如设定一个半径值以及密度值，然后分别计算每个点在指定半径内的点的密度是否大于设定的密度值，如果没有达到指定的密度则认为该点是异常点。

- **基于聚类的方法**，此类方法试图将数据集划分为不同的簇，然后检测出与簇中心差异较大的数据点作为异常值。比如使用前面学习的 K 均值聚类算法将所有数据点分成若干组，然后将远离聚类中心的点作为异常点。

11.7 监督学习与无监督学习

对比前面的监督学习，思考下监督学习与无监督学习之间有什么差别？实际上，监督学习和无监督学习是机器学习中两种不同的学习方式，它们的主要区别在于数据的标签和学习目标。

在数据标签方面，监督学习使用有标签的数据进行训练，每个数据样本都有对应的输入特征和输出标签，标签提供了预先定义的答案。而无监督学习则使用无标签的数据进行训练，没有预先给定的输出标签。数据只包含了输入特征，没有对应的输出标签。

在学习目标方面，监督学习的目标是根据输入特征来预测新的未标记数据。算法通过学习输入特征和对应的输出标签之间的关系来建立一个模型，以便在给定新的输入时进行预测。而无监督学习的目标则是发现数据中的模式和关系，或者进行其他无须标签的任务，如聚类、降维或异常检测。

简单形象地看，监督学习和无监督学习就好比老师给两个学生授课。名为监督学习的学生认真听讲，在老师的指导下学习到某种能力。而名为无监督学习的学生则完全不听课，无须老师的指导纯靠自学达到某种能力。

此外监督学习和无监督学习有不同的应用领域，监督学习的任务通常包括回归（预测连续值）和分类（预测离散类别）。而无监督学习则常用于数据探索和发现隐藏模式的任务，包括聚类（将相似的数据点分组在一起）、降维（将高维数据转换为低维表示）、关联规则（发现数据中的关联关系）以及异常检测（找出异常的点）。

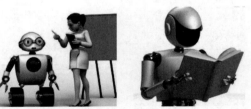

监督学习与无监督学习

比起有教师指导的有监督学习，无监督学习就好比自学成才无师自通。但从实际情况来看，目前无监督学习并没有我们想象的那么强大，更多的是充当数据的辅助分析。

第**12**章

机器学习如何自己学会玩游戏

前面我们已经了解了机器学习如何通过老师的指导来学习到某种能力（监督学习），以及如何做到无师自通（无监督学习）。此外，还有一种半监督学习，它结合了监督学习和无监督学习两种方式，运作的原理不再细说。本节将继续介绍另外一种机器学习方式，它看起来也像是一种自学成才的方法，这种学习方式的核心思想是根据环境来学习策略使得收益最大化。它就是强化学习。

12.1　人类与环境的交互

在这个地球上存在着各种各样的生物，它们在不断与外界的交互过程中改变自己的内在和行为。作为动物，特别是像人类这样的高级哺乳动物，必须不断获取外在的环境信息并让自己做出"最优"的行为。这个过程可以分成三个交互方，分别是大脑、身体和环境。人类通过口鼻眼耳手等器官获取环境的信息，大脑对这些信息分析后控制身体采取某种行为从而对环境做出响应。

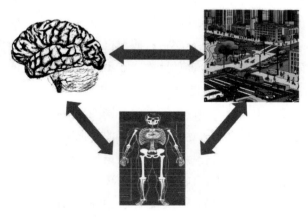

大脑—身体—环境互相交互

从更深层次来看，大脑—身体—环境三方的交互是人类学习知识的根本途径。以读书学习为例，人类大脑接收环境的信息（课本的内容）后对其进行分析，然后控制身体作出某种行为（比如对课本内容进行实验验证），如果课本知识被验证是有用有效的则会作为知识保存在大脑中。几乎大脑中的所有知识（除了通过 DNA 遗传的部分）都可以通过这个交互过程来描述。纵使是市场买菜的街坊邻居们的人际关系处理知识也是这样获得的，她们通过不断获取别人的信息来调整自己的行为去验证自己是否处理得妥当，不断去调整大脑中人际关系的处理方式。我们完全可以说没有三方的交互过程就不会有人类的发展进化。

在交互的过程中大脑会重新组织，大脑中的神经元根据环境的反馈可能会构建新的连接，或者改变神经元本身。婴儿从一出生开始他的大脑就一直不断地发育改变，他所看到的东西、听见的声音、闻到的味道和触碰到的事物都会影响个体大脑的发育。随着个体的成长，他会不断经历不同的人和事，个体根据自己做出的行为和环境的反馈，大脑内部也不断跟着变化。大脑中有超百亿个神经细胞，细胞直接的连接超过万亿条，从婴儿开始这些连接就不断地增长并得到加强。

总的来说，我们的大脑总是朝着对我们有利的方向去改变进化。"吃一堑，长一智"能很好地描述大脑的机制。人类对环境做出响应后得到环境的反馈，如果结果是不好的，大脑则会进行改变，变得更加"智慧"。我们最原始的祖先通过实践不断总结如何才能获得更多的食物、如何才能更安全免受动物的进攻，这些知识通过改变大脑内部结构而逐渐沉淀下来。

12.2　强化学习

受到人类与环境交互的启发，人工智能科学家们提出了一种与监督 / 非监督学习完全不同的一种学习机制——强化学习（Reinforcement Learning），它旨在通过智能体与环境的交互学习做出最优的决策。在强化学习中，智能体通过观察状态和获得奖励来调整其行为策略，它的目标是通过与环境的交互来实现最大化累积奖励。如下图，一个智能体与环境进行交互实现强化学习。智能体从环境中得到状态，然后按照自己的策略去执行动作，接着智能体会得到一个奖励或惩罚，同时也会得到一个新的状态。在不断与环境交互的过程中，智能体会根据状态和奖励不断总结改进自己的策略使得获取的奖励更多。

强化学习与监督学习和无监督学习的方式非常不同，主要在于它没有规则的训练样本和标签，取而代之的是通过奖励或惩罚来达到学习的目的。很明显我们可以立刻发现它竟然不需要我们花费大量的人工去对数据进行标注，只需根据环境给的反馈去学习对应策略。这方面与人类的决策思维相似，人类每天都在各种各样的环境中学习和决策，不断总结如何行动才能使自己的利益最大化。强化学习的核心思想是根据环境的反馈学到决策策略，很多人都认为强化学习才是真正的人工智能。

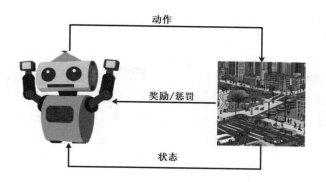

动作

奖励/惩罚

状态

强化学习

　　想象你有一只聪明的小狗，现在你准备教它执行某个特定的任务，比如拿起球并将其放入篮子中。由于你无法直接告诉小狗该怎么做，于是只能通过与其互动来让它学习这一技能。开始时，你会给小狗一些简单的示范，比如让它试着用嘴叼球扔到篮子中。如果它成功地将球放入篮子中，那么你就给予它一些食物奖励。这样一来，小狗就会认识到将球叼进篮子是正确的行为，因为该行为得到了奖励。

　　当然小狗也可能会胡乱玩弄小球，如果它采取了一个不太正确的行为，你可以不给予奖励，甚至偶尔给予一些轻微的惩罚。随着时间的推移，小狗从不断的行动中不断调整自己的行为，逐渐学会了将球放入篮子。

训练小狗

　　这个过程就像强化学习中的智能体与环境的交互过程。智能体通过尝试不同的动作来探索环境，并根据获得的奖励或惩罚来调整自己的行为。整个过程必须要靠自身经历进行学习，在习得模型后智能体就知道在什么状态下该采取什么行为，学习到从环境状态到动作的映射，该映射称为策略。

　　强化学习涉及的核心概念包括智能体（Agent）、环境（Environment）、状态（State）、动作（Action）、奖励（Reward）和策略（Policy）。

- 智能体表示与环境产生交互的个体或系统，该个体或系统具备一定的智能行为，通过采取行动来改变环境的状态。
- 环境表示智能体所交互的外界环境，它会对个体的行为产生响应。
- 状态表示环境的当前观测值，它反映了当前环境的特定特征和条件。
- 动作表示智能体在当前状态下所选择的操作或决策，不同的状态允许采取不同的动作。
- 奖励表示智能体在给定的状态下采取的行为所得到的奖励，这是环境给智能体的反馈信号，好的动作能得到高的奖励，而不好的动作则不能得到奖励甚至得到惩罚。
- 策略表示智能体在特定状态下选择动作的方法，好的策略能让智能体在与环境的交互过程中获得最大的累计奖励。

《最强大脑》曾经有个挑战项目叫蜂巢迷宫，挑战者通过不断试错来破解迷宫。实际上它就是强化学习的核心思想，这个蜂巢迷宫就是环境，智能体是人，智能体在当前所在位置观测到的情况即是状态。从某个位置向某个方向走一步则为动作，比如可以往 6 个方向的其中一个走。每走一步都会产生奖励，比如无路可走就是惩罚（负奖励），而好的动作则会带来奖励（正奖励）。此外，通常我们不仅要关注当前的奖励和惩罚，还要关注长期的奖励和惩罚，通过不断试错最终学习到一个长期奖励最优的策略。

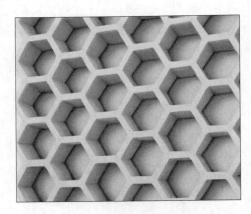

蜂巢迷宫

对比于监督学习，由于强化学习没有标签可用于指导学习，所以它只能通过试错来进行学习，在不断与环境交互试错的过程中习得最佳策略。通常奖励具有延迟性，也就是说当前状态下的奖励与往后的若干状态是有关联的。比如智能体学习走迷宫时，当前分叉口选择某个方向的奖励实际上与后面若干步的执行是相关的，如果某个方向走下去发现最终是个死路，那这个方向就应该受到惩罚，选择这个方向的动作的奖励需要后面才知道，所以说强化学习的奖励具有延迟性。

强化学习的特点与挑战包括以下 5 点：
- 在强化学习中，时序是模型十分重要的一个维度，整个决策过程具有顺序性。
- 强化学习是一种需要大量计算且耗时的学习方式，特别是当状态动作空间非常大时。

- 强化学习是试错学习，因为它没有像监督学习一样的直接指导信息，所以它只能不断去跟环境交互、不断试错来获取最佳策略。
- 奖励的设计比较复杂，就像是超参数一样需要我们调试，其将影响模型的性能。
- 奖励具有延迟性，因为它往往只能在最后一个状态时才能给出指导信息，这个问题也让奖励的分配更加困难，即在得到正奖励或负奖励后怎么分配给前面的状态。

强化学习有很多不同的算法，主要的核心思想都差不多。最经典的强化学习算法是 Q 学习（Q-learning）。Q 学习用于解决马尔可夫决策过程（Markov Decision Process，MDP）问题。它旨在找到最优的策略，以在给定环境下最大化累积奖励。在 Q 学习中，智能体通过与环境的交互来学习一个 Q 值表或函数，用于评估在给定状态下采取不同动作的好坏程度。

12.3 马尔可夫决策过程

马尔可夫决策过程是一个数学框架，它被用来对序列决策问题进行建模。它描述了一个有序的决策过程，其中智能体通过与环境的交互，根据当前状态选择动作，并从环境中观察到奖励和新的状态。智能体与环境的交互过程会生成一个序列。

$$H = S_0, A_0, R_1, S_1, A_1, R_2, S_2, A_2, \cdots, S_{t-1}, A_{t-1}, R_{t-1}, S_t, R_t$$

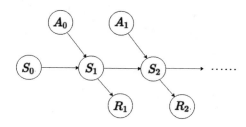

马尔可夫决策过程

对应的动态过程为：智能体初始状态为 S_0，然后执行动作 A_0，得到奖励 R_1，然后转移到下个状态 S_1，再继续执行动作 A_0，不断重复。这个过程构成了马尔可夫决策过程，它服从"未来独立于过去"的马尔可夫假设，所以下一时刻的状态只取决于当前时刻的状态。如果定义了一个转换过程后，得到的奖励累加和为：

$$R(S_0) + \gamma R(S_1) + \gamma^2 R(S_2) + \cdots$$

强化学习的目标就是寻找一个最佳的策略，使奖励加权和最大，注意每一步都可以采取不同的动作。t 时刻的累积奖励可以表示为：

$$C_t = R_{t+1} + \gamma R_{t+2} + \gamma^2 R_{t+3} + \cdots = \sum_{k=0}^{T} \gamma^k R_{t+k+1}$$

可以看到累积奖励包含了一个阻尼系数 γ，它的取值为 0 到 1，越靠后的状态对奖励的影响越小，逐步衰减。下面看不同的 γ 值的含义。

- $\gamma = 0$ 时， $C_t = R_{t+1}$ ，此时只考虑当前动作的奖励。
- $0 < \gamma < 1$ 时， $C_t = R_{t+1} + \gamma R_{t+2} + \gamma^2 R_{t+3} + \cdots$ ，此时考虑当前奖励和未来奖励。
- $\gamma = 1$ 时， $C_t = R_{t+1} + R_{t+2} + R_{t+3} + \cdots$ ，此时当前奖励和未来奖励比重一样。

假设在某个状态 s 下，时刻为 t ，则奖励为：

$$V_t = R_{t+1} + \gamma R_{t+2} + \gamma^2 R_{t+3} + \cdots$$

进一步转化为：

$$V_t = R_{t+1} + \gamma(R_{t+2} + \gamma R_{t+3} + \cdots) = R_{t+1} + \gamma V_{t+1}$$

奖励可以看成两部分，其中 R_{t+1} 为即时回报， γV_{t+1} 为下一状态奖励值的折扣值。上面的奖励是贝尔曼方程的形态，可以看到当前奖励与下一时刻的奖励相关，下一时刻又与下下一时刻的奖励有关，环环相套。

总的来说，智能体执行某些动作，如上下左右移动，不同的动作会得到不同的奖励（惩罚）。与此同时，动作也会对环境造成改变从而导致产生一个新的状态，接着智能体又执行另外一个动作。状态、动作和奖励的集合、转换规则等，构成了马尔可夫决策过程。在整个马尔可夫决策过程中，涉及到以下 5 个要素。

- **状态集合**，指所有可能的环境状态。
- **动作集合**，所有可能的动作，它能使环境从某个状态转换到另一状态。
- **状态转移概率**，在某个状态下执行某个动作后智能体转移到下一个状态的概率分布。
- **奖励**，从一个状态到另一个状态所得到的奖励。
- **折扣因子**，用于决定未来奖励的重要性。

下面我们通过迷宫来说明马尔可夫决策过程，假设下图是一个游戏地图，游戏的挑战任务是从入口顺利走到出口。这个地图可以用二维网格来表示，其中白色表示平地（可正常通过），而黑色表示墙壁（无法通过）。智能体在这个地图里面有 4 个方向可以选择，分别是向上、向下、向左和向右。

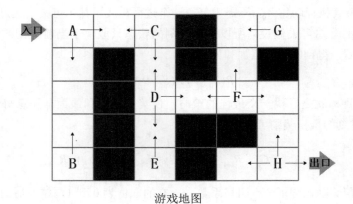

游戏地图

这个游戏涉及的 5 个要素如下：

- 状态集合，表示地图包含的所有环境状态，由于用二维坐标来表示地图，所以状态就是智能体所在的某个坐标，对应的就是地图上的某个格子。比如 A 位置的状态为 (0,0)，D 位置的状态为 (2,2)。
- 动作集合，表示智能体在地图上可能执行的动作，包括向上、向下、向左和向右移动，可以用 [U,D,L,R] 来表示。
- 状态转移概率，表示智能体在某个位置采取某个动作进入到下一个状态的概率分布，这个游戏中状态转移概率都为 1，因为每一步都是确定的，比如 A 位置向右移动一定是到 (0,1) 位置，它不会跑到 C 的位置。
- 奖励，表示智能体在某个位置执行某个动作后的反馈，这个奖励由我们人工进行设计，比如智能体找到出口时获得 100 正奖励，而当智能体碰墙时则获得 -10 负奖励，无路可走时获得 -100 负奖励。
- 折扣因子，表示未来奖励的重要性，用来调节智能体下一步的奖励对当前奖励的影响占比。

12.4　Q 学习训练过程

　　Q 学习涉及的核心问题是马尔可夫决策过程，我们的目标是要得到最优的策略，也就是说 Q 学习的重点是解决马尔可夫决策过程的最优化问题。Q 学习的基本思想是通过迭代地更新 Q 值，逐步调整优化模型。通常会使用一个 Q 值表来描述质量的好坏，"Q"即 quality，表示某个状态下执行特定动作后所获得的长期奖励估计。还是前面的游戏地图，一共有 30 个格子，我们可以将其编码成 30 个状态（包括了墙壁的状态）。此时就可以定义一个 Q 值表，这个表一共有 30 行 4 列（灰色底部分），每一行表示每种状态下采取不同动作的 Q 值，比如表中 (2,1) 表示在 2 的位置时下移的长期奖励预估是 80。所以 Q 学习的训练过程实际上就是找到一个最优的值来填满 Q 表，一旦有了这张表我们就能在不同状态下挑选奖励最高的动作去执行，需要注意的是这个奖励是长期的奖励，要考虑未来的动作对当前奖励的影响。

Q 值表

	上移 (0)	下移 (1)	左移 (2)	右移 (3)
0	0	-50	0	50
1	0	-100	-20	50
2	0	80	-20	-100
.	.	.	.	.
.	.	.	.	.
28	-100	0	-100	80
29	50	0	50	100

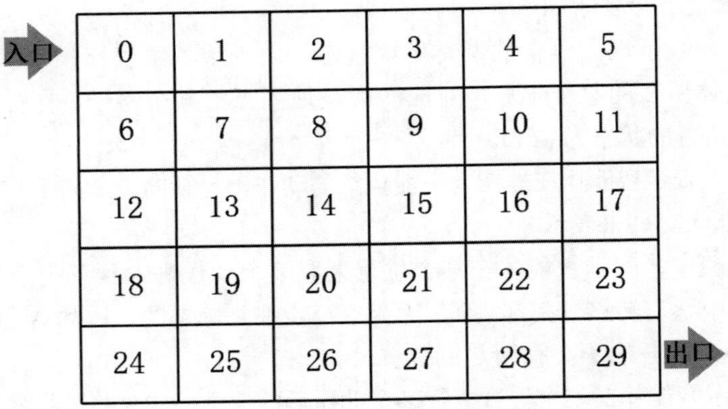

0	1	2	3	4	5
6	7	8	9	10	11
12	13	14	15	16	17
18	19	20	21	22	23
24	25	26	27	28	29

游戏地图格子

由于未来会影响当前的奖励，我们重新回到前面的马尔可夫决策过程，其中 t 时刻的奖励如下：

$$V_t = R_{t+1} + \gamma(R_{t+2} + \gamma R_{t+3} + \cdots) = R_{t+1} + \gamma V_{t+1}$$

当前奖励与下一时刻奖励相关，下一时刻又与下下一时刻奖励有关，同时我们也希望获得最高的长期奖励。所以转为 Q 学习的表示为：

$$Q(s_t, a_t) = R(s_t, a_t) + \gamma * \max Q(s_{t+1}, a_{t+1})$$

为了帮助大家理解这个环环相扣的过程，我们以下面这个例子来看 Q 值是怎么更新的。假设有如下的非常简单的游戏地图，从起点开始探索，目的是要走到终点。现在看 Q 值的更新过程，首先确定好所有格子除了"终点"奖励 100，其他的奖励都是 0。

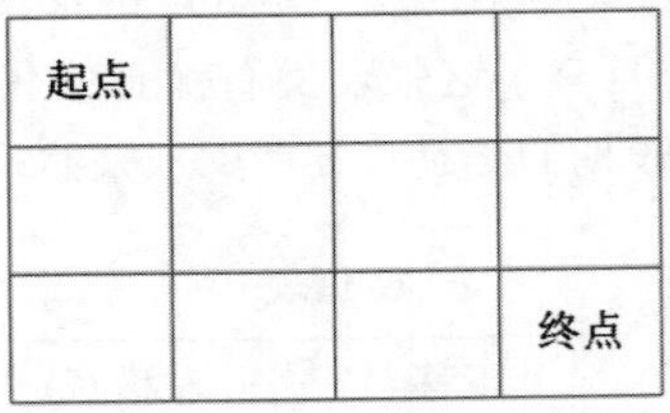

起点			
			终点

初始状态

假如第一轮探索如下图所示，从起点开始出发，每步都是随机选择，最终到达了终点，有颜色的格子组成了整个路径。由于每一步的 Q 值都依赖于下一步的 Q 值，所以只能等到了最后格子时再往回计算。"终点"位置的格子 Q 值为 100，设折扣因子 γ 为 0.9，则可以根据上面的公式计算前一时刻的 Q 值。倒数第二个格子的 Q=0+0.9×100=90，倒数第三个格子的 Q=0+90×0.9=81。以此类推，可以计算出第一轮的所有格子的 Q 值。

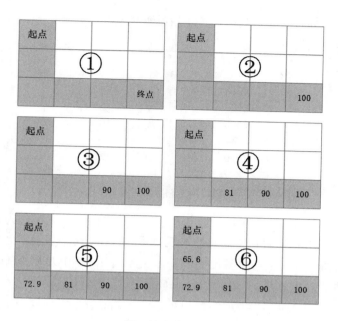

第一轮完整探索

接着第二轮的探索如下所示，可以优先选择没有走过的格子。同样地，只有到达了终点才可以往前计算前面格子的 Q 值。

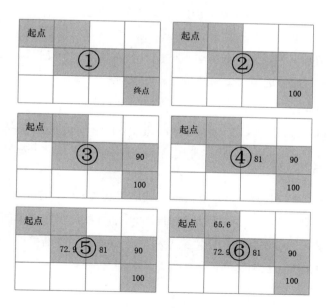

第二轮完整探索

经过若干轮的探索后可以将所有格子的 Q 值填满，里面的每个格子的值都代表走这个格子的长期奖励程度。通过它可以很明确地指引智能体从起点走到终点，而且也不会往回走，因为它总是选择 Q 值高的路径去走。

起点	65.6	72.9	81
65.6	72.9	81	90
72.9	81	90	100

最终所有格子的 Q 值

Q 学习描述了当前状态—动作对的 Q 值与下一个状态的 Q 值之间的关系，最终目标是获得一张 Q 值表，这张表能够描述不同状态下不同动作的长期奖励程度。上面已经了解了如何计算 Q 值，虽然能根据公式直接计算出 Q 值，但实际学习过程中并不会直接使用该 Q 值来更新，而是通过渐进的方式来更新，迭代的公式如下。

$$Q(s,a) = Q(s,a) + \alpha[R(s,a) + \gamma \times \max Q(s',a') - Q(s,a)]$$

其中等号左边的 $Q(s,a)$ 表示新的 Q 值，等号右边的 $Q(s,a)$ 表示当前的 Q 值。α 是学习率，用于控制每次更新的幅度。γ 是折扣因子，用于平衡当前奖励和未来奖励的重要性。$Q(s,a)$ 是在状态 s 下执行动作 a 所得到的奖励，s' 表示下一状态，a' 表示下一状态所执行的动作，$\max Q(s',a')$ 表示在下一状态 s' 下所有可能的动作中最大的 Q 值。

Q 学习的训练过程如下：

（1）初始化 Q 值表：为所有状态—动作对 (s,a) 初始化为一个随机值或初始值。

（2）开始训练：智能体选择一个初始状态 s，并选择一个动作 a 执行，观察环境返回的奖励 R 并转移到新的状态 s'。

（3）更新 Q 值：根据公式 $Q(s,a) = Q(s,a) + \alpha[R(s,a) + \gamma \times \max Q(s',a') - Q(s,a)]$ 来更新 Q 值。

（4）重复步骤（2）和（3）：不断在下一个状态选择执行某动作并观察结果，直至到达终止状态。

（5）完成训练：当智能体在与环境交互一定的迭代次数或满足停止条件时，训练结束。

训练主要就是计算各个状态下不同动作的长期奖励程度，它并非瞬间完成的，而是要经过大量的尝试。Q 学习通过不断地与环境交互和更新 Q 值表，使智能体能学会在给定的环境下选择最佳动作，以最大化长期奖励。

12.5　Q 学习玩游戏例子

我们以两个小游戏为例，进一步帮助大家理解强化学习。第一个小游戏的目标是从起点顺利走到终点，如下图，游戏主角的初始位置为 A。其中深色块表示障碍物，游戏主角可以执行上下左右四个动作，最终走到 H 位置就算胜利。假如让你来玩这个游戏，你会怎么玩呢？如果让机器自己玩它又会怎么玩呢？怎样才能让机器自己学会玩这个游戏呢？

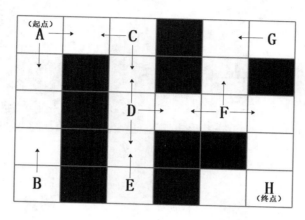

小游戏

从感性上来理解 Q 学习如何让机器学会玩这个游戏，过程大致为：最开始游戏主角在 A 点有两个方向，随机选一个方向。如果选择往下则一直往下直到到达 B 后发现没路可走，得到一个负 100 奖励，然后结束此轮探索并根据公式更新 Q 值表。下一轮探索假如从 A 点选择往右，到达 D 后同样随机选择一个方向，如果往下则到达 E 位置后结束此轮探索，但如果选择往右则到达 F 位置后继续。在 F 点可以随机选择一个方向，向上则到达 G 位置后结束探索，而如果选择往右则可以到达终点 H 获得 100 奖励并更新 Q 值表。经过不断探索试错后，最终学习到一个模型。该模型能够学习到各个状态下各个动作的 Q 值，有了这个就能完成这个小游戏了。

我们只要设定学习率和折扣因子的值，比如 $\alpha = 1$、$\gamma = 0.9$，然后就可以根据下面的公式计算 Q 值表。经过多轮的探索就能得到一张 Q 值表，当学习完成后游戏主角只要根据 Q 值的大小选择方向便能成功到达终点。

$$Q(s,a) = Q(s,a) + \alpha[R(s,a) + \gamma \times \max Q(s',a') - Q(s,a)]$$

第二个小游戏是大家都很熟悉的 Flappy Bird，此款游戏红极一时，相信大家当时都听说过或玩过这个游戏。玩家通过简单的点击或触摸屏幕来控制小鸟的飞行。每次点击屏幕，小鸟都会向上飞一段距离。不点击时小鸟会受到地心引力的作用而逐渐下坠，玩具通过控制点击频率和时机来使小鸟通过障碍物保持不与之发生碰撞，控制小鸟飞得越远得到的分数就越高。思考下如何才能让机器自己学习会玩这个游戏。

Flappy Bird 小游戏

机器自己学习中的多轮探索

我们可以通过 Q 学习来训练智能体（小鸟）使其能够学会玩这个游戏，而且尽可能地得到高分。以下是用 Q 学习实现自学的主要步骤。

1. 确定状态和动作

- 状态：在 Flappy Bird 游戏中，状态需要包括小鸟的位置、管道的位置、高度等信息以及小鸟的速度等。如下图所示，设 x 为小鸟距离下一个管道的水平距离，y 为小鸟距离下一个管道的垂直距离，v 为小鸟的当前速度，h 为下一管道间隙大小。

- 动作：在这个游戏中，动作可以是"不点击"（受地心引力下坠）或"点击"（向上飞一小段距离）。

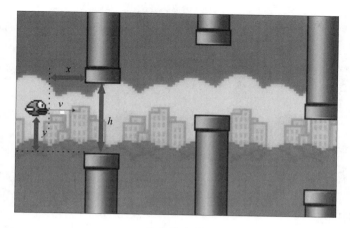

状态的定义

2. 初始化 Q 表

● Q 表是一个多维数组，用于存储状态—动作对的 Q 值。要用表来表示就必须是离散的值，我们可以用像素值来表示距离的大小。如下图所示，$x=33px$ 表示距离为 33 个像素大小，5px/s 表示小鸟的速度为每秒移动 5 个像素。状态通过四维（4 个变量）来表示，动作需要二维（2 个变量），所以这个 Q 表通过一个六维数组来表示。开始时，可以将所有 Q 值初始化为一个较小的随机值。

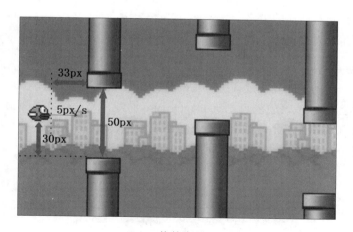

Q 值的表示

3. 定义奖励

● 根据小鸟的表现来定义奖励，从而指导 Q 值的更新，我们可以简单地将小鸟碰撞到管道或地面时给予 -1000 奖励（惩罚）。

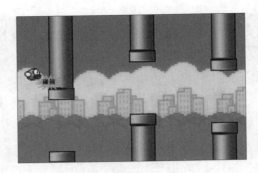

发生碰撞

4. 开始探索训练

● 在每个游戏回合中，智能体（小鸟）基于当前状态（x,y,v,h）值查找 Q 值表并选择动作。通常会使用某种策略来选择动作，常用的策略是当所有动作的 Q 值相等时随机选择一个动作，而如果 Q 值不同则大概率选择 Q 值较大的动作，同时也保留一定概率的随机选择（确保智能体有机会去探索其他动作）。比如根据 (33,30,5,50) 状态，查找 Q 值表得到"点击"和"不点击"的 Q 值都为 0，则随机选择"点击"或"不点击"。而如果两者的 Q 值分别为 100 和 80，则 90% 选择"点击"，10% 选择"不点击"。

● 根据选择的动作执行游戏操作，并观察下一个状态和得到的奖励，同时转移到新的状态。

● 根据公式 $Q(s,a) = Q(s,a) + \alpha[R(s,a) + \gamma \times \max Q(s',a') - Q(s,a)]$ 更新 Q 值表中的 Q 值，以便逐步优化智能体的策略。

● 不断重复执行以上三步，直到小鸟碰撞导致游戏结束。

5. 训练结束并应用

● 我们设定一定的训练轮次或训练时长，一旦训练结束我们就能得到一个 Q 值表。智能体根据学到的 Q 值表就能自己玩 Flappy Bird 游戏，每一步都选择最大 Q 值对应的动作作为最优动作。于是便知道什么状态下要"点击"，什么状态下"不点击"，最终便能自己避开管道前行，学会自己玩游戏。

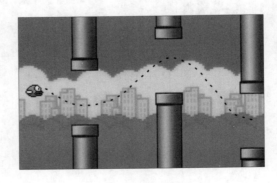

学会自己玩游戏

第 **13** 章
神经网络及其学习机制

　　人工智能科学已经发展了六七十年，经历了几度繁荣和衰落。目前人工智能主要发展出了三大学派：符号学派、连接学派和行为学派。近些年再度让人工智能繁荣起来的正是连接学派，连接学派通过深度学习将机器的很多能力提升到人类的水准。大放异彩的深度学习的核心内容就是神经网络，深度学习对神经网络结构进行了一些创新，神经网络当前已经成为最闪耀的人工智能明星。神经网络是连接学派主要研究的对象，他们认为高级的智能行为是从大量神经网络的连接中自发出现的，所以可以通过大量神经元来模拟大脑。

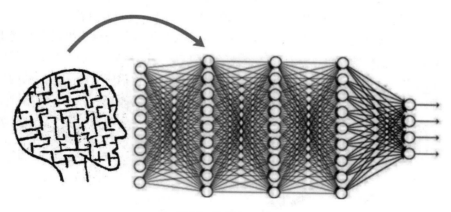

神经网络模拟大脑

　　神经网络属于机器学习算法之一，也是机器学习中必知必会的核心算法。神经网络能解决非线性的复杂的模型问题，而且通过增加网络的层数具备更加强大的学习能力。如果再改造它的结构则可以变成各类深度学习模型，如卷积神经网络（Convolutional Neural Network，CNN）和循环神经网络（Recurrent Neural Network，RNN）。神经网络可以用来捕捉复杂场景的特征，比如视频图像中的动物种类、作家的写作风格等。本节我们将学习神经网络相关的内容，包括它的来源和发展情况。

13.1　模拟大脑

从更广泛的角度来看，人工智能实际上就是要人工制造一个具备人类智能的物体。为了实现这个目标人类不断摸索着，历史上曾经有段时间有人认为人类的智能、思维和意识由心脏部分产生，随着科学技术的发展才最终确定了大脑是产生这些的来源地。于是人工智能的重点便是要模拟大脑的功能，核心工作就是尝试构建类似于人类大脑的计算模型，可以从大脑的结构和功能进行模拟。为了模拟大脑，科学家们从不同的实现方式进行了研究，目前主要包括大脑分子级别的仿真、破译整个大脑的原理以及数学算法模拟三种途径。

（1）大脑分子级别的仿真。这种方式尝试对人类大脑的结构进行非常精细的复制，精细程度要达到神经元及其连接的颗粒度级别，要实现此类的模拟挑战是非常巨大的。实现的步骤如下。

首先，得对大脑进行完整的扫描，医用核磁共振扫描仪的图像分辨率只能达到毫米级别，但这种精度还达不到要求。想要区分细胞就得让分辨率达到纳米级别，必须使用电子显微镜。

其次，在计算能力方面为了能模拟大脑的能力，给模拟人脑提供的计算能力需要达到每秒百亿亿次浮点型运算，差不多相当于国内的"天河三号"超级计算机。

最后，根据扫描的脑细胞及其结果来搭建模型，这部分比较困难，目前我们都还不太清楚各个模块是如何组合以及如何协作，它并不像组装电脑或者手机那样简单。

科学家们曾经成功地创造了蠕虫大脑，这个蠕虫大脑控制了一台小机器人成功走出了乐高城堡。但这个大脑非常简单，只有302个神经元和7000个突触。然而大脑分子级别的仿真或许永远无法成功，因为人类的大脑实在是太复杂了，除了扫描所有脑细胞的结构外，还要知道每个细胞的配置，或许还要知道每个细胞的轴突和树突的布局。最糟糕的情况下，可能要知道每个分子甚至是原子的位置信息，这就已经复杂到无法实现的程度了。此外如果还与时间有关系，那么整个仿真就更无法实现了。

蠕虫

（2）破译整个大脑的原理。这种方式要求我们先研究人类思维意识的原理，彻底理解大脑的工作方式后再创造大脑。这种方式目前来看也非常艰难，毕竟我们对人类大脑的研究还处于很初级的阶段，对大脑内部深层次原理的研究几乎还是空白的。不过也有人认为没有必要从深层次彻底理解大脑的原理，因为人类在模仿鸟类飞行这件事上的很多原理也没搞清楚，但人类已经能飞上太空了。所以我们可能没必要完全搞清楚整个大脑的原理，就能仿制出比大脑更强大的人工大脑。

（3）数学算法模拟。这种方式放弃了从整体上去模拟，转而通过数学算法来模拟每种智能。比如通过数学算法模拟人类对物体进行识别、对自然语言进行理解、对事物进行决策等的能力。数学算法实际上就是我们熟悉的机器学习算法，目前最有效的机器学习算法就是神经网络。通过神经网络来实现人类的每种智能，然后再将所有智能组合到一起成为完整的大脑。不过同样也有很多问题，毕竟人脑与其他机器系统完全不同。普通的机器我们能明确地知道由哪些部件组合而成，以及各部件之间如何相互协作，而如何组装这些模拟出来的智能却还不清楚。

当前人工智能更多还是通过数学算法来实现模拟，神经网络是一种受大脑启发的算法模型，通过模拟神经元之间的连接和信息传递，实现了复杂的信息处理。以神经网络为基础的深度学习在图像识别、自然语言处理等领域取得了巨大成功。尽管当前在人工智能领域取得了巨大进展，但要完全模拟大脑的功能仍然需要长期的研究。

在计算机领域，神经网络模型的起源相当早，可以追溯到 20 世纪 40 年代中期，当时计算机其实也刚出现不久。1943 年，麦卡洛克和皮茨发表了论文《神经活动内在概念的逻辑演算》，其中首次提出了模拟人脑学习功能的一种数学方法。

如下图中一共有 x_1、x_2、x_3、$\cdots$、x_m m 个输入信号，每个输入信号都对应着一个权重参数，分别为 w_1、w_2、w_3、$\cdots$、w_m。然后分别相乘并相加，最终经过一个二值函数 $f(z)$ 得到最终的输出值。这个简单的数学模型就是神经网络的基础模型了，但我们并不知道这种神经元模型是否能正确模拟大脑。如果人类是上帝创造的，那上帝肯定不会让你猜到他是怎么创造的。

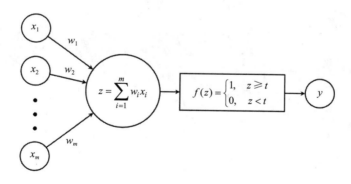

神经元模型

13.2　感知机模型

进入到 20 世纪 50 年代，一种最简单的人工神经元模型——感知机（Perceptron）被提了出来。感知机一听感觉像是一个实际存在的物体，就好比计算机一样，它应该是看得见摸得着的机器吧？的确是这样，20 世纪 60 年代第一个实现了感知机模型的硬件出现了，当时将整个硬件机器及其集成在里面的软件称为感知机。后来感知机更多是指算法的名字，所以现在它其实就是一个算法。

感知机由 Frank Rosenblatt 在 1957 年提出，它是神经网络领域的一个里程碑。它被认为是神经网络的雏形，主要用于二分类问题。感知机基于线性分类器的思想，能够根据输入数据学习二分类的线性决策边界。感知机的基本结构包括以下部分：

- **输入**，接收输入数据的特征向量，它是多维的向量。
- **权重参数**，每个输入特征都对应着一个权重参数，用于表示特征的重要性。
- **偏置**，表示在没有输入时的输出。
- **加权和**，每个输入特征与对应权重相乘，并将这些加权值相加，同时也要把偏置加上，即 $z = b + \sum_{n}^{i=0} x_i w_i$，最终得到一个加权和。
- **激活函数**，加权和通过激活函数进行非线性转换，产生输出。最早的感知机使用的是阶跃函数，根据加权和的结果输出 0 或 1，表示正类或负类。$\sigma(z) = \begin{cases} 0 & z < 0 \\ 1 & z \geqslant 0 \end{cases}$
- **输出**，通过激活函数输出的最终结果值。

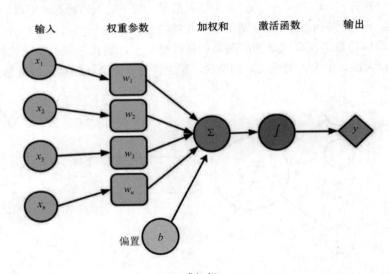

感知机

感知机以前辈的思想作为基础，提出了一种反馈循环的学习机制，通过计算样本输出结果与正确结果之间的误差来进行权重参数调整。这个训练过程是迭代进行的，大致的训练流程如下：

（1）通过随机数来初始化权重参数。

（2）将数据样本作为输入传进感知机，注意每次只处理一个数据样本。

（3）根据指定输入和权重计算出最终的输出，判断输出值是否与真实标签一致。如果一致则继续处理下一个样本，如果不一致则更新权重参数，使得分类结果更接近真实标签。

（4）重复步骤（2）和步骤（3），直到所有样本都被正确分类或达到预定的迭代次数。

感知机是最基础的神经网络，它可以有 $(x_1, x_2, \cdots, x_n)$ 多个输入，同时有 $(w_1, w_2, \cdots, w_n)$ 多个权重对应每个输入。每个输入和对应的权重相乘然后进行累加，同时加上偏置，再通过一个阶跃函数，就组成了最简单的神经网络，通过它可以实现二分类。我们现在准备通过感知机对两类事物进行区分。我们确定了 x_1 特征作为输入，那么先计算 $z = w_1 x_1 + b$，然后再将 z 值输入到阶跃函数中。假如刚开始 $w_1 = -1$、$b = 3$，此时无法正确分割两个类别。调整权重后 $w_1 = 1$、$b = 0.5$，此时能正确分割两个类别。

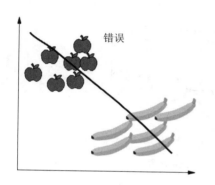 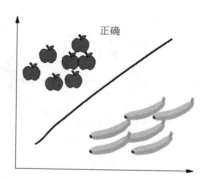

错误分类与正确分类

感知机在处理线性可分的数据集上具有较好的性能，所谓的线性可分是指存在一个超平面能够完美地将正负样本分开，不过对于线性不可分的情况却无法很好地处理。由于受到线性不可分的限制，感知机在发展中逐渐被更复杂的神经网络结构所取代，如多层感知机和深度神经网络。多层感知机通过引入隐藏层和非线性激活函数，增加了模型的表达能力，可以处理更加复杂的非线性问题。深度神经网络通过堆叠多个隐藏层，构建深度模型，能够学习更高级别的特征表示，解决更加复杂的任务。后面会介绍这两种神经网络。

13.3　引入梯度下降

自适应神经网络（Adaptive Linear Neuron，ADALINE）是一种线性神经网络模型，是感知机的一种改进版本，由 Bernard Widrow 和 Ted Hoff 于 20 世纪 60 年代初提出。主要的差异在于学习机制。ADALINE 与感知机类似，也用于二分类问题，但它在权重的调整方面与感知机的学习机制不同。ADALINE 引入了梯度下降的思想，根据误差的梯度来更新参数以减小误差，它比感知机更加先进。

ADALINE 的学习过程可以概括如下：

（1）通过随机数初始化权重。

（2）输入一个数据样本，计算加权和，通过激活函数得到模型的输出。

（3）计算误差 E，即输出值与真实值之间的差距。将两者相减的平方作为误差，即 $E = (o - y)^2$，其中 o 为真实值，y 为输出值，这样做的目的是为了方便计算梯度。

（4）根据误差梯度来更新权重，具体的更新公式为：$w \leftarrow w + \alpha(o - y)x$，其中 w 为权重参数，α 为学习率，x 为输入。通过这个梯度下降更新公式不断地调整权重，就能使误差往小的方向调整。

（5）重复步骤（2）到步骤（4），通过多次迭代来逐步调整参数，使误差减小。

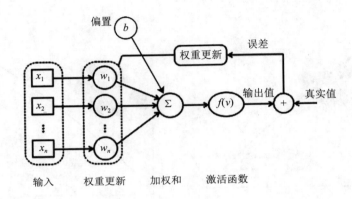

ADALINE

我们可以看到感知机和 ADALINE 已经具备了神经网络模型的基本要素，两者都是单层神经网络，主要用于二分类问题。这些模型通过学习能够实现二分类功能。早期类似的神经模型其实都具有非常大的局限性，明斯基和帕佩特于 1969 年出版了《感知机》一书，其中阐明了感知机只能处理线性可分的问题，对于其他复杂问题完全无能为力。举个经典的例子，异或（Exclusive OR，XOR）是个二分类问题，如下图所示，两类数据无法被一条直线分开。感知机就无法解决异或问题，因为异或问题涉及非线性决策边界。

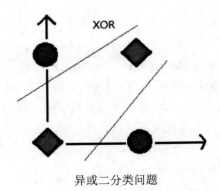

异或二分类问题

13.4 多层感知机

既然单个神经元的感知机无法解决非线性问题，那么是不是可以推广到多个神经元组成多个神经网络层？研究者尝试将多组神经元连接起来，某个神经元的输出可以作为其他神经元的输入。于是多层感知机（Multi-Layer Perceptron，MLP）诞生了，它是一种人工神经网络模型。它是一种前馈神经网络，由多个神经元层组成，每个神经元都与前一层的所有神经元相连。

MLP 的基本结构包括输入层、若干个隐含层和输出层。每个神经元都与前一层的所有神经元相连，每个连接都对应着一个权重参数。MLP 从输入层开始不断将输入前向传播，输入层将数据样本作为输入，然后通过一系列的隐含层，最终得到输出层的结果。对于隐含层和输出层中的每个神经元，每个输入都会与对应的权重相乘，然后经过一个激活函数，将其转换为输出。常用的激活函数包括 Sigmoid 函数、ReLU 函数和 Tanh 函数等。MLP 的整个过程通过引入非线性变换，使得网络可以更好地学习非线性关系。

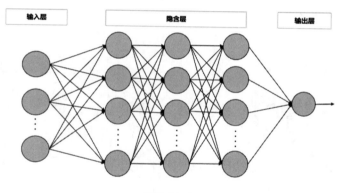

多层感知机

像 MLP 这样的多层网络增加了学习的复杂程度，从输入到最后的输出组成了很深的函数嵌套，这就大大增加了学习的难度。不过好在有反向传播算法的支持，通过计算输出值与真实值之间的误差，然后逐层反向更新权重参数，使得模型的预测效果越来越好。其中涉及的梯度下降在求导时得益于链式法则的帮忙，让事情简单了很多。

现在反向传播算法已经是用于训练神经网络的经典算法，它通过计算损失函数对网络参数的梯度，然后使用梯度下降优化算法来更新参数，从而使网络逐步调整以提高性能。以下是反向传播算法的基本步骤：

（1）**前向传播**，将输入数据传递到神经网络，通过网络的每一层，逐层计算神经元的输出。每个神经元的输出由上一层所有神经元输出的加权和，经过激活函数来得到。

（2）**计算损失**，前向传播到输出层后将输出值与真实值进行比较并计算损失（误差）。损失函数可以自定义，比如均方误差常用于回归任务，而交叉熵常用于分类任务。

（3）**反向传播梯度计算**，反向传播算法的核心是计算损失函数对网络中每个参数的梯度。梯度表示了损失随着参数变化的变化率。从输出层开始，通过链式法则逐层向后计算梯度。对于每个参数，梯度由当前层的梯度和前一层输出的乘积得到。

（4）**参数更新**，一旦计算出参数的梯度就可以使用梯度下降法来更新参数。前面已经了解过了，梯度下降的基本思想是沿着梯度的反方向更新参数，以减小损失函数。

（5）**重复迭代**，重复进行前向传播、计算损失、反向传播梯度计算和参数更新，直到损失函数收敛到一定程度或达到预定的迭代次数。

反向传播算法的关键优势在于它可以有效地计算神经网络中大量参数的梯度，并通过优化算法来更新参数，从而逐步优化网络性能。

多层感知机实际上就是多层神经网络，从数学上看，神经网络的嵌套就是多个函数嵌套，通过复杂的函数嵌套关系来描述特征关系。下面我们来看看多层神经网络的非线性能力。同样是对两类事物进行分类，但这次的任务比较复杂，可以看到香蕉和苹果并不能通过简单的线性函数进行分割。很明显，最简单的感知机已经无能为力了，此时就需要多层神经网络来解决了。假设我们增加一个隐含层到感知机的网络结构中，最终这种多层的神经网络就能够实现复杂的非线性分类功能。

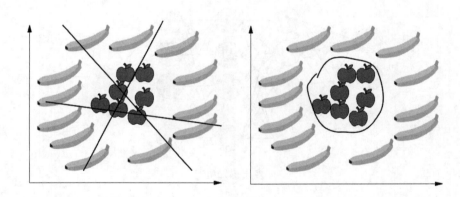

非线性分类

13.5　神经网络的训练

神经网络最大的优点在于我们完全不必事先考虑该怎么用数学方程来描述输入和输出之间的关系，转而考虑如何设计一个多层神经网络。隐含层需要多少层，每层要多少个神经元，可以通过实验来验证，最终通过不同的网络结构来看哪个模型表现的性能更好。多层感知机作为神经网络的基本形式，可以说后期发展出来的更复杂的神经网络结构都以它为基础。只要我们彻底弄懂 MLP 的工作原理，那么不管多复杂的神经网络我们都能理解。

我们先看神经网络如何向前传播，前向传播是指从输入层开始，逐层计算每个神经元的输出，直到得到最终的输出。形象地看，这个过程就像数据在网络中的不断向前传播，最终产生一个预测结果。以下是神经网络前向传播的大致过程。

（1）数据准备，准备待输入的数据，该数据通常组合成一个特征向量，向量的每个元素代表一个特征。

（2）进入输入层，向量数据传入输入层中，对应着输入层的神经元。

（3）进入隐含层，数据从输入层流出进入到第一层隐含层，隐含层的每个神经元的输入都是输入层所有神经元的输入及对应连接权重的加权求和。在计算隐含层的每个神经元的输入之后，再通过一个激活函数计算第一层隐含层的输出。激活函数引入了非线性性质，允许网络捕捉和学习非线性关系。

（4）重复隐含层，第一层隐含层的输出又作为第二层隐含层的输入，同样再进行加权求和并通过一个激活函数计算输出。如果有多个隐含层，则不断将上一层的输出作为下一层的输入，逐层进行计算。

（5）进入输出层，最后一层隐含层的输出将输入到输出层，输出层的每个神经元计算加权求和，然后再通过一个激活函数得到输出层的输出，这个输出就是最终的预测结果。

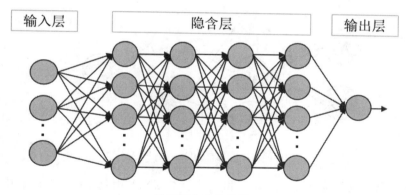

神经网络向前传播

下面通过图解的方式给大家讲解从输入到输出的整个过程。下图是一个四层的神经网络结构，其中 x_1 和 x_2 属于输入层，数据通过输入层后再通过两层隐含层，最后进入到输出层，输出层的输出就是最终的预测结果。

在向前传播过程中，将两个值分别赋值给 x_1 和 x_2，然后开始计算隐含层的 $f_1(z)$ 节点。将输入层的两个神经元的值及对应的权重进行加权求和得到 z，然后传入 $f_1(z)$ 函数，该函数为激活函数。最终可以得到 y_1 值，该值作为该神经元的输出。

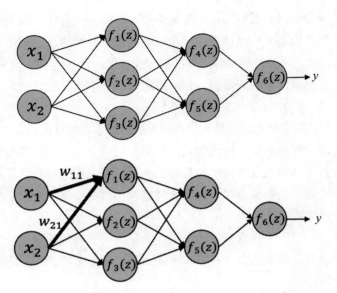

计算 $f_1(z)$　$y_1 = f_1(w_{11}x_1 + w_{21}x_2)$

同样的，$f_2(z)$ 节点对应着另外两个权重，与 x_1 和 x_2 进行加权求和得到 z，然后传入 $f_2(z)$ 函数，则可以得到 y_2 值，作为该神经元的输出。

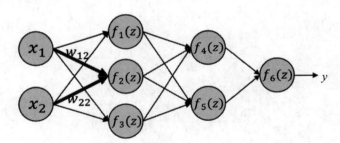

计算 $f_2(z)$　$y_2 = f_2(w_{12}x_1 + w_{22}x_2)$

$f_3(z)$ 节点也对应着两个权重，与 x_1 和 x_2 进行加权求和得到 z 并传入 $f_3(z)$ 中，得到 y_3 值作为该神经元的输出。

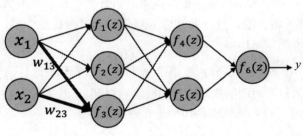

计算 $f_3(z)$　$y_3 = f_3(w_{13}x_1 + w_{23}x_2)$

经过上面的计算就得到了第一层隐含层的所有节点的输出，接下去往下一层传播。此时对于第二层隐含层来说，第一层隐含层的所有节点的输出就是它的输入。与前一层不同的是，现在输入变为三个，分别为y_1、y_2和y_3，对应着三个权重。将这三个输入与权重进行加权求和得到z，然后传入$f_4(z)$激活函数，最终得到y_4作为该神经元的输出。

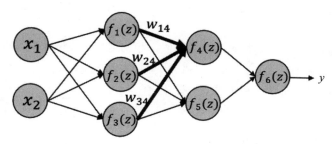

计算$f_4(z)$　$y_4 = f_4(w_{14}y_1 + w_{24}y_2 + w_{34}y_3)$

同样的，我们根据$f_5(z)$节点对应的输入和权重进行加权求和并传入$f_5(z)$中，得到y_5值作为该神经元的输出。

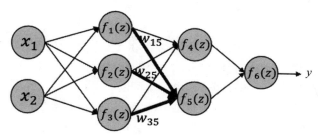

计算$f_5(z)$　$y_5 = f_5(w_{15}y_1 + w_{25}y_2 + w_{35}y_3)$

经过第二轮计算后又得到了第二层隐含层的两个输出，继续往下一层（输出层）传播。对于输出层，第二层隐含层的两个节点的输出即为它的输入，此时有两个输入，分别为y_4和y_5，对应着两个权重。将这两个输入与权重进行加权求和得到z，然后传入$f_6(z)$激活函数则可以计算y_6，该值为最终的输出值。

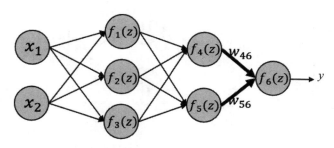

计算$f_6(z)$　$y_6 = f_6(w_{46}y_4 + w_{56}y_5)$

至此，整个向前传播的过程结束。数据经历了输入层—隐含层—输出层的流动，最终得到整个神经网络的输出结果。从整体看，前向传播过程就是将数据传入输入层并不断往后计算传导直至输出层，最终得到神经网络的预测结果。在训练过程中，向前传播和反向传播两个核心过程组成完整的训练过程。向前传播阶段会在输出层得到一个预测值，预测值与真实值存在着差距，于是就需要使用反向传播来调整神经网络的权重，以达到优化网络模型性能的效果。

我们会在神经网络的输出层得到一个预测值，起初这个预测值 y 与真实值 t 极有可能存在误差，假设我们定义误差大小 $\delta = t - y$。为了方便计算，我们经常使用误差平方和作为评判标准，误差可以帮助我们判断神经网络模型的好坏。

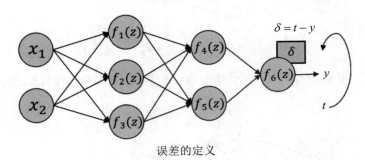

误差的定义

一旦我们定义了误差，那么我们就可以调整输出层的权重参数，使得整个网络的最终输出能够更接近真实值。然而并非只调整输出层就可以，实际上我们需要调整整个网络中的所有节点对应的权重参数。起初，如何调整每个神经元的权重参数是一项非常艰难的任务，直到 20 世纪 70 年代科学家提出反向传播算法后，这个问题才得以解决。实际上可以将误差看成是会反向传播的，每个神经元都有对应的误差。神经元的误差大小与权重存在某种关系，刚好是向前传播时对应神经元的误差分量之和。

下面看误差反向传播的过程，先看 $f_4(z)$ 节点的误差，输出层的神经元误差反向传递到 $f_4(z)$ 节点，对应的误差 δ_4 为对应权重乘以 $f_6(z)$ 节点的误差，即 $\delta_4 = w_{46}\delta$。

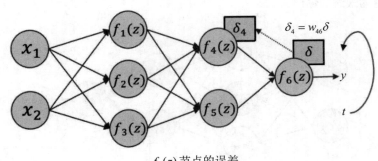

$f_4(z)$ 节点的误差

类似地，我们可以计算 $f_5(z)$ 节点的误差，$\delta_5 = w_{56}\delta$。

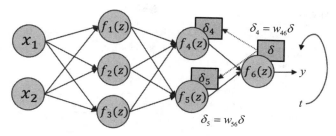

$f_5(z)$ 节点的误差

继续往前面一层，此时 $f_1(z)$ 节点的误差为 $\delta_1 = w_{14}\delta_4 + w_{15}\delta_5$，由于该节点对应着两个权重，所以需要将对应的两部分误差相加。

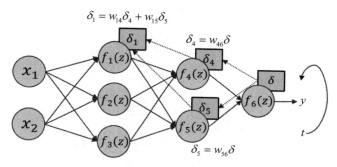

$f_1(z)$ 节点的误差

类似地，计算出 $\delta_2 = w_{24}\delta_4 + w_{25}\delta_5$，$\delta_3 = w_{34}\delta_4 + w_{35}\delta_5$。

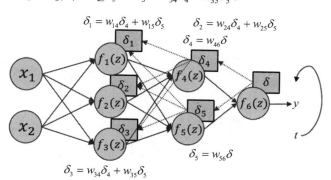

$f_2(z)$ 与 $f_3(z)$ 节点的误差

现在每个神经元的误差都已经得到了，接下去就可以根据这些误差分别更新对应的权重参数值。先看 $f_1(z)$ 节点，它的输出 $y_1 = f_1(z)$，而 $z = w_{11}x_1 + w_{21}x_2$。所以 w_{11} 的增量 $\Delta w_{11} = \dfrac{\mathrm{d}f_1(z)}{\mathrm{d}w_{11}}\delta_1$，根据链式法则能变换为 $\Delta w_{11} = \delta_1 \dfrac{\mathrm{d}f_1(z)}{\mathrm{d}z}\dfrac{\mathrm{d}z}{\mathrm{d}w_{11}} = \delta_1 \dfrac{\mathrm{d}f_1(z)}{\mathrm{d}z}x_1$。根据梯度下降法，还要引入一个学习率 α，所以 w_{11} 的新权重值 $w'_{11} = w_{11} + \alpha\delta_1 \dfrac{\mathrm{d}f_1(z)}{\mathrm{d}z}x_1$。同样地，也能计算 w_{21}

的新权重值 $w'_{21} = w_{21} + \alpha\delta_1 \dfrac{\mathrm{d}f_1(z)}{\mathrm{d}z} x_2$。

$$w'_{11} = w_{11} + \alpha\delta_1 \frac{\mathrm{d}f_1(z)}{\mathrm{d}z} x_1$$

$$w'_{21} = w_{21} + \alpha\delta_1 \frac{\mathrm{d}f_1(z)}{\mathrm{d}z} x_2$$

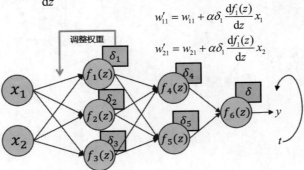

计算 w_{11} 和 w_{12} 的新权重

同样的，也分别计算 w_{12} 和 w_{22} 的新权重值 w'_{12} 和 w'_{22}。

$$w'_{12} = w_{12} + \alpha\delta_2 \frac{\mathrm{d}f_2(z)}{\mathrm{d}z} x_1$$

$$w'_{22} = w_{22} + \alpha\delta_2 \frac{\mathrm{d}f_2(z)}{\mathrm{d}z} x_2$$

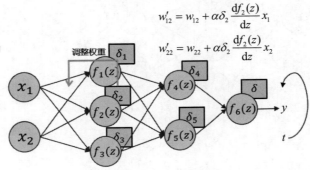

计算 w_{12} 和 w_{22} 的新权重

继续计算 w_{13} 和 w_{23} 的新权重值 w'_{13} 和 w'_{23}。

$$w'_{13} = w_{13} + \alpha\delta_3 \frac{\mathrm{d}f_3(z)}{\mathrm{d}z} x_1$$

$$w'_{23} = w_{23} + \alpha\delta_3 \frac{\mathrm{d}f_3(z)}{\mathrm{d}z} x_2$$

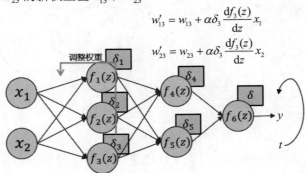

计算 w_{13} 和 w_{23} 的新权重

至此，输入层与第一个隐含层的所有权重参数已经计算完毕。接着计算第一个隐含层与第二个隐含层的所有新权重值，即 w'_{14}、w'_{24}、w'_{34}、w'_{15}、w'_{25} 和 w'_{35}。

最后计算第二个隐含层与输出层的所有新权重值 w'_{46} 和 w'_{56}，至此神经网络中所有权重参数的新值都已经计算完毕。每次更新这些权重值就能让整个网络的效果往更好的方向发展，直到迭代到一定次数后达到稳定的状态，此时神经网络将具备最好的预测能力。

$$w'_{14} = w_{14} + \alpha\delta_4 \frac{\mathrm{d}f_4(z)}{\mathrm{d}z} y_1$$

$$w'_{24} = w_{24} + \alpha\delta_4 \frac{\mathrm{d}f_4(z)}{\mathrm{d}z} y_2$$

$$w'_{34} = w_{34} + \alpha\delta_4 \frac{\mathrm{d}f_4(z)}{\mathrm{d}z} y_3$$

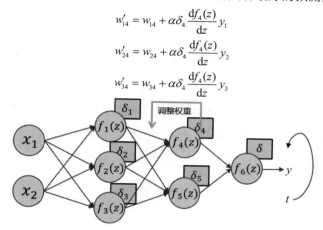

计算 w_{14}、w_{24} 和 w_{34} 的新权重

$$w'_{15} = w_{15} + \alpha\delta_5 \frac{\mathrm{d}f_5(z)}{\mathrm{d}z} y_1$$

$$w'_{25} = w_{25} + \alpha\delta_5 \frac{\mathrm{d}f_5(z)}{\mathrm{d}z} y_2$$

$$w'_{35} = w_{35} + \alpha\delta_5 \frac{\mathrm{d}f_5(z)}{\mathrm{d}z} y_3$$

计算 w_{15}、w_{25} 和 w_{35} 的新权重

$$w'_{46} = w_{46} + \alpha\delta \frac{\mathrm{d}f_6(z)}{\mathrm{d}z} y_4$$

$$w'_{56} = w_{56} + \alpha\delta \frac{\mathrm{d}f_6(z)}{\mathrm{d}z} y_5$$

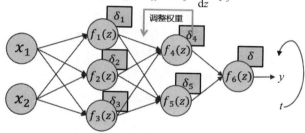

计算 w_{46} 和 w_{56} 的新权重

13.6　激活函数

最后还要介绍一下激活函数，它是神经网络中的一个关键组件。激活函数的主要作用是在神经元中引入非线性特性，神经网络的主要目标是学习数据样本的复杂关系，而非线性激活函数能够帮助神经网络学习更加复杂的规律。

神经网络的基本单位是神经元，每个神经元都有一个激活函数，经过激活函数处理后的结果才是神经元的输出。在神经网络向前传播的过程中，输入信号经过加权求和后再继续传递给激活函数，激活函数对这个加权和处理后得到神经元的输出。

常见的激活函数如下：

- Sigmoid 函数，该函数的公式为 $f(x) = \dfrac{1}{1 + e^{-x}}$，它的作用是将输入值映射到 0 到 1 之间的范围，适用于二分类问题。

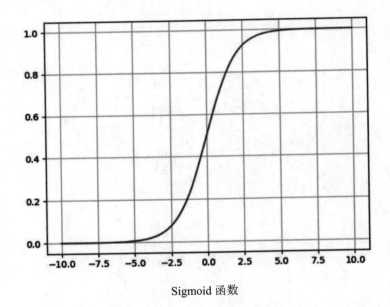

Sigmoid 函数

- ReLU 函数，该函数的公式为 $f(x) = \max(0, x)$，当输入大于等于 0 时，输出为输入值，否则输出为 0。

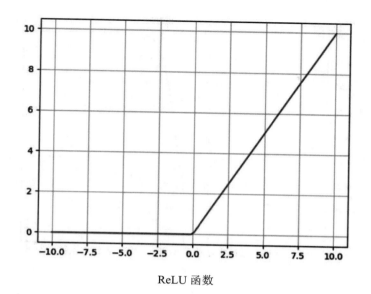

ReLU 函数

- Leaky ReLU 函数，该函数与 ReLU 函数类似，公式为 $f(x) = \max(ax, x)$，其中 a 是一个很小的正数（如 0.01）。这样的话在输入为负数时不会完全变为 0，而是有一个很小的斜率。

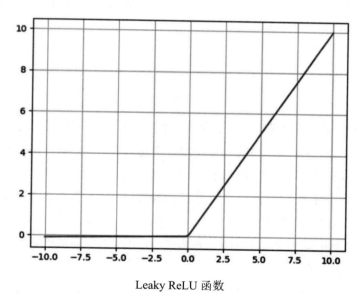

Leaky ReLU 函数

- Tanh 函数，该函数的公式为 $f(x) = \dfrac{e^x - e^{-x}}{e^x + e^{-x}}$，它将输入值映射到 -1 到 1 之间的范围内，适用于输出需要有负值的情况。

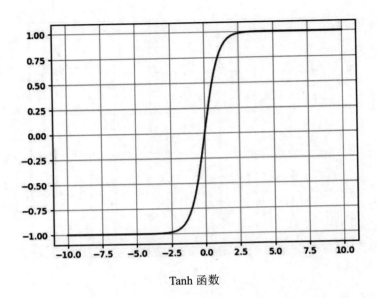

Tanh 函数

● Softmax 函数，该函数常用于多类别分类问题。它通常用于神经网络的最后一层，将一组值转换为概率分布的值，使得模型能够预测多个类别中每个类别的概率。假设有一组数值 $x = [x_1、x_2、x_3、\cdots、x_n]$，则 Softmax 函数负责将每个数值转换为其对应类别的概率 p_i，其公式为：

$$p_i = \frac{e^{x_i}}{\sum_{j=1}^{n} e^{x_j}}$$

其中 e 是自然常数，n 是类别的数量。很明显可以看到它能将一组数值映射到一个概率分布，使得所有类别的概率之和为 1。这种映射方式能让分值较大的类别具有更高的概率，而分值较小的类别则具有较低的概率。下面通过两个例子感受下这个函数的作用。

假设我们有 10 个分类，对应的一组数值分别为 [2, 1, 0, -2, 3, 5, 2, 1, 4, 3]，通过 Softmax 函数将它们映射到概率中的效果是怎样的呢？如下图所示，可以看到第六个值是最大值 5，它对应的概率差不多是 0.6。注意负数也是有概率值的，不过映射后的概率非常小。最后要关注的是所有概率值加起来等于 1。

Softmax 从字面意义上看表示软化的 max() 函数操作，软化就是不让数值非黑即白，它还能够存在中间状态。比如一组数值经过 max() 函数后的值类似 0, 0, 1, 0, 0, 0, 0, 0, 0, 0，也就是只有一个分类对应的值为 1，其他都为 0。然而通过 Softmax 函数则可以让每个分类都有概率值，如下图所示，分类 3 概率值最大，其他原来值虽然为 0 但仍然也有很小的概率。

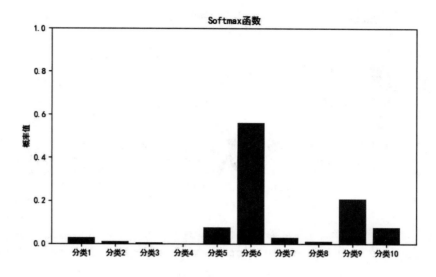

Softmax 函数效果 1

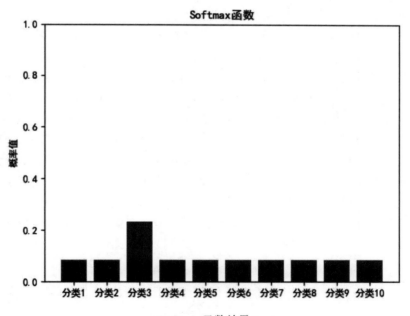

Softmax 函数效果 2

　　不同的激活函数适用于不同的场景，选择合适的激活函数可以在神经网络的训练过程中取得更好的效果。

第**14**章
深度学习"大力出奇迹"

到目前为止我们已经学习了人工智能和机器学习两个概念，本章将继续学习另一个重要的概念——深度学习。机器学习属于人工智能的子集，而近些年大火的深度学习又是机器学习的子集。它们的关系就像是俄罗斯套娃，一层套一层。

- 人工智能是一门研究如何通过计算机来模仿人类各种智能的学科，包括学习、推理、问题解决、语言理解、感知、决策和情感等。人工智能的目标是创造智能代理，使其能够在所有或特定的领域上表现得类似于人类。人工智能不仅仅涉及机器学习和深度学习，它还包括符号推理、知识表示、专家系统等传统方法。

- 机器学习是人工智能的一个分支，它专注于研究让机器自行学习的算法，从而使计算机能够从数据或环境中学习并改进性能。需要注意的是，机器学习不是通过明确的编程来完成任务，而是根据大量数据或环境来自动分析并自动调整模型参数，从而提取事物的模式和规律。机器学习中，通过学习得到的模型能够做出准确的预测或决策。

- 深度学习是机器学习的一个分支，它着重于使用称为神经网络的模型来处理和学习数据。神经网络是一种由多层神经元组成的模型，而所谓的"深度"就是说使用了很多层的神经网络来实现学习。浅层的神经网络属于机器学习的范畴，而深层神经网络是对其的一种扩展，层数多了就变成深层。之所以深度学习这么火爆是因为它比传统的机器学习算法拥有更高的准确率，神经网络层数越多就具有越强的特征提取能力，在图像识别、自然语言处理等领域都取得了非常显著的成果。

人工智能、机器学习、深度学习的关系

14.1　什么是深度学习

深度学习是以深层神经网络结构为基础的学习方法，通过建立很多层的神经网络来模拟人类大脑处理信息的方式。它的核心思想是通过多层次机制来捕捉不同层次的特征，网络层次多了就能捕捉更多不同层次的特征。

深度学习的发展并非一帆风顺，深度学习最早在 20 世纪 80 年代被提出来。虽然当时也取得了一定的成功，但受限于当时的硬件计算能力和数据资源缺乏，它并没有得到太多的关注。到 2000 年代初，研究者改进了深度学习的训练算法使得深层网络的训练更加稳定，这也为深度学习崛起奠定了基础。后来 2010 年代得益于互联网的海量数据及计算能力巨大的发展，深度学习一路高歌，在不同领域不断地刷新纪录。2010 年代末到现在，超级大规模预训练模型取得划时代的成功，以 ChatGPT 为标志的新的人工智能里程碑有可能引领新的工业革命。这些大规模预训练模型包括 BERT、GPT 和 Transformer 等，都属于深度学习的范畴。

具体多少层的神经网络才能叫深度？这个问题没有一个明确的定义。通常认为浅层神经网络是指神经网络的层数相对较少的网络结构，通常只有少数几层（比如一到两层）的神经元。浅层网络适用于一些简单的任务，其中输入数据的特征比较直接，不需要复杂的特征提取和抽象。相应地，深层网络是指神经网络的层数较多的网络结构，它包含了很多个隐藏层。深层网络的优势在于其能学习到更高层更抽象的特征。

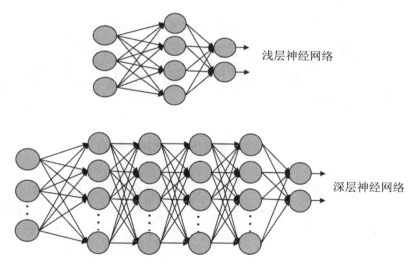

浅层神经网络与深层神经网络对比

自 2010 年代以来，深度学习成了人工智能最闪耀的研究。深度学习之所以有这么大的性能提升，是因为它具有类似人脑一样的深层神经网络，它能更好地模拟了人脑的工作。

14.2　自动特征提取

自动特征提取是机器学习和深度学习领域中的一个非常关键的概念，所谓自动提取指的是让计算机自动从原始数据中学习和提取有用的特征，而无须人工手动去设计模型的特征。

在传统的机器学习中，特征工程通常是一项耗时且需要具备专业领域知识的工作，它需要人工分析并选择特征。这种方式存在主观性和限制性，而且每个任务都需要手动设计一遍。而深度学习通过神经网络的多层次表示学习来实现自动特征提取，它可以自动地从原始数据中学习一系列特征表示，逐渐从底层到顶层进行抽象，捕获不同层次的模式。

如下图所示，是传统机器学习中人工设计特征与深度学习中自动特征提取两个不同的过程。对于人工设计特征，假如我们要实现一个识别不同动物的神经网络模型，那么我们就要先让熟悉这些动物的专业人士来确定哪些特征可以作为有效的特征，比如体型、大小、颜色、毛发、花纹和运动等。设计好这些特征后，将其作为神经网络的输入信息，经过神经网络计算后最终输出不同动物的概率值。而深度学习则不需要去设计什么特征，这一切都交给深层神经网络。它会逐层提取有用的特征，至于提取的是什么特征我们并不知道，但我们能确定的是它提取的特征非常有效，最终能输出各种动物的概率值。很明显可以发现，两种方式的输入不同，其中人工设计特征的方式需要先确定每个特征的数值后再输入到神经网络中，而自动特征提取的方式则直接将整个图片输入到神经网络。

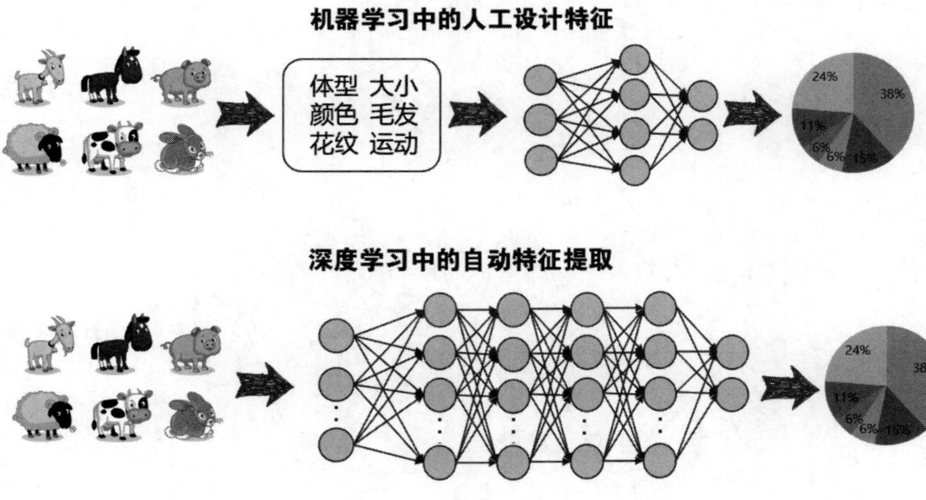

传统机器学习与深度学习

自动特征提取使得开发者不必过多关注特征的设计，而是将更多的精力放在模型的设计和调优上。从这方面来看深度学习的学习方式更像人类的学习方式，它无须人工设计特征，而是通过大量数据自动确定需要提取的特征信息。

14.3　卷积神经网络

前面我们已经了解了神经网络的工作原理，原始的神经网络中层与层之间的神经元都是互相连接的，这会导致神经网络总的参数量非常庞大。特别是在图像处理领域，这是一个非常致命的缺点。假如有一张图片的像素为 1000×1000，那么这张图片总共有 100 万个像素值，神经网络输入层的神经元个数必须为 100 万。如果与之连接的隐含层有 100 个神经元，那么神经网络的参数量就已经达到亿级别；如果再增加若干隐含层，则参数量将再升高几个量级，远远超出常规计算资源的计算能力范围。

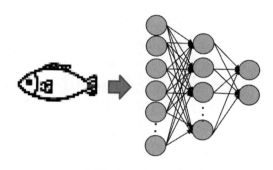

图片像素点输入神经网络

另外，原始的神经网络结构会导致图片中相邻区域之间的特征丢失，因为二维图像转成一维数据后就丢失了这些特征。原始神经网络受限于以上两大难题，我们无法直接将原始神经网络应用于图像处理领域，所以我们必须要对其进行改进。

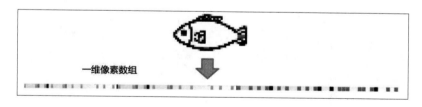

二维像素转为一维像素

那要怎么改进神经网络呢？科学家将目光转向人类本身，研究分析我们的眼睛是如何运作的。虽然人类并未完全破解大脑的奥秘，但当前对大脑认知原理的研究给了人工智能很多启发。科学家发现人类视觉系统在处理信息时是分层处理的，从最初收到的光信号到识别信息的完整流程如下。

（1）光线进入眼睛，光线激活感光细胞产生电信号，即图像电信号。

（2）电信号到达大脑的初级视觉皮层，神经元检测边缘边界。

（3）大脑的视觉皮层进一步处理并提取边缘、颜色、纹理等有用的特征。

（4）高级视觉区域将特征组合成更高级的模式，帮助我们识别物体、人脸和场景。

（5）大脑结合信息、经验和知识进行上下文处理，理解模糊、遮挡或变形的元素。

（6）大脑通过注意力机制选择关注重要的区域，提高识别准确性。

从人类视觉处理系统的处理过程中得到的最大启发是"逐层处理"，从最基础的特征一层层往上到高级特征，最终不同的高级特征组合起来帮助人类进行识别。卷积神经网络就是受此启发提出来的，它引入了卷积操作来提取特征，并且构建多层神经网络来实现从底层特征到高层特征的提取。

再回到前面原始神经网络处理图像的两个大问题。为了解决参数量庞大的问题，我们必须要减少参数数量。首先想到的是可以构建部分连接的神经网络，每个神经元不再与上层所有神经元相连，而是与某部分相连。其次通过权值共享来减少参数数量，一组连接可以共享权重而不必每个连接独享一个权重。最后再通过池化来减少每层的维度数，从而减少参数数量。至于第二个问题的解决方案也简单，那就是保持图像原有的二维结构，这样就能保留相关联的特征了。卷积神经网络正是兼顾了以上所有点进行改进的神经网络。

下面是一个简单的卷积神经网络结构示意图，它主要包含了卷积和池化操作，最后再通过原始神经网络全连接的方式进行输出。可以看到原始图像经过第一次卷积处理后会得到若干层的特征层，特征层的层数由我们自定义的卷积个数所决定，如果定义了4个卷积核就得到4层特征层。然后经过池化处理将卷积后的特征层进行降维，得到更小的特征层，池化前后的层数相同。接着继续做卷积和池化操作，最后通过全连接层完成输出。这里我们先大致了解卷积神经网络的结构及两个核心操作，下面再对相关细节展开讲解。

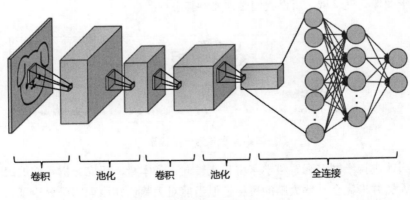

卷积　池化　卷积　池化　全连接

卷积神经网络结构

14.3.1　卷积运算

卷积（Convolution）是在数学和信号处理领域中的一个基本概念，它作为一种运算操作通常用于信号处理、图像处理与神经网络领域。在不同的领域中，卷积可以具有不同的含义和应用，但其基本概念和思想是类似的。在最常见的情况下，卷积是一种通过将两个函数之间的一部分内容进行叠加来创建新函数的数学操作，可以视为一种对两个函数之间的信息交互的表示。

14.3.2 信号处理领域的卷积

在信号处理领域，卷积通过将两个函数进行叠加与加权求和来获得另一个函数，通常通过滑动一个函数（滤波器）在另一个函数（输入信号）上来实现。滤波器在不同位置与输入信号重叠，然后在每个位置上进行相乘并求和，从而得到输出信号中的一个值。下面通过一个例子来理解卷积运算的过程。

第一步，假设最开始信号为 [2,1,3,1]，滤波器为 [1,2,2,3]。

第二步，滤波器在滑动之前需要翻转，变为 [3,2,2,1]。

第三步，信号位置不变，准备由滤波器开始向右滑动。

第四步，滤波器第一个元素与信号相交，计算第一个值 2×1=2。

第五步，滤波器右移一格，两个元素与信号相交，计算第二个值 2×2+1×1=5。

第六步，滤波器继续右移，三个元素与信号相交，计算第三个值 2×2+1×2+3×1=9。

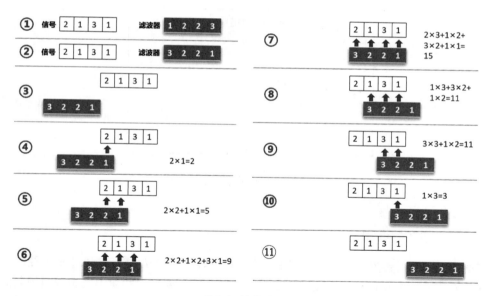

卷积运算的过程

第七步，滤波器右移，四个元素与信号相交，计算第四个值 2×3+1×2+3×2+1×1=15。

第八步，滤波器右移，三个元素与信号相交，计算第五个值 1×3+3×2+1×2=11。

第九步，滤波器再右移，两个元素与信号相交，计算第六个值 3×3+1×2=11。

第十步，滤波器继续右移，一个元素与信号相交，计算第七个值 $1 \times 3 = 3$。

第十一步，滤波器右移后不再存在相交的情况，停止计算，最终的七个值便是卷积运算得到的结果，即 [2,5,9,15,11,11,3]。

所以信号为 [2,1,3,1] 与滤波器为 [1,2,2,3] 的两个函数经过卷积运算后的最终结果为 [2,5,9,15,11,11,3]。可以看到整个运算过程就是将滤波器函数翻转后一步步向右移动与信号函数进行交互运算，相交的元素进行加权求和计算。每次右移都会产生一个结果值，当滤波器完全经过信号后便能得到卷积的所有值。如下图所示，例子中的信号函数与滤波器函数卷积运算后得到一个新的函数。

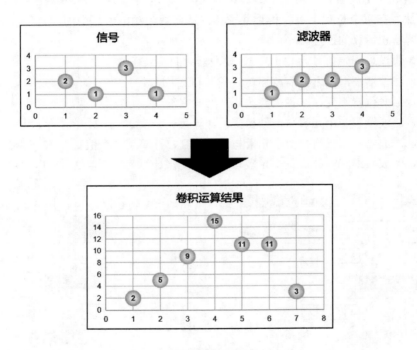

卷积运算的结果

14.3.3 图像的卷积

在图像处理和神经网络领域中，卷积是一种基本且核心的运算，从"卷积神经网络"名称中便能看出来。卷积运算的主要作用是提取特征，它主要是因图像识别领域而崛起的，所以一讲到卷积神经网络通常就会与图像关联。但实际上卷积神经网络是一种通用的网络架构，不仅能应用于图像，它也能应用于文本和语音的处理。这里我们仍然以经典的图像领域来讲解卷积神经网络。

对于图像，卷积运算中的滤波器也被称为卷积核或核函数。图像处理的卷积运算与信号处理领域存在着微小的差异，主要是图像处理中的卷积运算不进行翻转。而且图像通常对应着二维数据，所以卷积核也是一个二维的，比如 2×2 或 3×3 的卷积核。卷积核在图像像素矩阵上一格格移动并进行加权求和，从而计算出图像对应位置卷积后的像素值。不同的卷积核有不同的作用，比如可以实现平滑、边缘检测、特征提取等。

下面我们通过一个图像卷积运算的例子来理解这个运算的过程。假如有一张二值图像，像素值由 $\begin{bmatrix} 0 & 1 & 1 & 0 & 1 \\ 0 & 0 & 0 & 1 & 1 \\ 1 & 0 & 1 & 0 & 0 \\ 1 & 0 & 1 & 1 & 1 \\ 1 & 1 & 0 & 0 & 1 \end{bmatrix}$ 二维数组来表示，而卷积核是 $\begin{bmatrix} 1 & 0 & 1 \\ 0 & 1 & 0 \\ 1 & 0 & 1 \end{bmatrix}$ 二维数组。现在卷积核开始在图像上逐步移动进行加权求和运算，第一步卷积核与图像左上角 3×3 的元素重合并计算加权求和结果为 3，第二步卷积核右移一格计算加权求和结果为 1，第三步卷积核再右移一格计算加权求和结果为 4。第四步，此时卷积核无法再往右移，所以往下移动一格继续从左边开始运算，计算加权求和结果为 2。类似地，将卷积核一格格移动并计算加权求和，如果无法横向移动则向下移动一格并从最左边开始右移，当卷积核到图片最末尾时则完成了整个卷积运算过程。第六步即是最后一个卷积运算，加权求和结果为 3。

一个 5×5 的图像经过 3×3 的卷积核运算后最终将得到一个 3×3 的卷积结果，可以看到图中每一步的卷积将会得到一个值，最终所有的值组成卷积结果数组。

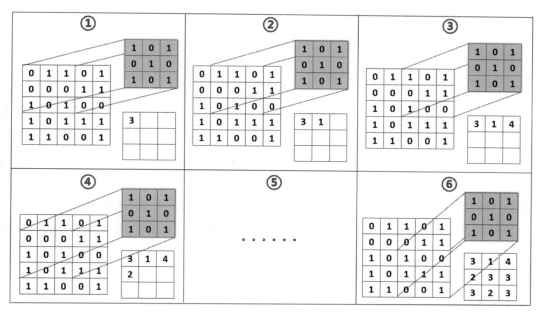

图像卷积过程

上面例子中的卷积操作每次移动的步伐为 1 个单位，此时我们称步长为 1，实际上我们也可以每次移动 2 个单位，即将步长设置为 2。如下所示，当步长设为 2 时，我们只需要 4 步就能将整个图像遍历完了，最终得到一个 2×2 的数组。很明显卷积后的结果除了与图像数组大小相关外，还与卷积核的步长有关。

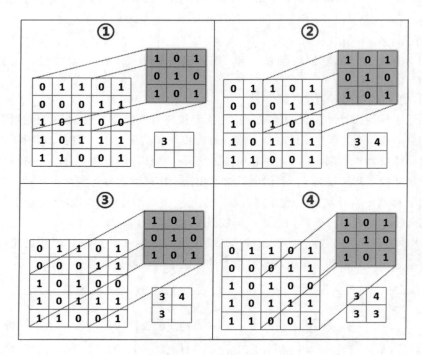

步长为 2 的卷积过程

　　在实际项目中通常会使用多个不同的卷积核进行运算，而且现实中常见的有颜色的图像是由红、绿、蓝 3 个颜色通道组成的，即有 3 个 5×5 的二维数组，每个元素值的范围是 0 ～ 255。假设我们还定义了 5 个不同的卷积核，那么这 5 个卷积核都将分别在 3 个颜色通道数组上进行卷积计算，在步长为 1 的情况下每个卷积核都将产生 3 个 3×3 的二维数组。一共 5 个卷积核的情况下，最终将产生 5 组结果，每组都由 3 个 3×3 的二维数组组成。

　　另外在实际项目中经常还会进行边缘填充处理，通常会使用 0 填充策略，直观上看就是使用 0 将数组围起来。如下所示，一个 5×5 的二维数组经过 0 填充后变成 7×7 的二维数组。那么为什么要对边缘进行填充处理呢？主要有两个原因：一是它能减少边缘特性的丢失；二是能保证卷积后数组大小一致（步长为 1 的情况下）。

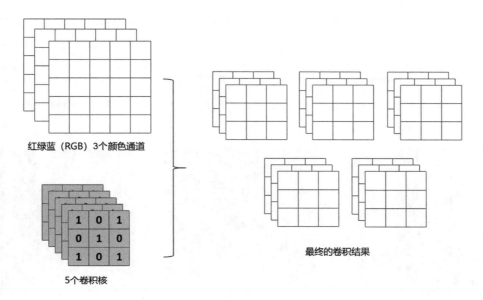

红绿蓝（RGB）3个颜色通道

5个卷积核

最终的卷积结果

三通道与多个卷积核

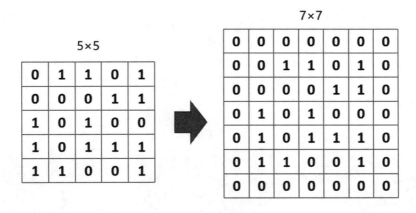

5×5

7×7

边缘填充

14.3.4 常见卷积核

在卷积神经网络中卷积核是核心概念，通常我们在定义网络结构时就会定义好卷积核的大小及个数，然后通过训练后便能得到每个卷积核的参数值。也就是说卷积神经网络的卷积核不需要我们人工去定义参数值，而是通过学习得到，它们自己去确定自己负责提取的特征。但为了我们能更好地理解卷积核的作用，我们看看图像处理领域中常见的卷积核，这些卷积核的参数值都是由人工设计出来的，可提取不同特征。下面我们一起认识4种常见的卷积核。

（1）边缘检测卷积核，用于检测图像中的边界和轮廓。通常包括水平检测（Sobel X）和垂直检测（Sobel Y）两种卷积核，具体的参数值为 $\begin{bmatrix} -1 & 0 & 1 \\ -2 & 0 & 2 \\ -1 & 0 & 1 \end{bmatrix}$ 和 $\begin{bmatrix} -1 & -2 & -1 \\ 0 & 0 & 0 \\ 1 & 2 & 1 \end{bmatrix}$。两种卷积核处理的效果与原图对比如下，Sobel X 突显了水平边缘，而 Sobel Y 则突显了垂直边缘。

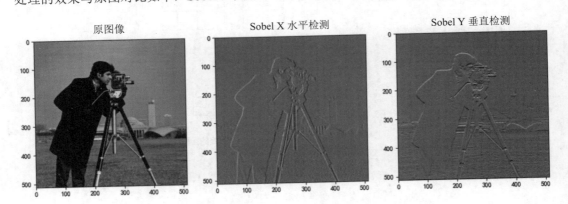

原图与水平检测及垂直检测的对比

（2）模糊卷积核，用于对图像进行模糊和平滑处理。通常包括均值模糊和高斯模糊两种卷积核，具体的参数值为 $\begin{bmatrix} 1/9 & 1/9 & 1/9 \\ 1/9 & 1/9 & 1/9 \\ 1/9 & 1/9 & 1/9 \end{bmatrix}$ 和 $\begin{bmatrix} 1/16 & 1/8 & 1/16 \\ 1/8 & 1/4 & 1/8 \\ 1/16 & 1/8 & 1/16 \end{bmatrix}$。两种卷积效果如下，相比于原图像后面两个图片变模糊了。

原图与均值模糊及高斯模糊的对比

（3）锐化卷积核，用于增强图像的边缘和细节，它的参数值为 $\begin{bmatrix} 0 & -1 & 0 \\ -1 & 5 & -1 \\ 0 & -1 & 0 \end{bmatrix}$，锐化的效果与原图对比如下。

原图与锐化效果的对比

（4）浮雕效果卷积核，它可以产生一种凹凸感，使图像看起来像浮雕。它的参数值为

$\begin{bmatrix} -2 & -1 & 0 \\ -1 & 1 & 1 \\ 0 & 1 & 2 \end{bmatrix}$，产生的浮雕效果与原图对如下图所示。

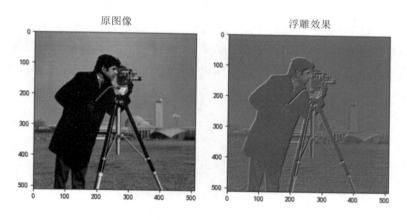

原图与浮雕效果的对比

以上是常见卷积核对图像处理后的不同效果，通过这些效果能让我们感受到卷积核的作用。卷积神经网络中卷积核的作用也是这样，通过训练学习到的卷积核能提取不同的图像特征。但有一点我们要知道，这些卷积核所提取的特征并非一定能从人类的视觉去理解，神经网络认为某个卷积核有作用，但我们从人类思维无法理解该卷积核提取的是什么特征，没办法给它做出定义。

14.3.5　池化

池化（Pooling）是卷积神经网络中的一种用于降低特征图大小的操作，它通过对特征图的局部区域进行融合来达到减少数据维度的效果，池化有助于减少计算量和控制过拟合。常见的池化方式有两种：最大值池化和平均值池化。最大值池化是在特征图的每个局部区域中选择最大的值作为池化后的值，可以看成是保留了特征图中最显著的特征。平均值池化是在特征图的每个局部区域内计算所有值的平均值作为池化后的值，这种池化操作在一定程度上可以平滑特征图，并减少图像中的噪声影响。

池化操作有两个关键的参数需要我们确定，池化窗口大小和步幅。前者决定了在特征图像上进行池化时每次选择多大的局部区域，后者则确定了在特征图像上滑动池化窗口的步幅，用于设定池化操作之间的重叠程度。最大值池化和平均值池化的操作步骤如下：

（1）设定池化窗口大小和步幅，通常将池化窗口设为2×2或3×3，通常也对应地将步幅设为2或3，这种移动窗口的方式使窗口之间不会重叠。

（2）池化窗口按照步幅在特征图像上依次滑动并计算窗口内所有值的最大值或平均值，将它们的值作为池化的结果值。

（3）将所有结果值按结构顺序保存起来组成池化后的数组。

下面通过图示分别讲解两种池化方式。最大值池化过程如下图所示，假如存在一个6×6的二维数组，设定池化窗口大小为3×3，步幅为3。第一步的窗口处于图像数组的左上角，窗口范围内的最大值为6，得到第一个池化结果值。第二步的窗口移动到图像数组的右上角，窗口范围内的最大值为9，得到第二个池化结果值。第三步的窗口移动到图像数组的左下角，窗口范围内的最大值为7，得到第三个池化结果值。第四步的窗口移动到图像数组的右下角，窗口范围内的最大值为8，得到第四个池化结果值。一个6×6的二维数组经过池化处理后变为一个2×2的数组。

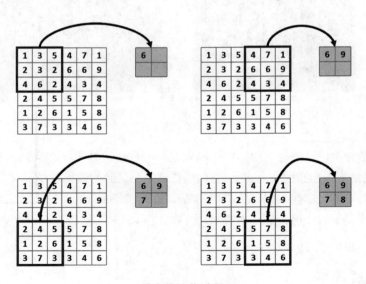

最大值池化过程

平均值池化过程也类似，唯一不同的地方是在窗口范围内不是取最大值，而是取窗口内所有数值的平均值。如下图中，按照窗口的滑动分别计算窗口范围内的平均值，最终得到池化后的结果，也是一个 2×2 的数组。

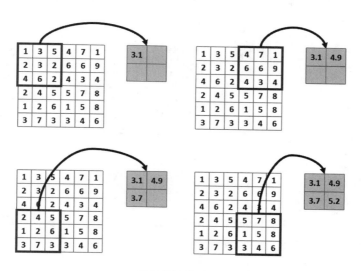

平均值池化过程

从上面的两个过程中可以看到，池化能很明显地降低原来数组的大小，也就是说它能很大程度地减少神经网络的参数量。此外，窗口的大小及步幅决定了最终池化的结果。下图展示了两种池化的效果，其中窗口为 8×8 且步幅为 8，能看到两种池化后都明显有"马赛克"，图像的分辨率降低了。512×512 的原图像，池化后变成 64×64 的图像。

原图像　　　　　　最大值池化　　　　　　平均值池化

最大值池化与平均值池化

14.3.6　提取的特征

传统神经网络需要人工设计各种特征，而卷积神经网络则能自己提取特征。那么它提取的特征是什么样的呢？假设我们已经训练好一个能够识别小狗的卷积神经网络模型，现在输入一张图片，该模型会输出它预测的结果，在最大概率的五个预测结果中概率最高的是萨摩耶，即认为该图片有 99.1581% 的概率是一只萨摩耶。

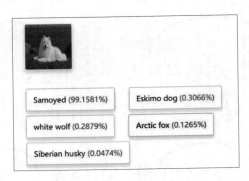

萨摩耶预测

然后我们来看第一个卷积层，如下图所示可以看到通过卷积核的操作后不同的特征都被突出了，突出的特征包括不同类型的边缘、亮度和对比度等等。

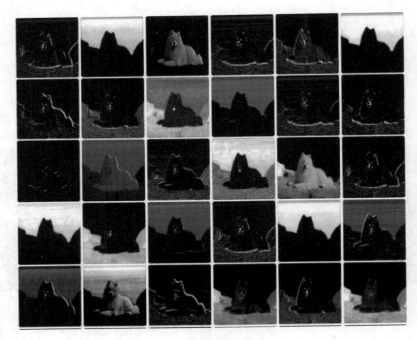

第一个卷积层特征

继续探索更深的卷积层，可以看到图中的特征越来越抽象。包含了不同的纹理和角度特征，还可能提取了眼睛、鼻子或其他部位的特征。

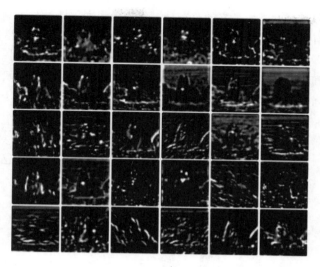

更深卷积层特征

继续往下到最后一个卷积层,此时图中的特征已经抽象到我们人类无法理解了。对于我们大脑来说,这些特征并没有任何意义。不过对于卷积神经网络来说却是非常有用的特征信息。

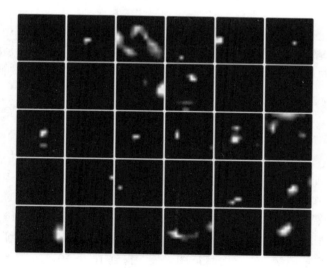

最后卷积层特征

14.3.7　经典卷积神经网络模型

目前为止我们已经了解了卷积神经网络这种深度学习模型,包括卷积运算、图像的卷积以及池化等核心概念。在图像识别领域,机器的识别能力已经超过人类的识别率,而这种革命性的进步正是卷积神经网络所带来的。在全世界图像识别领域最有影响力的 ImageNet 挑战赛中，2010 年到 2017 年的赛事最好成绩如下，其中纵坐标表示识别的错误率。在 2012 年之前都是使用传统机器学习方式，直到 2012 年卷积神经网络出现后，识别错误率大大降低，于是图像识别领域中卷积神经网络已经成为最基础的网络结构。往后在卷积神经网络的加持下，错误率继续降低，到 2015 年时的深度残差网络（ResNet）则直接超越了人类的识别水平。

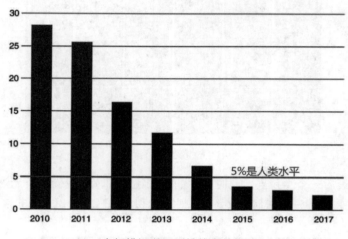

大规模视觉识别挑战赛结果

卷积神经网络是为了解决人类视觉问题而提出来的，不过现在其他领域也都会使用。经典的卷积神经网络包括 Lenet5、Alexnet、VGG 和 ResNet 等，当然还有其他优秀的网络结构，这里不一一列举。

实际上，20 世纪 80 年代就已经发明了卷积神经网络，但受限于当时硬件条件而无法训练如此复杂的网络，直到后来 90 年代才开始真正的实践。1998 年杨乐昆（Yann LeCun）提出了使用卷积和池化操作来融入到深度神经网络中，即卷积神经网络，通过 Lenet5 网络结构来解决手写数字的识别问题。此时的效果已经很不错了，能达到传统机器学习的水准。它的架构如下，将 1 个 32×32 的原图像作为输入，通过 6 个 5×5 的卷积核进行特征提取，得到 6 个 28×28 的特征图。然后再通过 2×2 窗口进行池化操作，最终得到 6 个 14×14 的特征图。接着再使用 16 个 5×5 的卷积核进行卷积操作，每个卷积核同时对 6 个特征图进行扫描再做加权求和就能使 6 个特征图融合成一个特征图，最终得到 16 个 10×10 的特征图。然后再次通过 2×2 窗口进行池化操作，得到 16 个 5×5 的特征图。往下再将 16 个 5×5 特征图按顺序排列神经元，以神经网络全连接的方式与下一层的 120 个神经元相连。接下来再将这 120 个神经元与下一层的 84 个神经元进行全连接，最后与 10 个神经元全连接并通过 Softmax 激活函数输出 0 ～ 9 这十个数字的概率值。

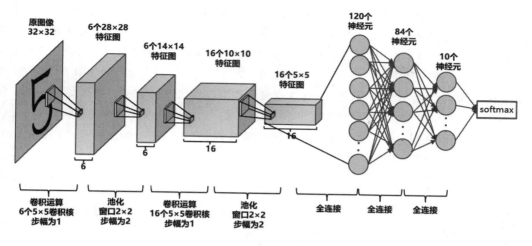

Lenet5 网络结构

后来随着可用数据及计算能力指数增长，使得我们能够构建并训练更复杂的模型。特别是 ImageNet 开源数据集的出现，其包含的数百万张人工标注的图像可以说是图像深度神经网络模型肥沃的养料。在 2012 年的 ImageNet 挑战赛中，图灵奖得主辛顿和他的学生亚历克斯·克里泽夫斯基开发了 Alexnet 深度卷积网络。该网络的结构类似于 Lenet5，但是它的卷积层深度更深，参数总数达数千万。具体结构如下图所示，注意这里输入的图像是 RGB 三通道图像，经过 96 个卷积核处理后得到 96 个 55×55 的特征图，池化后变成 96 个 27×27 特征图。再经过 256 个卷积核处理后得到 256 个 27×27 特征图，再池化后变成 256 个 13×13 特征图。接着连续进行 2 次 384 个卷积核的运算，2 次都是得到 384 个 13×13 的特征图。继续经过 256 个卷积核处理得到 256 个 13×13 的特征图，池化后变成 256 个 6×6 特征图。最后是经过神经元数量分别为 9216、4096、4096 和 1000 的 4 个全连接进行连接后通过 Softmax 函数得到最终的 1000 个分类的概率值。Alexnet 深度卷积网络大幅提升了该项赛事的最高得分，深度卷积网络一战成名。

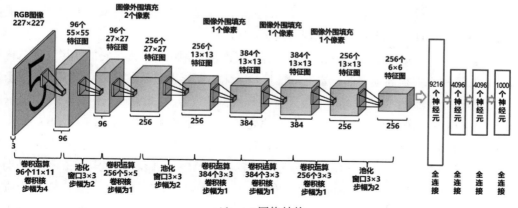

Alexnet 网络结构

2014 年，牛津大学视觉几何组（Visual Geometry Group）在 ImageNet 挑战赛中提出了 VGG 模型。比起 Alexnet，它主要是将卷积核缩小了，全部改用 3×3，而且将激活函数改成使用 ReLU。VGG 模型结构如下图所示，输入是 224×224 的 RGB 图像，然后经过 2 个卷积操作和 1 个池化操作得到 64 个 112×112 特征图。接着继续进行 2 次卷积操作和 1 个池化操作得到 128 个 56×56 特征图，再继续执行 3 次卷积和 1 次池化得到 256 个 28×28 特征图。往下再执行 3 个卷积和 1 个池化得到 512 个 14×14 特征图，接着再执行 3 个卷积和 1 个池化得到 512 个 7×7 特征图。最后是连接 2 个 4096 全连接以及 1 个 1000 全连接，并通过 Softmax 函数得到 1000 个概率值。

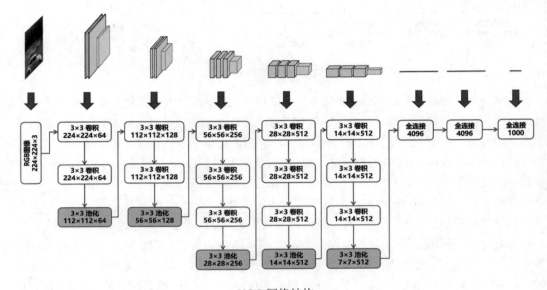

VGG 网络结构

2015 年残差网络（ResNet）被提出，使得机器的图像识别能力超过了人类。该网络结构由原来微软研究院的何恺明博士提出，ResNet 的战绩辉煌，在当年一举拿下 5 项第一。要理解 ResNet 网络结构我们必须先理解批量归一化和残差块。

批量归一化（Batch Normalization）是一种神经网络正则化的技术，它的作用是规范化输入数据以加速训练并提高模型的稳定性。批量归一化的主要思想是在神经网络层的激活函数之前对数据进行规范化，以确保其均值接近于 0，标准差接近于 1。批量归一化的效果如下图（a）所示，数据分布看起来"扁扁的"，经过归一化处理后变成"圆圆的"，如图下图（b）所示。

残差块是 ResNet 的核心组件，每个残差块都包括两个卷积操作，卷积核大小为 3×3。如下图所示，残差块有左右两种结构。右边比左边多了一个 1×1 卷积，这个卷积的作用是调整输入 x 的特征图个数及单个特征图的大小，使得 $z=x+y$ 运算时两者维度及大小相同，只有维度和大小相同的数组才能进行相加操作，如果两者维度及大小本来就相同则无须再进行 1×1 卷积。输入 x 先经过 3×3 的卷积处理，然后进行批量归一化处理，再经过 ReLU 函数处理，接着再继续 3×3 卷积处理，然后再进行批量归一化处理，将输入 x 与 y 进行相加得到 z，最后输入到 ReLU 函数处理后得到残差块最终的输出。

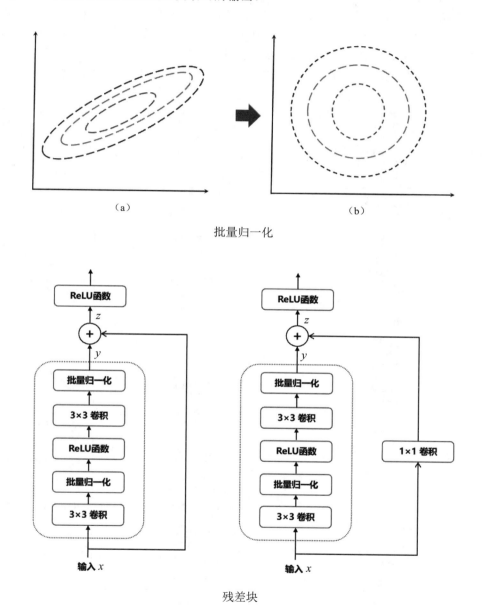

批量归一化

残差块

ResNet 有 Resnet18、Resnet34、Resnet50、Resnet101 和 Resnet152 这 5 个版本，主要差异在于网络的层数，后缀的数字表示网络的层数。层数越大对应的网络越深，参数量也越大。不管什么版本，其核心都是残差块，我们以 Resnet18 为例进行讲解，如下图所示。输入是

224×224×3 的 RGB 图像，通过 7×7 卷积后为 112×112×64 的特征图，再经过 3×3 池化后为 56×56×64 的特征图。接着是 2 个 A 残差块，每个残差块都包含了指定的若干操作，A 残差块不改变输入的维度及大小，经过 2 个 A 残差块后还是 56×56×64。然后接着 3 个 B 残差块—A 残差块对，注意 B 残差块会使特征图长宽减半，同时特征图层数加倍。所以经过第一个 B 残差块后得到 28×28×128 特征图，经过第二个 B 残差块时得到 14×14×256 特征图，经过第三个 B 残差块时得到 7×7×512 特征图。最后通过 7×7 池化操作得到 1×1×512 特征图，再与 1000 个神经元进行全连接并通过 Softmax 函数得到 1000 个分类概率值。

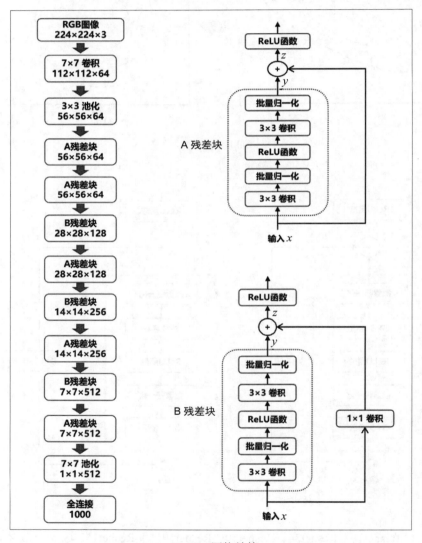

ResNet 网络结构

14.4　循环神经网络

循环神经网络（Recurrent Neural Network，RNN）是深度学习神经网络中非常重要的一类网络结构，主要用于处理时序数据。那么什么是时序数据？即按照时间间隔记录的数据，比如一天每个小时的温度。还有我们说的自然语言也属于时序数据，这些数据很可能前后有关联关系，比如"我肚子饿了，准备去××"，这句话根据前文语境的判断，"××"很大可能就是"吃饭"。此外，还有股票价格、气象数据、交通数据、生产销售数据等都属于时序数据。传统 RNN 衍生出了很多变种 RNN，RNN 代表所有循环神经网络，但通常我们也称传统 RNN 为 RNN。

RNN 在处理时序数据时具有记忆功能，能够综合考虑先前输入的信息来影响当前的输出结果，这使得 RNN 非常适合处理具有时间相关性或顺序性的数据。

14.4.1　RNN 网络结构

对于常规的神经网络，从输入层到若干隐含层再到输出层，层与层之间都是向前连接的。这种网络结构不符合时序数据的结构特征，所以不擅长时序数据的预测。为了使神经网络能记得之前的输入就必须将包含之前的相关信息也输入到当前时刻，循环神经网络提出将上一时刻神经元的信息输入到当前时刻，即将上一时刻的相关信息不断循环输入到当前时刻，这也是为什么叫"循环"的原因。这个过程可以看成是对前面的信息进行记忆，并且作为当前输出的决定因素之一，理论上循环神经网络能够处理任意长度的序列数据。

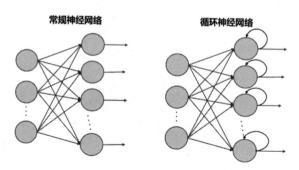

常规神经网络与循环神经网络

RNN 网络结构可以抽象成下图中的上半部分，此时它没有将时间维度表示出来。其中 x 表示输入，U 是输入层到隐含层的权重，h 是隐含层状态，v 则是上一时刻隐含层的状态，W 表示隐含层到输出层的权重，o 是输出。

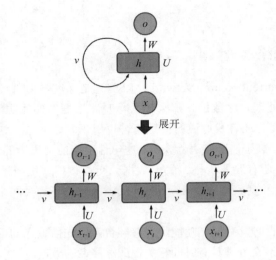

循环神经网络

为了更加直观地理解，我们将 RNN 网络结构展开，如图中的下半部分。此时就可以看到时间维度，输入 x、隐含层状态 h 和输出 o 都有了下标 t。t 表示当前时刻，$t-1$ 表示上一时刻，而 $t+1$ 则是下一时刻。很明显地，不同时刻的输入对应不同的输出，而且上一时刻的隐含层状态会影响当前时刻的输出。即当前时刻的输入与上一时刻的隐含层状态都作为当前输入的一部分共同决定当前时刻的输出，从更高层次来理解就是当前时刻的信息与上一时刻的信息共同决定当前的输出信息，每个时刻的信息环环相扣。

下图更清晰地展示了 RNN 的运算过程，假设有一个神经网络，隐含层由 2 层神经元组成，这 2 层分别包含 3 个神经元和 2 个神经元。上一时刻经过计算后需要将隐含层的 5 个神经元的状态保存起来，然后将它们输入到隐含层中，参与当前时刻的计算。

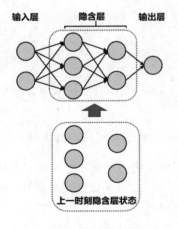

RNN 运算示意图

RNN 应用在字符预测。如下图,假如我们通过一批字符串数据样本训练了一个 RNN 模型,那么就可以使用它来预测字符的输出。比如我们输入 h 字符它就预测输出为字符 e,接着将隐含层状态与字符 e 一起再输入到模型中,则会输出字符 l。类似地,下一时刻输出字符 l,下下时刻输出字符 o。最终得到的整个序列 "hello"。可以看到整个过程中输入和输出都是同步的,即一个输入同步产生一个输出。

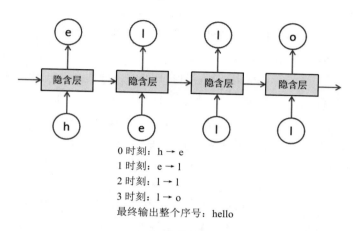

0 时刻:h → e
1 时刻:e → l
2 时刻:l → l
3 时刻:l → o
最终输出整个序号:hello

RNN 字符预测

RNN 一个输入同步产生一个输出的模式并不适合全部场景,在某些场景中存在很大的缺点,比如翻译场景不可能输入一个单词翻译一个单词,它必须是从整个语句综合预测输出。实际场景中很多任务都不属于同步预测,需要全部输入后才开始产生输出。对于这种异步的情况 RNN 也同样能胜任,如下图所示,先一个个输入 "你" "是" "谁",然后依次输出 "who" "are" "you",注意输出过程需要将上一时刻的输出作为当前时刻的输入。

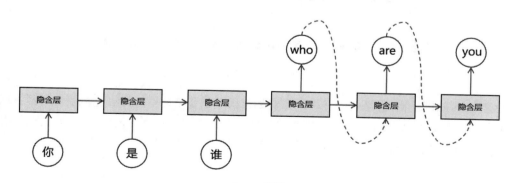

RNN 翻译

14.4.2 LSTM 网络结构

前文介绍的传统循环神经网络（通常直接称为 RNN）存在一个较大的问题，即难以捕捉序列的长期依赖关系。于是一种特殊的循环神经网络被提出来，即长短时记忆网络（Long Short-Term Memory，LSTM），它是传统循环神经网络的变种之一，专门用来解决长期依赖问题。就好比我们在阅读一本书籍，我们需要记住前面的文字内容才能更好地理解后面的内容。传统 RNN 很努力地去记住前面的内容，但当内容长度太长时却很容易忘记之前的信息。而 LSTM 则能解决这个问题，它拥有一种长时间记忆机制，能更好地处理长文本内容。LSTM 就像是你的大脑中的一部分，它帮助你记住过去的信息，同时允许你忽略不重要的部分。

LSTM 与 RNN 在整体设计结构上类似，只是核心组件内部不同。如下图中，左边是 RNN 的核心组件，可以看到当前时刻的输入 x_i 和上一时刻隐含层状态 h_{t-1} 进行张量拼接后输入到 tanh 函数就能得到当前隐含层状态 h_t。即 $h_t = \tanh[\text{concat}(ax_t, bh_{t-1})]$，假如有两个形状为 (n, m_1) 和 (n, m_2) 的张量，横向拼接后结果的形状将为 $(n, m_1 + m_2)$。LSTM 的核心组件内部就复杂很多了，可以看到包含了很多函数及操作，比如张量相乘、张量相加、Sigmoid 函数和 tanh 函数等。除了隐含层状态 h_t 会不断往前传播外，还有另外一个状态 C_t 也会不断往前传播。LSTM 的核心也是要得到隐含层状态 h_t，要计算 h_t 则要将前面的各个操作一步步合并计算才能得到。LSTM 的计算步骤比较复杂，我们只需要知道这样的设计能够很大程度解决长期依赖问题即可。

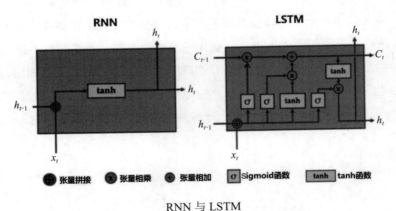

RNN 与 LSTM

总之，LSTM 是一种循环神经网络，在实际工程中更多是使用 LSTM 作为循环神经网络。它具有记忆机制，可以长时间地记住重要的信息，在处理序列数据时能够更好地捕捉长期依赖关系。在自然语言处理、语音识别、时间序列分析等领域都有着很广泛的应用。

14.4.3 架构类型

我们已经了解了 RNN 和 LSTM 的网络结构，明白了循环神经网络如何捕捉时序数据的前后关系，也知道它们被专门用来处理时序数据。然而在实际场景中使用 RNN 来建模时会涉及不同的输入输出长度，也就产生了不同的 RNN 架构类型。比如翻译场景中是多个输入产生多个输出（输入多个单词产生多个单词），而图像描述生成场景则是一个输入产生多个输出（输入一个图片产生多个单词）。根据输入输出的不同可以分为下图中的 5 种架构类型，包括一对一、一对多、多对一、异步多对多和同步多对多。图中的每个长方形都可以看成是一个向量或矩阵，箭头表示向量 / 矩阵流转的方向。最下方的长方形是输入向量 / 矩阵，然后进入到中间层的隐含状态，最后进入到最上方的长方形（输出向量 / 矩阵）。

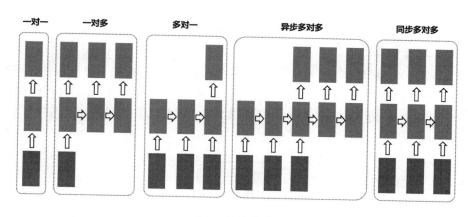

RNN 架构类型

- **一对一架构**，其实这种应用场景很少，因为一个输入对应一个输出也就意味着它们并没有时间的依赖关系，这种情况下 RNN 并不是最适合的模型，RNN 的主要优势在于处理序列数据的时间依赖性。通常情况下，这些任务会使用其他神经网络或机器学习模型来处理。虽然一对一架构很少在实际场景中使用，不过我们还是可以来了解下。我们以图片分类和文本分类为例，输入一个图片矩阵或一个文本矩阵，然后输入一个分类结果。

- **一对多架构**，这种应用场景是指接收一个输入，然后生成多个输出序列。RNN 的一对多架构允许模型生成多个输出序列，其中每个输出与输入都存在关联关系。这种架构通常可以帮助我们解决各种生成问题，比如图像描述生成场景，它接收一个图像矩阵作为输入，然后生成图像内容的描述文本。又比如文本生成场景，输入一个文本矩阵生成一篇文章。

- **多对一架构**，这种应用场景是指接收一系列输入，然后生成一个单一的输出。这种架构可以应用于文本分类，输入是一段文本序列，输出是文本所属的类别。前面一对一时也可以应用在文本分类，但要注意它是把整体当成一个输入的，忽略了时序的依赖关系。其他场景，只要是输入多个时序数据去预测一个输出的都可以使用这一架构。

- **异步多对多架构**，这种架构能够处理异步的输入和输出，它不要求一个输入同步对应一个输出。主要应用在输入与输出不同步的场景，若干个时序输入后才产生相应的输出序列。比如在句子翻译场景中，我们需要先将源语言的整个句子输入，然后才会产生多个输出，它并不是输入一个单词就翻译一次的。

- **同步多对多架构**，这种应用场景是指在多个输入和输出中，一个输入会相应地同步生成一个输出。这意味着输入和输出的时间步是一一对应的，具有相同的时间间隔。比如在股票预测中，一个数值输入就会有一个预测值输出。

14.5　变换器神经网络

变换器（Transformer）是一种深度学习模型架构，它是一种与 CNN 和 RNN 完全不同的网络结构，最初由谷歌在 2017 年的论文 *Attention is All You Need* 中提出。Transformer 的核心创新是引入了注意力（Attention）机制，从论文名也能看出注意力是核心，这种机制允许模型在处理序列数据时动态地关注不同位置的信息，而无须依赖固定大小的滑动窗口或卷积核。这使得 Transformer 能够捕捉长距离依赖关系，适用于各种序列建模任务。其创新的注意力机制和可扩展性也使得它成了深度学习中的一个重要工具。

毫不夸张地说，Transformer 的出现改变了自然语言处理领域的格局，大大提升了各种自然语言处理任务的性能。此外，在其他领域中也取得了巨大的成功，如计算机视觉和语音处理。在全世界掀起最新的一轮 AI 浪潮的 ChatGPT 的核心组件也是 Transformer，由此也可见它的强大程度。

在处理时序数据时，最经典的网络架构是"编码器 - 解码器"架构，这是一种通用的架构设计，它包含了编码器（Encoder）和解码器（Decoder）两部分。其中编码器负责对输入的数据进行编码，编码后得到的状态再传给解码器进行解码，比如输入"你是谁"由编码器编码后传入解码器并输出"who are you"。编码器和解码器可以由不同的神经网络来实现，通常会使用强大的 Transformer 作为这两部分的核心组件。

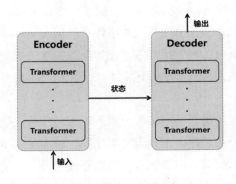

Encoder-Decoder 架构

14.5.1 注意力机制

注意力机制在某种程度上可以说是受人类视觉系统的启发，当我们想仔细观察周围环境时眼睛通常都会有选择地聚焦到某个点上，这就是注意力机制。深度学习的注意力机制也一样，通过选择性地关注某些输入信息，以便更好地理解和处理环境中的信息。深度神经网络模型根据任务的需要动态地分配权重，以关注输入的不同部分。这就好比人类眼睛快速地移动和调整焦点，以在视觉场景中选择性地关注不同的区域。大家尝试观察下面的图，刚开始我们从整体一眼扫过这张图并不会看到细节，接着我们会调整注意力聚焦到左边指定区域才能观察到"登机口 B"，然后聚焦右边指定区域观察到"登机口 A"。

（1）视觉场景——整体区域

（2）视觉场景——聚焦左边指定区域

注意力机制（一）

（3）视觉场景——聚焦右边指定区域

注意力机制（二）

注意力机制的核心思想就是从概览全局到聚焦局部以获得更深的观察能力。深度学习中的注意力机制已经成为一种被广泛使用的技术，下面我们详细看它的原理。由于注意力机制最早由自然语言处理领域所引入，所以我们仍然以自然语言为例。如下图所示，它是传统的 RNN 模型，包括了编码器和解码器两部分。在这个翻译场景中，先看编码器部分。输入"你"后得到的隐含层状态与下一时刻输入"是"共同计算下一隐含层状态，得到的隐含层状态再往下一时刻输入"谁"共同计算得到隐含层状态，最后的状态即为整个编码器的输出状态。接着看解码器部分，它将根据编码器的输出状态开始输出第一个"who"，接着将"who"作为下一时刻的输入与隐含层状态一起计算下一时刻的输出得到"are"，类似地最后输出"you"。

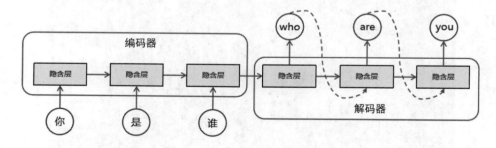

传统的 RNN 模型

接着看传统的 RNN 如何增加注意力机制，整体架构还是由编码器和解码器组成，不同的地方在于引入了注意力计算模块，该模块能在解码器输出结果时计算下一时刻注意力分布。如下图所示，当输出"who"后将状态 h_1、h_2、h_3、q_1 传入到注意力计算模块中，通过计算后得到注意力的分布为 0.02、0.96、0.02，这个分布告诉我们要重点关注 h_2 状态。你也可以想象将"你""是""谁"输入注意力计算模块，得到的就是这三个字的关注度分布。

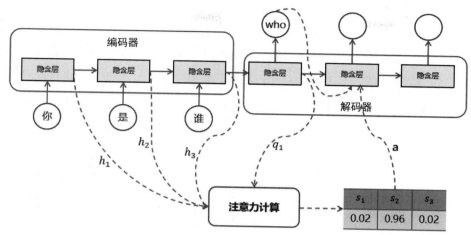

传统的 RNN 增加注意力机制

以上就是注意力机制的核心思想，不过还有一些细节没有展开。比如如何计算 q_1 与 h_1、h_2、h_3 的注意力（关联度），还有如何把 s_1、s_2、s_3 作为注意力的结果输入到编码器中。

对于第一个问题，我们需要一个打分函数 $s(h,q)$ 来计算注意力值。根据实际可以定义不同的打分函数，通常我们会使用点积模型，即 $s(h,q) = h^\mathrm{T}q$，其中 q 和 h 都是向量变量，q 被称为查询向量。打分函数的核心作用是计算查询向量与每个隐含状态的注意力分数。打分函数中向量 $h = [h_1, h_2, \cdots, h_n]$，而且任一个查询向量 q 与向量 h 任一元素的维数相同。所以对于 n 个隐含状态，查询向量 q 通过打分函数计算后将得到一个一维向量 $[s_1, s_2, \cdots, s_n]$，该向量中每个元素对应 n 个隐含状态的注意力分数。此外，还需要使用 Softmax 函数对注意力分数进行归一化，即 $s(h,q) = \mathrm{Softmax}(h^\mathrm{T}q)$，以使它们相加之和为 1。

对于第二个问题，很明显由于维数问题无法直接将得到的注意力分数输入到解码器的隐含层中。那么注意力机制是怎么解决的呢？解决方法其实很简单，就是将注意力分布与隐含状态进行加权求和。也就是将每个注意力分数与对应的隐含状态相乘，然后再求和，即 $a = \sum_{i=1}^{n} s_i \cdot h_i$。它所表达的意思是，哪个隐含状态的注意力得分高，它在最终结果中占比就高。

以上是注意力在自然语言处理中应用的原理，实际上注意力机制是一种通用的设计。在注意力计算的整个过程中都是围绕"QKV"三个核心对象进行的，分别是查询（Query）、键（Key）和值（Value）三者的缩写。Q 表示当前所关注的内容，通过注意力计算看这些内容与哪些键比较相关；K 表示与查询相关的元素，应该包含所有相关的元素；V 表示与键相关的信息，很多时候 K 和 V 相同。在"who are you"输出"你是谁"这个翻译例子中，K 和 V 都为"who""are"和"you"三个元素，而不同时刻的 Q 有不同的输入，比如某个时刻的 Q 为"谁"，那么就是查询"谁"与"who""are"和"you"三个元素的相关性分数。

详细计算过程如下图所示，查询 Q 输入后分别与 K 中的每个元素相乘，得到的结果通过 Softmax 函数进行归一化后得到 S。然后将 S 中的每个元素分别与 V 中对应的元素进行加权求和运算，得到的 A 便是最终的注意力结果。注意多数情况下 K 与 V 相同，也可以根据实际情况设置不同的值。

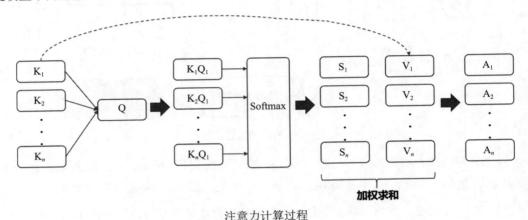

注意力计算过程

注意力机制的引入能让模型动态地关注序列中不同部分的信息，以生成更具针对性的上下文表示，有助于捕捉数据中的相关性和重要性。其实在自然语言处理领域，LSTM 并没有彻底解决 RNN 长距离依赖的问题，当文本长度很长时也会产生遗忘问题，而注意力机制能解决这个问题。此外，由于循环神经网络一环扣一环的结构，所以不管是 LSTM 还是 RNN 都无法并行计算，而注意力的结构原生就支持并行计算。

14.5.2　自注意力机制

自注意力机制是由常规注意力机制变种而来的，常规注意力机制关注的是 Q 和 K 的关联度，其中 Q 和 K 不是同一个对象。而自注意力机制则是关注自己与自己的关联度，Q 和 K 都是同一个对象。还是以"who are you"→"你是谁"翻译为例，常规注意力机制是查询"谁"与"who""are"和"you"三者的关联度，而自注意力机制则是查询"who"与"who""are"和"you"三者的关联度。为了实现自己对自己运算，就需要把自己化为多个分身，即将自己映射成 QKV 三个不同的空间。

具体的 QKV 映射方法如下，其实就是通过三个线性变换来映射到不同的空间。比如我们有代表"who""are""you"的矩阵，那么我们可以设定 W_Q、W_K、W_V 三个矩阵，它们分别负责将原有矩阵映射到 Q 矩阵、K 矩阵和 V 矩阵，即 $Q = AW_Q$，$K = AW_K$，$V = AW_V$。有了 QKV 就能够计算 $S = \mathrm{Softmax}(QK^T)$，接着再计算 SV 得到具有注意力机制的表示。其中 W_Q、W_K、W_V 三者是权重参数，它们的值通过训练得到。注意 W_Q、W_K、W_V 三个参数矩阵的长宽是固定的，A 矩阵可以是变长的，即不同长度的句子，只要每个词对应的向量维度不变即可。

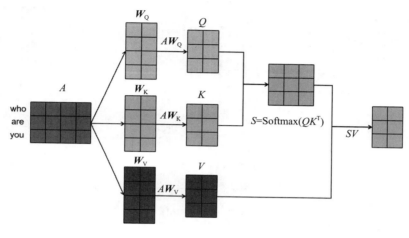

QKV 映射方法

14.5.3　多头注意力机制

不管是注意力还是自注意力都是通过一组参数来描述每个元素之间的关联度，从某种程度上看它可能只能提取某个层面的信息。为了能从多个层面进行信息提取，多头注意力机制被提出来。所谓多头注意力就是通过并行地运行多个注意力机制，这样就能让每个注意力头关注序列中的不同部分，以更好地捕捉不同层面的关联关系。最后再将它们的输出进行合并，生成更富有信息的表示。

最朴素的多头注意力机制有多组参数，每组都包含各自的 W_Q、W_K、W_V 参数矩阵，以及各自的 QKV 矩阵。每组各自运算，然后再合并每组的结果。如图所示一共有三个注意力头，包含了三组独立的参数，每组经过计算后都得到一个注意力结果，然后将这三个结果拼接起来，最后通过线性转换得到最终的多头注意力输出。

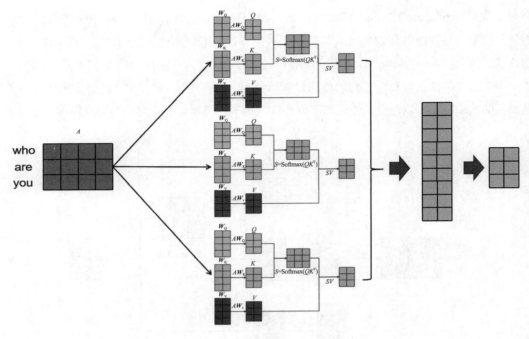

朴素多头注意力机制

　　然而使用更多的是如下的经典多头注意力机制，这种机制只映射成一个 QKV，然后将其拆成多份。这里使用三个头部，所以将其拆成三个子部分。然后每个子部分分别进行注意力计算，最终得到三个子结果，将它们连接起来便得到最终的多头注意力输出。

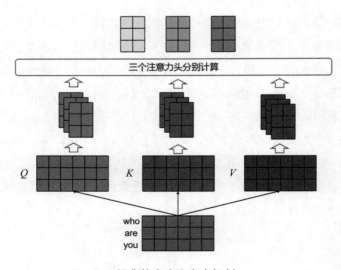

经典的多头注意力机制

14.5.4　变换器的结构

Transformer 的核心结构如下图所示,主要由多个编码器(Encoder)和解码器(Decoder)组成。在编码阶段,信息输入到第一层编码器后的输出进入到下一层编码器,然后下一层编码的输出又进入到下下层编码器,信息一层层往下传递直到最后一层编码器。在解码阶段,最后一层编码器的输出作为第一层解码器的输入从而得到输出,第一层解码器的输出和最后一层编码器的输出同时作为第二层解码器的输入,第二层解码器的输出又和最后一层编码器的输出一同作为第三层解码器的输入,一层层往上传递在最后一层解码器输出一个结果。

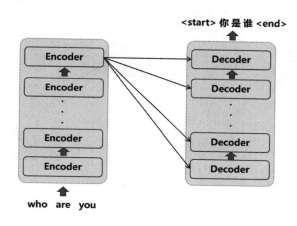

Transformer 的核心结构

根据图我们来看看详细的 Transformer 预测过程,首先将"who are you"矩阵一层层输入到编码器中最后得到一个编码矩阵;接着将编码矩阵和"<start>"向量一层层输入到解码器得到"你";然后将编码矩阵和"<start> 你"矩阵一层层输入到解码器得到"是";接着继续将编码矩阵和"<start> 你是"矩阵一层层输入到解码器得到"谁";最后将编码矩阵和"<start> 你是谁"矩阵一层层输入到解码器得到"<end>"。"<start>"和"<end>"标签分别表示开始和结束。

实际上 Transformer 并不是直接将"who are you"句子矩阵输入到网络中,而是将句子矩阵和位置信息矩阵相加后再输入。那么为什么要位置信息呢?这是因为注意力机制仅仅关注元素之间的关联度,而忽略了元素的位置信息。对于时序数据来说丢失了一部分有用的信息,所以引入了一种叫位置编码的技术来提取序列的位置信息并融合到输入中,从而解决了注意力模型无法捕捉序列位置信息的问题。

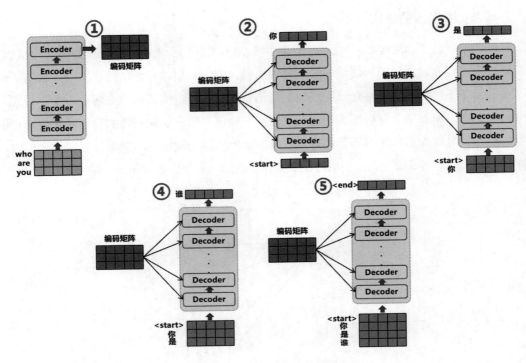

Transformer 预测过程

位置编码技术能帮助我们得到序列的位置信息，它的计算公式为：

$$PE_{(pos,2i)} = \sin(pos/10000^{2i/d})$$
$$PE_{(pos,2i+1)} = \cos(pos/10000^{2i/d})$$

其中，pos 表示单词在句子中的位置；d 表示位置编码向量的维数，通常它需要与词向量保持一样的维数；$2i$ 表示偶数位置；$2i+1$ 表示奇数位置。比如我们用 5 维向量来表示位置向量，那么计算 1、3、5 位置时用第二个公式，计算 2、4 位置时用第一个公式。假如计算"who are you"这个长度为 3 的句子，它的位置编码通过上述公式计算后如下。很明显位置向量的值只与位置和序列长度相关，与序列内容没有关系。一旦设定了向量的维数，那么相同长度不同内容的序列的位置向量值都是一样的。

[0   1   0   1   0]

[0.841 0.54 0.025 1   0.001]

[0.909 -0.416 0.05 0.999 0.001]

Transformer 的输入计算如下，我们先将"who are you"分别用词向量表示，假如它们的值为：

[0.363 0.521 0.445 -0.186 0.854]

[0.124 0.554 0.095 0.195 0.871]

[0.002 -0.711 0.245 0.763 0.821]

然后再将它们与位置矩阵相加，最终得到输入 Transformer 的矩阵。

[0.363 1.521 0.445 0.814 0.854]

[0.965 1.094 0.12   1.195 0.872]

[0.911 -1.127 0.295 1.762 0.822]

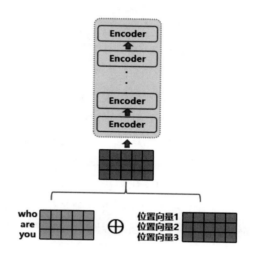

Transformer 的输入

　　通过前面的介绍我们了解了 Transformer 的结构，它包含了若干编码器和解码器，但每个编码器和解码器的内部结构我们还没详细分析。下面我们先看编码器的内部结构，如下图所示。输入先经过一个多头自注意力运算，多头自注意力上一节已经详细讲解过，这里不再展开。接着是将源输入和多头自注意力输出进行相加和归一化，是不是看起来挺眼熟的？没错，这个其实就是残差连接，在前面卷积神经网络章节讲解的残差网络就是这个连接。接着是一个前馈神经网络，它是一个两层的全连接网络，第一层的激活函数为 ReLU，而第二层则不使用激活函数。这两层用公式描述为 $f(x) = \max(0, xW_1 + b_1)W_2 + b_2$，其中 x 是输入，前馈神经网络的输入和输出的维度数是一致的。最后再将前馈神经网络的输入与输出进行相加和归一化，得到的结果便是整个编码器的最终输出。

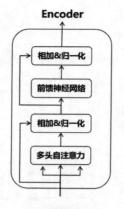

编码器的结构

接着继续看解码器的结构，由于它的部分输入与编码器相关，这里将编码器也添加到下图中。解码器的输入是不断将上一时刻的输出追加到尾部，比如刚开始是"<start>"，接着依次是"<start> 你""<start> 你是""<start> 你是谁"。输入先进入到一个掩码多头自注意力，实际上它还是一个多头注意力，只是多了掩码的操作，一会再详细讲解这个掩码的作用。然后将源输入和多头注意力输出进行相加和归一化，接着再输入到一个多头注意力，注意这里的输入比较特殊，它将编码器的输出作为 K 和 V，而 Q 则是相加和归一化后的输出。同样地再进行相加和归一化，然后继续输入到一个前馈神经网络，最终相加和归一化后得到整个解码器的输出。

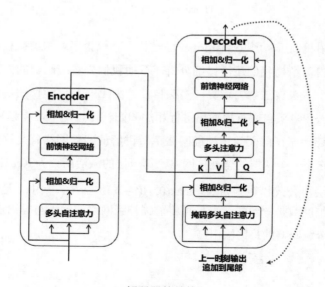

解码器的结构

重新回到"掩码"，为什么需要掩码操作呢？它的核心作用就是确保在生成序列时只依赖已生成的序列，而不去依赖未来的信息，防止模型在生成时"看到"未来的信息。以解码器生成"<start> 你是谁 <end>"序列为例，当生成"<start> 你是"时是不知道"谁 <end>"信息的。此时解码器的输入和掩码矩阵如下图所示，掩码矩阵用来掩盖看不到的未来的信息。第一行表示"<start>"看不到"你是谁"，第二行表示"<start> 你"看不到"是谁"，第三行表示"<start> 你是"看不到"谁"，第四行表示"<start> 你是谁"能看到"<start> 你是谁"所有信息。

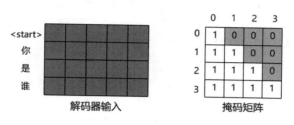

某一时刻的编码器输入和掩码矩阵

那么这个掩码矩阵怎么用的呢？如下图所示，我们在计算自注意力时会有一个 QK^T 的矩阵，该矩阵与掩码矩阵的维度数是一样的。所以这个掩码矩阵用来将 QK^T 矩阵的右上角掩盖掉，只需简单进行相乘操作即可，这样的话就能将相关元素设为 0，也就是将未来的信息都掩盖掉了。最终达到的效果是自注意力的输出不包括"看不见"的未来信息，这就是所谓的掩码多头注意力。

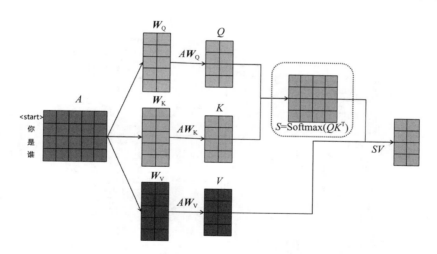

自注意力计算过程

解码器在预测输出的过程中会不断将上一时刻的输出追加到输入后面，所以不同的时刻对应不同的掩码矩阵。整个过程如下图，第一个时刻输入"<start>"，对应 1×1 掩码矩阵；第二个时刻输入"<start> 你"，对应 2×2 掩码矩阵；第三个时刻输入"<start> 你是"，对应

3×3 掩码矩阵，第四个时刻输入"<start> 你是谁"，对应 4×4 掩码矩阵。假设输入长度为 n，那么将对应使用 $n×n$ 的掩码矩阵。

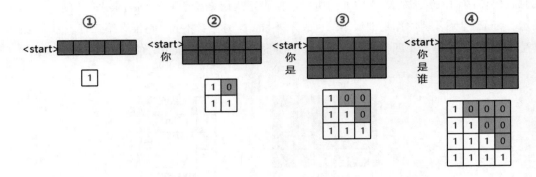

不同时刻对应不同掩码矩阵

综合前面对 Transformer 的细节解析，我们可以得到一个完整的 Transformer 架构。如下图所示，序列矩阵与位置矩阵相加后输入到编码器中，编码阶段通常会有多个编码器一层层组合。最后一个编码器的输出将作为后面每个解码器的输入之一，解码阶段循环将当前时刻的输出追加到输入中去预测下一个输出，编码器的输入同样需要将序列矩阵和位置矩阵相加后再输入。最后一个解码器的输出再对接一个全连接层，接着再连接 Softmax 层，最终得到的便是当前时刻的输出。

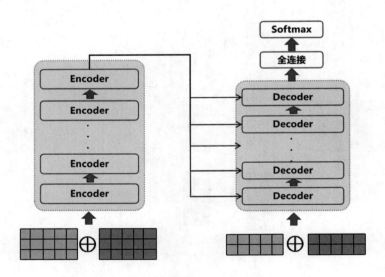

完整的 Transformer 架构

第15章
机器如何理解人类的语言

现如今日常生活中我们到处都能见到聊天机器人，聊天机器人的应用非常广泛，能在一定程度上接管人工客服。网站有自己的智能客服机器人，它能替代人工处理常见的问题；电子商务方面有导购机器人，它能充当初级的导购人员；金融保险领域有推销机器人，我们经常会接到金融机构智能机器人的推销电话；在医疗领域有专业的虚拟医生，它能为我们解答专业的医疗问题；在教育领域有数字教师，它能为我们提供个性化学习路径和辅导答疑；在办公领域有虚拟小秘书，它能成为我们工作的好伴侣；在社交娱乐方面有虚拟好朋友，它能陪我们聊天和游戏；在人力资源领域有虚拟小助手，它能帮助人力资源部门管理招聘、培训、绩效等工作；在政府公共服务领域有市民好帮手，它能帮助收集市民意见及自动化业务办理。

总之，聊天机器人已经成为当前客户服务和支持中不可或缺的一部分，它可以提高效率、降低成本，并且提供更好的客户体验（最起码不用听十分钟的等待音乐）。不过对于复杂的问题仍需要人工客服协助，但随着技术的不断发展，聊天机器人的能力和应用领域将不断扩展。特别是随着以 ChatGPT 为代表的大语言模型的兴起，使得机器在语言理解和生成能力方面上得到了巨大的提升，机器人的回答变得更加自然，而且还具备了更高级的智能和更广泛的知识。本章我们将探索机器如何理解人类语言。

聊天机器人

15.1　人类语言复杂性

自然语言在人类发展进程中是至关重要的，可以说如果没有自然语言就不会有人类的文明，它也是人类独有的能力。想象一下如果没有自然语言我们该如何进行思想交流，该如何进行人与人之间的协作呢？正是有了自然语言才使人类走到如今的高度，自然语言不仅仅是一种日常沟通的工具，它还扮演着文化知识传承、社会协作、思想交流和社交关系的关键重要角色。

- 知识文化传承，通过口头和书面的方式我们将历代的科学知识、哲学思想、历史事件及各种故事向后代传承，没有自然语言就谈不上任何传承，其他方式无法承载包含海量信息的知识和文化，人类将无法积累和传递知识。
- 社会协作，自然语言是社会协作的基础，通过语言人们能够制订计划、解决问题、分工合作，从而建立起一个高效协作的社会。无论是政府、企业、学校、家庭还是其他机构，都需要自然语言来协调各种规则以达成共识。
- 思想交流，自然语言是思想交流的媒介，通过语言的表达（不管是语音形式还是文本形式）能够使人们分享新的想法、理论并不断创新。这种思想和创新的交流大大促进了科学、艺术、技术等领域的发展，极大地推动了人类文明的进步。
- 社交关系，自然语言也是人类建立社交关系最重要的工具，它帮助我们在人与人之间传递信息，帮助我们表达友情、亲情、爱情和其他情感，帮助我们建立和谐的社会关系，使我们的心理保持健康并提升我们的幸福感。

人类的自然语言发展到如今已经处于高度成熟的阶段，同时这也是一个极其复杂的系统。它的复杂性体现在很多方面，首先是灵活的表达能力，通过不同的词汇和句法结构可以表达广泛的事件、思想和情感；其次是多层次的理解，对自然语言的理解需要从词汇、句法、语义、语用等层面交织到一起进行综合理解；最后是动态演变，自然语言是一个动态演变的系统，随着社会不断发展会创造出新词汇、新短语、新语法。总的来说，从字到词到短语再到句子和段落，外加各种不同的表达形式和语境，而且还保持着动态演变，这些都是其复杂性的体现。在人工智能领域，自然语言系统也被称为"皇冠上的明珠"。

我们很难精确地量化自然语言的复杂度，自然语言的复杂度从不同的角度有不同的理解。从文法的角度看，一段文本包含的词汇、句法、语法有不同的复杂度。从信息论的角度看，一段文本的混乱程度可以用来代表复杂度，即信息熵。此外还可以从数学组合的角度来看自然语言的复杂度，我们来体会下自然语言爆炸式的复杂度。"麦子问题"的故事是一个经典的例子，国际象棋棋盘有 8×8 个格子，第一格放 1 粒小麦，第二格放 2 粒，第三格放 4 粒，以此类推。每一个格子放的麦粒都是前一个格子的 2 倍，一直放到 64 格。所需麦子的总量早已超过全球小麦的产量。可以想象一下，假如中文汉字一共有 10000 个，一句话长度为 20 个字，那么随机的组合空间会是多大呢？ 10000 的 20 次方，这个数字已经远远超过整个宇宙所包含的原子数。这就是爆炸式的组合空间，如下图所示。

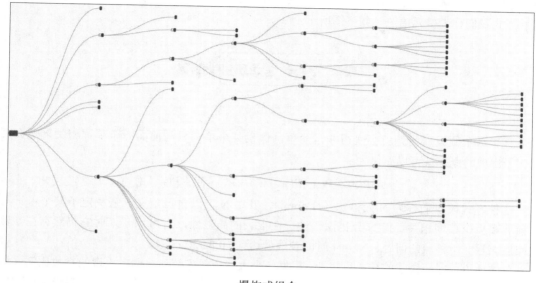

爆炸式组合

15.2　语言如何建模

为了能在机器中对自然语言进行处理，我们必须要思考如何对语言进行建模，所谓建模就是构建一种自然语言的概率模型，即语言模型（Language Model）。语言模型能够捕捉语言中的规律和结构，从而预测文本中下一个单词的概率分布。语言模型通常能分为统计语言模型和神经网络语言模型两大类。其中统计语言模型是基于统计概率的建模方法，通过单词频率统计来引导文本的预测。而神经网络语言模型则是使用神经网络架构来对文本的概率分布进行建模，由神经网络实现对语义信息的捕捉。语言模型是文本智能化处理的基础，也是自然语言处理学科的核心。随着深度学习的发展，神经网络语言模型成为了主流方向。

我们先看如何使用统计的方式来对文本进行建模，最朴素的思想是通过收集大量的文本，然后计算每个句子出现的概率，比如"我今天上班迟到了"这句话在整个语料库中出现的概率。假设我们的句子为 $s = w_1, w_2, \cdots, w_t$，则该句子的概率为：

$$P(s) = P(w_1)P(w_2 \mid w_1)P(w_3 \mid w_1, w_2) \cdots P(w_t \mid w_1, w_2, \cdots, w_{t-1})$$

其中，$P(w_1)$ 表示第一个单词 w_1 出现的概率；$P(w_2 \mid w_1)$ 表示第一个单词出现的前提下第二个单词出现的概率，以此类推。那么，对于 $s=$ 我今天上班迟到了，它的概率为 $P(s)=P($ 我 $)$ $P($ 今天 $\mid$ 我 $)P($ 上班 $\mid$ 我 , 今天 $)P($ 迟到了 $\mid$ 我 , 今天 , 上班 $)$。

然而，上面的算法几乎无法在实际工程中应用，主要是因为它的参数空间太大而且非常稀疏。为了解决这个难题，我们需要做一个假设，假设某个单词出现的概率只与它前面的一个或几个单词相关，这个假设被称为马尔可夫假设。比如上面的例子，当计算句子中"迟到了"的概率时我们只认为它与前两个单词（"今天"和"上班"）相关，而与"我"并没有任何关系，这种方式我们称为二元语法，如下图所示。

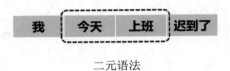

二元语法

有了这个假设后问题就会变得非常简单，假设某个单词只与前面一个单词相关，那么某个句子出现的概率就可以简化为：

$$P(s) = P(w_1)P(w_2 \mid w_1)P(w_3 \mid w_2)\cdots P(w_t \mid w_{t-1})$$

这种方式被我们称为 N 元语法（N-gram），其中 N 可以自己定义，它决定了某个单词与它前面多少个单词相关。但 N 元语法仍然存在很大的局限性，当 N 大于 3 时它仍然存在参数空间巨大且非常稀疏的问题，N 为 4 时的参数量达到 10 的 20 次方。

总结地说，N 元语法的核心思想为：根据一个大型语料库统计单词串出现的次数比例（概率），然后将统计的概率值保存起来，当我们要计算某个句子的概率时只需要找到相关单词串的概率并进行连乘即可。

神经网络语言模型的核心是使用神经网络来建模，由于文本是一种时序数据，所以主要就是使用循环神经网络和 Transformer 网络。整体思想是通过神经网络对语料库中包含的大量文本进行训练学习，从而实现文本特征的自动提取，最后根据训练得到的模型进行概率分布预测。从更高层面来看，原来的统计工作已经由神经网络内部机制所取代。

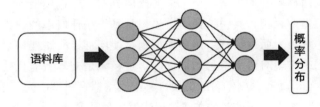

神经网络语言模型

循环神经网络模型已经在前面详细介绍过，通过 RNN 能够自动学习到预测下一个单词生成。如下图，输入"我"后预测"今天"，将"今天"继续输入后预测"上班"，将"上班"输入后预测"迟到了"，最后输入"迟到了"后预测结束。

类似地，还有一种编码器与解码器结构，这种是分阶段执行。编码阶段输入"你""是""谁"，解码阶段分别预测"who""are""you"。根据我们实际任务的情况，可以使用神经网络构建不同的处理方式。

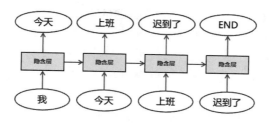

循环神经网络预测单词

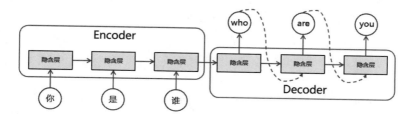

编码器与解码器结构

15.3 词向量

机器只能处理数字信号，在机器里面所有的信息都是二进制数字化的，所以任何信息如果要被机器处理就必须得先被编码成"0、1"的二进制信号。比如"你好"这个单词使用UTF-8进行编码后的二进制为"11100100101111011010000 11100101101001011011111101"，如果机器不对"你好"进行编码则无法处理，反过来对于人类来说也很难读懂这一串1和0是什么意思。

机器在对自然语言处理时一般不会直接使用UTF-8之类的编码，而是使用词向量。词向量一般有两种表示方式：独热词向量（One-Hot Word Vector）和分布式词向量（Distributed Word Vector）。独热的表示方式简单粗暴，首先统计所有文本包含的词汇表，假设这个词汇表总共包含了 v 个词。接着将这 v 个词固定好顺序，按顺序给每个词分配从0开始递增的整数索引。最后将每个词用一个 v 维的稀疏向量来表示，向量中只有在该词出现的位置的元素才为1，其他元素全为0。比如一个词汇表包含了中国、美国和日本三个词，中国的索引值为0，美国的索引值为5，日本的索引值为4，那么中国、美国、日本的独热表示如下。

中国 [1, 0, 0, 0, 0, 0, 0, 0, 0, ……, 0, 0, 0, 0, 0, 0, 0]
美国 [0, 0, 0, 0, 0, 1, 0, 0, 0, ……, 0, 0, 0, 0, 0, 0, 0]

日本 [0, 0, 0, 0, 1, 0, 0, 0, 0, ……, 0, 0, 0, 0, 0, 0, 0]

从上面可以看到独热方式的维数通常会很大，因为它的维数等于词汇数，而一般场景下词数都在十万级别。维数大就会造成维数灾难，这是独热方式的一个缺点。另外，这种方式只通过顺序和"01"来表示单词，非常浪费空间。再一个，独热方式中的任意两个词都是孤立的，无法表达两个词之间的关联性。

鉴于独热词向量存在的几个不足之处，AI 研究人员提出了另一种词向量表示方式——分布式词向量。这种分布式的方式直接使用普通向量来表示词向量，向量元素的值可以是任意实数，向量的维数可以由我们自己定义，比如可以定义为 50 维或 100 维。假设我们使用 5 维的向量来表示单词，那么此时的词向量则类似如下。

中国 [1.2, 0.2, 0.3, 0.5, 0.6]

美国 [0.1, 0.3, 0.5, 0.1, 1.5]

日本 [2.2, 0.2, 0.4, 0.6, 1.0]

分布式词向量中每个元素的具体数值通过训练来确定。对于独热方式存在的三个缺点，分布式词向量都一一解决了。首先，通过自定义维数解决了很严重的维度灾难问题。其次，由于向量元素值可以为任意实数，所以能够充分利用空间。最后，我们可以通过特定的训练算法得到分布式词向量，这些词向量能够通过不同单词之间的向量距离来表达两个词之间关联的紧密性。

在自然语言处理中将单词转为向量的操作通常称为词嵌入（Word Embedding），即将单词嵌入到向量空间中合适的位置。我们现在关注的是分布式的嵌入方式，如下图所示，我们要想办法将每个单词嵌入到指定位置上。那么如何将单词嵌入到合适的位置呢？自然语言包含海量的词语，很明显我们不可能人工去整理分配它的位置。我们需要设计一种自动化的方式来做这件事，也就是通过训练来得到一个词嵌入模型。

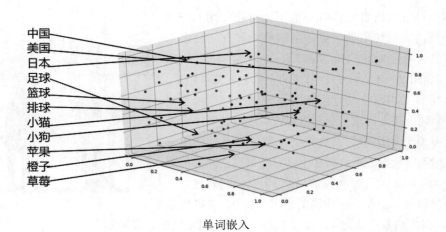

单词嵌入

深度学习时代通常使用神经网络语言模型来实现词嵌入，其中 Word2Vec 是最经典的算法，从名字就能知道这个算法的核心作用是"单词到向量"。其实人类说的话和写的文字就包含了有用的信息，比如一句话包含了顺序信息或者某些单词与另一些单词同时出现的频率，所以我们可以根据这些天然存在的信息来指引词嵌入。

如果要我们设计一个神经网络来训练分布式词向量，应该怎么做呢？整体的思想是通过一个包含了大量单词的语料库来训练这个模型，充分利用某个单词的上下文信息，来指引单词嵌入到指定维数的向量空间。假设我们定义的上下文为某个单词的前后两个单词，那么对于单词 w_t，它的上下文为 w_{t-2}、w_{t-1}、w_{t+1} 和 w_{t+2}。假设我们有一个包含了 v 个单词的词库，那么就可以用独热词向量来表示这些上下文。我们设计的神经网络结果如下图，每次需要同时输入 4 个单词，4 个单词都由 v 维的独热词向量表示，那么神经网络输入层的维数为 $4v$。隐含层我们定义为 n 维，其中 n 就是我们想要得到的分布式词向量的维数。最终的输出层为 v 维，通过 Softmax 表示词库中 v 个单词对应的概率。

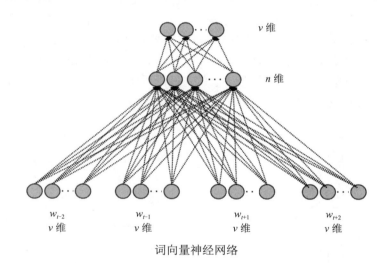

词向量神经网络

假如现在要将"The quick brown fox jumps over the lazy dog."这个句子作为训练样本，那么对于"brown"单词，它的上下文为"The""quick""fox"和"jumps"。对于"fox"单词，它的上下文为"quick""brown""jumps"和"over"。以此类推，在训练过程中就像一个滑动窗口一样从头到尾确定每个单词的上下文。然后将上下文对应的独热编码输入到神经网络，根据对应的结果调整神经网络的参数，最终得到训练后的模型。

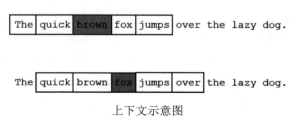

上下文示意图

我们现在可能有个疑问，词向量到底在哪里？上述我们设计的神经网络语言模型的目的是根据上下文来预测单词，并没有看到词向量的影子。实际上，它就在隐含层到输出层之间，它们中间包含了一个 $n×v$ 的权重参数，这 v 个 n 维的向量值即是词向量。对于包含了 v 个单词的词库，通过大量语料样本来指引其映射到 n 维的向量中。由于这些向量通过上下文训练，所以得到的词向量具有相关的语义。当我们要查询某个单词的词向量时，只需根据索引到 $n×v$ 矩阵中查询即可。从某个角度看，词向量就是该神经网络语言模型的副产物。很明显，为了实现词向量的维数压缩，隐含层的神经元数量必须小于输入层的神经元数量。这个过程就是将高维数稀疏的单词信息压缩到低维数密集的向量表示。

接着看 Word2Vec 模型，它改进了上述的神经网络语言模型。它也是一种浅层神经网络，只有输入层、投影层（隐含层）和输出层。虽然它不是深度神经网络，但是它的表现非常出色。Word2Vec 有两种模型网络架构，连续词袋模型（Continuous Bag-of-Words，CBOW）和跳跃词模型（Skip-Gram）。实际上这两种网络架构的思想都是类似的，CBOW 是根据某个单词的上下文来进行单词预测，而 Skip-Gram 则是通过某个单词来预测上下文，二者是一个相反的过程。如下图所示，CBOW 的输入是某个单词的前后 2 个单词，然后对这 4 个单词进行投影（相加求平均）操作，最后的输出层预测一个单词。Skip-Gram 的过程则是反过来的，输入是某个单词，然后进行投影操作（这个投影是多余的，投影后还是原来的输入，这里仅仅是为了与 CBOW 的结构对应），最后的输出层预测 4 个上下文单词。

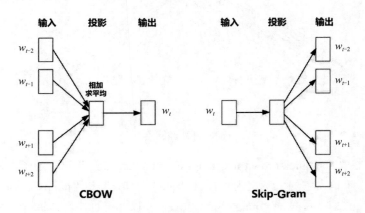

Word2Vec 两种方式

以 CBOW 为例，我们来看看相关的运算过程。首先分别对上下文的 4 个单词进行独热编码，接着分别与 $w_{v×n}$ 的权重进行运算得到 4 个 n 维向量结果，然后对这 4 个 n 维向量进行相加并求平均值，得到的结果仍然为 n 维向量，最后该 n 维向量继续与 $w_{v×n}$ 权重进行运算并通过 Softmax 表示单词预测概率。通过大量样本不断进行训练，其中 $w_{v×n}$ 权重会不断改变，训练完后最终的 $w_{v×n}$ 便是我们要的词向量。

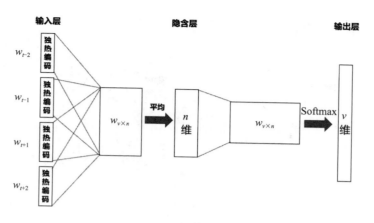

CBOW 运算过程

通过大量上下文样本进行训练后会得到一个词向量副产物，通过这个副产物可以得到每个单词对应的分布式向量。其中词向量之间的距离还能表示这两个词之间的相似性，如下图，我们看到有三簇词向量，其中 bus、car、train 等都是交通工具，它们相距很近。类似地还有 dog、cat、tiger 等。

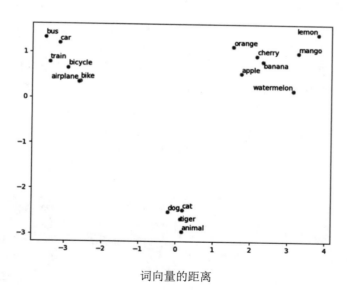

词向量的距离

15.4　让机器具有理解能力

每个人身上都有一个"小宇宙"，即大脑。人类大脑的体积不大，却蕴含着无限可能，与浩瀚无垠的宇宙一样复杂且神秘。于是大脑也被称为"三磅宇宙"，这几磅重的区域产生了人类的各种智能和情感。大脑的运作机制主要涉及神经元、神经网络和各种化学物质的复杂交互，它与外部世界的交互主要通过感觉系统、思维系统和运动系统来实现。

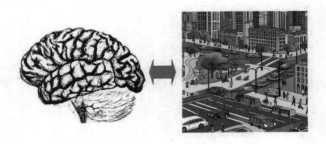

大脑与世界交互

感觉系统主要用来获取外界的信息，人类主要的五种感觉为：视觉、听觉、嗅觉、味觉和触觉。眼睛、耳朵、鼻子、舌头和皮肤等感觉器官以不同的方式将外界的刺激信号转化为神经信息，然后通过神经网络将信号传送到大脑响应的区域中。大脑接收到信号后对它们进行处理，不同的区域负责不同的信号处理。大脑的思维和感知能力由神经网络产生，包括认知、情感和记忆等高级功能。大脑处理完信息后会执行决策，最后通过运动系统来执行行动。运动系统主要包含肌肉和运动神经元，它们控制肢体运动，使身体对外界做出响应。

当前人工智能主要关注的是感觉系统和思维系统，如果我们能制造出具备感知能力、会思考、有情感的机器，即使它们没有腿不会跑也没关系。最难的是给冰冷的机器装上一个会思考的大脑，让机器能像人一样与人进行交流。我们先看看人与人之间交流时信息传递的过程，人类的耳朵负责接收外界的声音信号，耳蜗内的听觉感受器细胞会将声音转化为电化学信号。大脑接收到声音信号后由专门的神经细胞进行初步分析，包括声音频率、强度、音调、音高、音色、音素等，然后由语言区域进一步理解处理。语言区域结合记忆系统和情感中枢产生应答语言，并且通过运动系统控制嘴巴和喉咙的肌肉产生声音。

耳朵—大脑—嘴巴

参照人类的交流过程，机器如果要与人类交流必须具备三个基础能力。首先它要能接收人类说话的声音信号，与大脑不同的是机器会将声音转化成文本信号，而不是电化学信号；然后机器要对这些文本信号所表达的语义进行理解，通常使用自然语言处理技术来处理这些文本；最后根据所理解的语义产生应答，这个应答同样还是文本信号，可以通过文本转语音技术将其转化成声音并通过扬声器播放出来。

　　如何将语音转换成文字呢？初中物理告诉我们，在这个物理世界中声音是一种波，频率和振幅决定了声音的特性，而且声波通过振动的方式传播。耳朵里面的器官在接收到声波后负责将波动转换成电信号，然后传入大脑进行处理。机器能够通过传感器（比如麦克风）来接收声音信号，它采集的信号也是波动信号。在机器中这些波动信号是一种数字信号，而不是模拟信号，数字信号由大量离散的点来描述。

声波

　　成功接收声波后，机器开始对声波信号进行处理。通常会将其分割成数十毫秒的声音信号，这些很小时间段的声音信号被称为帧，将声音信号切分成帧有助于分析。若干个帧会形成一个状态，每个状态代表了某个时间段内的声学特征。再进一步，若干个状态又会形成一个音素，音素是语言中最小的音位单位，不同的语言具有不同的音素库。最终的单词则由若干个音素组合而成，当机器识别出音素后将音素组合成单词。整个识别过程中信号大小顺序为帧→状态→音素→单词，根据帧找到对应的状态和音素就能得到文本单词。

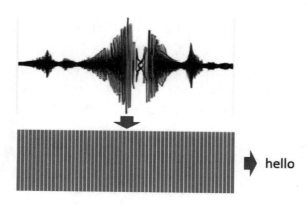

声波转文本

　　将语音信号转换成文本信号后，我们将开始最核心的部分——语义理解。所谓语义就是某段文本所要表达的意义和目的，这就要求我们对文本进行语义分析。语义分析有不同的实现途径，它涉及自然语言处理技术。自然语言处理是一门完整的学科，其内容非常多且复杂，下一节再进行介绍。分析语义时通常需要将一句话拆分成更小的单元，同时也要识别句子中关键词和结构等信息。举一个简单的例子，比如"附近有什么好吃的？"这个句子，它将被切分成若干个单词和符号，即"附近 / 有 / 什么 / 好吃的 / ？"。其中"附近""什么"和"好吃的"就是该句子的关键词，最简单的处理方法就是通过它们进行关键词匹配得到这句话的意图。当然，理解语义并非如此简单，不同的应用场景对句子的语义也会有不同的理解。在开放性问答领域，还会涉及自然语言处理中的命名实体识别、意图识别、文本分类、句法分析、文本相似度、情感分析等。

对文本信号进行语义理解后，我们先将待应答的语音信号以文本信号的形式组合，文本信号由自然语言生成（Natural Language Generation）模块负责生成。最后将文本信号转成语音信号，这个步骤称为语音合成。比如最原始的合成方法就是拼接方法，即直接从语音数据库中获取语音片段来合成完整的语音，这种方式虽然简单却无法产生逼真的拟人化语音。如果想要提升效果则需要一个更加强大的声波生成模块，它能生成在音调、语速、音素等方面都与人类很相似的声波。

文本转语音

15.5　自然语言处理

自然语言处理（Natural Language Processing，NLP）是一门计算机科学、人工智能与语言学的交叉学科，该学科的目标是通过机器学习、统计概率学和语言分析来实现语言文字的相关能力，从而使机器能够理解人类的语言文字。作为处理自然语言的基础技术，它的应用是非常广泛的，几乎可以说文本相关的处理都涉及自然语言处理。比如常见的聊天机器人、语言翻译、信息抽取、文本数据挖掘、文本摘要、情感分析、文本分类、文本检索等。

自然语言处理的发展可以追溯到 20 世纪 50 年代，最早期的研究主要集中在机器翻译领域，当时试图通过有限自动机和正则文法来将一种语言翻译成另一种语言。从 60 年代到 80 年代 NLP 的研究方向主要是基于规则来分析自然语言，研究人员通过基于规则的形式语法来解析句子结构，比如上下文无关文法。接着 20 世纪 80 年代到 21 世纪，NLP 开始从传统的基于规则的方法向基于统计

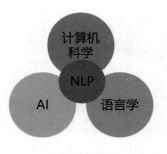

自然语言处理

方法和机器学习转变，研究人员开始收集互联网上大量的文本数据来构建自然语言模型，比如隐马尔可夫模型和最大熵模型。21 世纪 10 到 20 年代，深度学习成为了 NLP 领域的绝对主角。深度学习让 NLP 的各个任务都取得了巨大的突破，谷歌提出的 Word2Vec 使得我们能够构建具备语义的分布式词向量，它为 NLP 提供了更好的词汇表示方法。后来谷歌又提出了 Seq2Seq 模型，它基于循环神经网络构建了文本序列的处理模型。2017 年，谷歌接着提出了革命性的 Transformer 网络架构，基于该网络架构构建的 BERT 和 GPT 在 NLP 各个任务中都表现异常出色。近几年 NLP 主要的趋势是预训练大模型，使用大规模的、未标记的数据集进行训练，学习到广泛的特征表示，然后就可以在特定任务上进行模型微调。所谓大模型是指模型的参数量非常巨大，通常达到百亿、千亿或万亿，而传统模型的参数只有百万、千万或亿级别。为了让大模型的效果足够好，通常要求使用万亿个 token 数据集进行训练。现如今非常火爆的 ChatGPT 的核心就是预训练大模型。

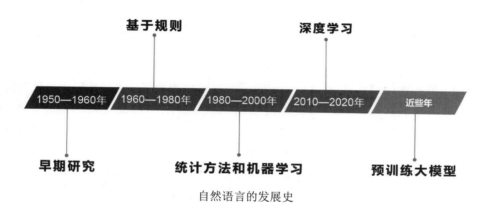

自然语言的发展史

自然语言是人类发展历程中所沿袭积累下来的表达交流方法，包括人类所说的话和所写的字。自然语言的一个重要特性是它由人类创造并且完全按照人类的习惯组织，它的自由度非常高，无法直接通过固定的语法规则去总结。掌握一门自然语言难度非常大，每个人之所以都能轻易使用自然语言进行交流，那是因为我们从婴儿开始就不断接收外界语言的刺激和教育，从而潜移默化逐渐形成了对自然语言的理解能力。虽然人类好像天生就具备自然语言能力，但是机器要理解人类的自然语言难度却非常大。它需要借助 NLP 技术才能实现指定的理解能力，只有对自然语言进行处理后机器才能根据语义做进一步的决策。

NLP 是人工智能领域最重要的分支之一，而且还被称为人工智能皇冠上的明珠，之所以这样说是因为让机器理解自然语言太难了。实际上目前没有一种万能的 NLP 技术能解决所有自然语言问题，通常 NLP 被划分为很多个任务类型，每个任务类型专注于处理某个文本问题。

常见的 NLP 任务如下：

- 文本分类：将文本识别成不同的类别，比如垃圾邮件识别。
- 命名实体识别：从一段文本中识别出具有特定含义的命名实体，比如人名、地名、机构名和日期等。

- 机器翻译：将某种语言的文本翻译成另外一种语言。
- 文本生成：指根据要求生成相应的文本，比如自动摘要、文章生成、对话生成、文本补全等。
- 情感分析：识别某段文本所包含的情感，比如社交帖子的情感、电商产品评论的情感、社会舆论等。
- 问答系统：使机器能像人类一样回答用户提出的问题，比如聊天机器人。
- 语音识别：将声音信号识别成相应的文本。
- 句法分析：分析句子的语法结构，识别出句子的成分及句法关系，比如主语、谓语、宾语等。
- 语义分析：分析文本的语义，包括语义角色标注、关联分析和文本相似度计算。
- 事件抽取：从一段文本中抽取出事件的相关信息，比如事件类型、参与者和事件等。

15.6　NLP为什么难

　　机器非常擅长处理结构化数据，所谓的结构化数据是指有固定格式的数据，通常以表格、树状结构或关系模型的形式呈现，比如Excel和数据库中的数据，每列数据所代表的意义是明确的。但机器对于非结构化数据却是比较犯难的，非结构化数据就是没有固定格式的数据，它的数据结构不规则或不完整，没有预定义的数据模型。在网络世界中，绝大部分的数据都为非结构化数据，包括语音、文章、图片、视频等类型的数据。如果我们想让机器能理解文章就需要NLP技术，不同复杂程度的文章要求不同的理解能力。如果让你去教机器理解量子力学的文章，你会不会直接喊出"难于登天"？由于自然语言能表达非常复杂的事物，所以毫无疑问NLP也是非常难的。下面看看自然语言处理的难度体现在哪里。

结构化数据　　　　　非结构化数据

结构化数据与非结构化数据

　　自然语言中词语或短语具有多义性，同一个词语在不同的上下文具有不同的含义。比如"跑车"一词，可以表示赛车，也可以表示列车员跟随车工作。再如"老子"一词，可以表示道家学说创始人，也可以表示父亲。通常需要结合上下文才能确定多义词的含义，如果单看"我今天买了一个苹果"这句话中，"苹果"可能是水果也可能是手机。但如果是"我今天买了一个苹果，下载了很多游戏玩了一整天"，很明显我们就知道这里的"苹果"是手机。多义性是NLP重要的挑战之一，需要通过上下文、语法和语义来正确理解词语的含义。

苹果与手机

自然语言具有歧义性，是指同一句话具有多种解释。比如"我九点在小区门口看到他"这句话，它的歧义在于时间可以是上午九点也可以是晚上九点。比如"我吃了一碗鸡蛋面"，它的歧义在于我吃的可能是鸡蛋和面，也可能是鸡蛋加工的面。再比如"这本书我看过"，这句话可能表示我读过这本书，也可能表示见到过这本书。歧义性使得对文本的理解变得复杂，需要通过上下文信息和语义来确定文本的最佳解释。

两种鸡蛋面

自然语言的语法具有多样性和复杂性，它的复杂性主要表现在以下9点。

（1）主谓宾语的顺序，中文的语句通常是主谓宾语的语序，但某些情况却可以有变化。

（2）不同的量词搭配，中文中当需要表示名词的数量时需要使用量词，而不同的名词需要不同的量词搭配。比如"一本书""一头牛""一辆车"和"一匹马"等。

（3）不同的词性，每个单词都有自己的词性，比如名词、动词、介词、连词、助词等。

（4）不同的短语结构，单词和单词组合构成了不同的短语结构，常见的有主谓短语、动宾短语和偏正短语等。

（5）不同的句子结构，中文句子分为单句和复合句两大类。单句具有很多不同的结构，包括主语＋谓语、主语＋谓语＋宾语、主语＋谓语＋宾语＋宾语补语、主语＋谓语＋定语等结构。而由多个单句组成的复合句则更加复杂，复合句由一个主句和一个或多个从句所组成。

（6）句子的省略，中文有时会省略主语或宾语。比如"吃了吗"这句话省略了主语，完整的句子是"你吃饭了吗"。

（7）虚词的使用，中文中包含了很多虚词，包括的、地、得、了、着、跟、和等。虚词没有独立的实际含义，但它们会对句子的语法和含义产生重要的影响。

（8）自然语言动态发展，人类的自然语言并非静止的，它也会动态发展。新的词语、新的短语和新的表达方式不断冒出来。对自然语言分析需要能动态更新语言模型，不然就无法理解新的语言。

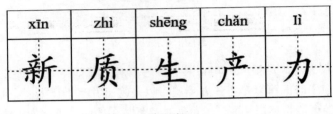

新词汇

（9）上下文关联跨度大，自然语言天然具有上下文关联性，句子之间可能存在关联性，段落之间也可能有关联性，甚至文章之间也都可以具有关联性。有时候对某句话的理解需要关联到前面跨度很大的句子，否则就无法正确理解其语义。这种大跨度的上下文关联大大增加了自然语言分析的难度。

第**16**章

机器如何看见世界

　　上一章我们学习了机器如何理解人类的语言，本章我们将继续讲解如何让机器看见世界，给机器安上眼睛。对于人类而言，光线经过周围环境的反射后进入到眼睛，视网膜上的光感受器细胞将光信号转换成电信号，电信号通过神经传输到大脑中进行识别处理，从而使我们能够感知到周围的环境。为了让机器能像人类一样看见世界，必须得让机器也具备"采集＋分析"两种能力。采集工作通常交由摄像头来完成，它将周围环境的光信息编码成图像像素信息。分析工作则需要专门的图像识别算法来完成，这些核心算法对图像分析处理后才能理解图像所包含的信息。"看见"除了要获取到周围的信号，更重要的是还要对这些信号进一步分析从而达到理解周围环境的能力。

机器看世界

16.1　计算机视觉

　　计算机视觉（Computer Vision，CV）是人工智能的一个重要分支，它主要研究如何让机器拥有像人类一样的视觉能力。我们通过摄像设备收集大量的图片或视频，然后通过人工智能算法来得到某项视觉能力。对于采集到的图像，通常我们希望机器能够识别出图片中包含的物体以及这些物体的位置坐标，更近一步希望机器能理解这张图片所描述的内容。从技术的角度来看，数字图像由一个包含很多像素数值的矩阵所描述，而 CV 的作用则是让机器从这个大矩阵中获取到我们想要的信息。

大量图片

在这个数字信息高度发达的世界，人类每天产生的图片和视频可能达到几十亿上百亿。想象一下大家每天拍的照片、发的朋友圈、刷的抖音，这些海量的图片和视频都包含着丰富的信息和价值。然而要将这些信息和价值提取出来却不是一件容易的事，由于图片和视频都属于非结构化数据，所以无法根据格式直接获取信息。人类在识别非结构化数据方面却非常地从容，几乎不费力气地看一眼就能知道一张图片所包含的信息。相比而言，机器想要识别图片的信息却要花费很大的力气，需要在 CV 的帮助下才能让机器看懂图片和视频。比如有如下的一张图，它包含了一个限速 60 的标识，通过 CV 技术能够识别出"限速 60"的信息，然后进一步交由自动驾驶汽车作出行驶决策。

限速标识

计算机视觉实际上就是一门研究如何给机器装上眼睛的学科，在 AI 驱动的时代扮演着无比重要的角色。它通过模拟人类的视觉系统来实现计算机的视觉，如下图所示，人类眼睛看见这些水果后大脑分析得到是葡萄、苹果、橙子和香蕉。相比而言，机器的眼睛（摄像头）采集到这些水果的图像后经过机器中的程序分析后也得到是葡萄、苹果、橙子和香蕉。其实早在 20 世纪五六十年代研究人员就已经开始思考如何分析图像，并且开发了一些传统的图像处理方法来处理图像，但整体分析能力较差。到七八十年代，研究人员开发出比原来更先进的图像处理和模式识别方法，主要是边缘检测和特征提取技术。八九十年代，研究人员开始聚焦于研究一种能让机器自己学习图像规律的算法，这种学习算法能通过图像数据自我学习来提升识别的准确率。21 世纪初到现在，一种以深度学习和卷积为基础的学习算法在计算机视觉领域奠定了自己的首席地位，卷积神经网络使得机器在识别准确率上超过了人类的识别水平。

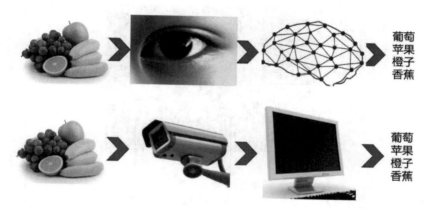

人类眼睛与计算机视觉

计算机视觉包含了很多不同的任务，常见的任务如下。

● 图像分类，根据输入的图像将其识别成对应的分类，比如输入一张猫的图片将其分类为"猫"。

猫

● 目标检测，检测图像中指定的物体及其所在的位置坐标，比如将一张包含了很多动物的图片中的猫及其所在的位置检测出来。

目标检测

- 语义分割，它的目标是将图像中的每个像素都进行分类，这样就能得到图像中包含的每个物体的详细轮廓。

语义分割

- 人脸识别，它是一种基于人的面部特征信息进行身份识别的技术，通过识别图像或视频中的人脸，并将其与已知的个体进行匹配。
- 人体关键点检测，识别图像中人体姿态中的关节位置特征点。

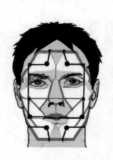

人脸识别

人体关键点检测

- 图像生成，通过图像生成网络（比如生成对抗网络）生成图像，常见的是人脸合成和图像风格迁移。

图像生成

- 光学字符识别（Optical Character Recognition，OCR），通过机器学习将印刷或手写文字的图像转为文本格式，从而便于实现文档数字化管理。

光学字符识别

随着计算机视觉领域的快速发展，它的应用领域不断地扩展，几乎在每个行业都有相关应用。在生活方面为我们提供了更加智能化和人性化的体验，在生产方面为我们提供了更加高效的生产方式，在社会治安方面为我们提供了更加安全的公共环境。以下是计算机视觉常见的应用。

- 医学图像分析，用于诊断和分析医学图像，比如 X 射线、MRI 和 CT 扫描等。
- 人脸身份鉴定，通过人脸识别技术实现安全访问验证，比如人脸门禁、人脸登录系统、刷脸支付、人脸手机解锁等。
- 自动驾驶，在自动驾驶汽车或无人机中使用计算机视觉来感知周围环境，将采集的非结构化图像信息转化为有用的决策信息。
- 视频监控安防，在城市街道、公共场所、商店、公路等地方通过视频监控系统检测各类事件。比如识别车辆并分析交通拥堵情况、检测交通事故、违规停放、嫌疑人追踪、人流分析等。
- 文字识别，将摄像机拍摄的或者扫描机扫描的图像中的文字转为计算机可用的文本格式，比如身份证识别、银行卡识别、发票识别、书籍报刊识别、道路指示牌识别等。
- 艺术创作，通过计算机视觉实现图像生成、卡通人物设计、图像视频特效等功能。
- 农业应用，用于农田的监控、作物的检测、病虫害的识别和农业管理。

- 工业质检，通过计算机视觉技术来实现工业瑕疵诊断、工况监视及产品质量控制。
- 图像搜索，根据指定图像搜索相关的图像，比如网络购物中根据商品照片搜索出相关的商品。
- 环境保护，用于大气污染、森林火灾、水质污染等的监测。

16.2　一切皆像素

我们已经知道人类视觉系统对外界信号的接收是通过物体的光波反射来实现的，然后对光波信号进行解码分析从而使人能够看到外界。而机器则由图像传感器来接收外界的信息，比如摄像设备，它能捕捉到外界进入摄像头的光波信号，然后将这些信号转成数值进行保存，这些数值被称为像素值。通常现在摄像机的传感器包含了成百万甚至上亿个像素。也可以把像素看成是一种语言，通过不同的像素排列创造出了美丽的数字世界。

我们平时使用的电脑屏幕，正是通过像素的形式进行显示的。当我们在电脑上查看网页、观看视频或玩游戏时，实际上就是在与像素交互。这些像素组成一张张图像展示给我们，图像的切换之所以能让我们看起来很丝滑顺畅，那是因为显示器以很高的频率不断地刷新每张图对应的像素，这个频率快速到我们人眼无法分辨。这实际上就是动画片的原理，一张张静态图片高速翻动从而实现动态的视频效果。

所以，像素就是图像中的最小元素，每个像素都代表着特定的颜色，它们以网格状的方式排列在屏幕上，从而组成一张完整的图像。像素的密度决定了图像的清晰度和细节，更高的像素密度通常会产生更精细的图像。通常使用水平像素和垂直像素来表示图像的分辨率。例如，"1920×1080"表示宽度为1920像素，高度为1080像素的分辨率。分辨率的增加可以提供更高质量的图像，但也需要更多的计算和存储资源。

从屏幕上观察像素　　　　　　　　　　　　　不同分辨率的图像

对于彩色的图像，像素值一般通过红绿蓝（RGB）三原色光模式来描述，每个像素都包含这三种颜色的分量，合在一起就能产生各种色彩。比如一张风景图，数码相机捕捉到信号后产生几千万个像素，每个像素都由RGB三色来表示，显示器就可以通过这些像素值来决定显示屏上每个点要显示什么颜色，当所有这些像素显示出来就组成了一张图片。人类一看就知道是风景图，但机器却没办法知道图片描述的是什么，它读到的只是一堆 RGB 像素值。

人与机器的不同视角

为了让大家更好理解像素与图像之间的对应关系，我们举一个简单的灰度图像例子，相比于 RGB 模式，灰度模式只有一个分量，它显示出来的颜色除了黑、白、灰就没有其他颜色了。灰度图像的像素值范围是 0 ～ 255（8 位二进制表示），其中 0 是黑色，255 是白色，中间值则为不同程度的灰色。假设有一个模糊的灰度小熊猫头像，那么它对应的像素值如下图，可以看到越黑的值越小。小熊猫的两只耳朵、两只眼睛、鼻子、嘴巴和肩膀相关位置范围的像素值都趋近于 0，说明这些区域比较黑。而其他部分的像素值都较大，大部分都是两百多，这些区域比较白。所有这些像素值通过显示器显示后就得到人类看得懂的图像。

```
251 253 255 222 191 199 255 253 251 252 251 252 251 252 250 255 222  56   1   1  11 180 255 249
254 241 162  55   1  14 122 248 252 252 252 252 251 251 232  67   0   4   2   2  16 178 255
244 121   0   2   1   0 107 250 252 254 253 248 255 160   1   6   1   1   3   0  21 180
194   5   3   3   1   7   6  39 255 250 248 245 249 246 250 169   4   0   5   3   1   5   0 129
 99   0   2   1   3   0   0  85 246 239 228 242 245 239 252 150  70   0   3   4   3 130
 95   0   1   4   0  53 142 216 255 255 253 254 253 253 253 251 255 246 145  67   0   3 127
189   1   5   0  70 227 255 255 233 228 253 252 252 251 254 252 237 255 255 234 121  16  83 227
242 108   0  75 242 255 250 162  19  17 184 254 250 251 244 120  35 185 255 255 252 219 239 255
254 231 131 233 255 255 149   0   0  76 251 250 255 203   0   0   5 162 255 253 253 243 252
252 254 255 251 253 167  12  51 104   3 149 254 244 255 203   0  13  13   8 165 252 248 253 251
251 250 247 253 206  27   1  52  39   0 208 253 243 251 211  19   8 131  17  11 196 254 249 249
248 247 249 255 172   0  49 224 255 255 255 133   0  14   5   0 144 251 251 250
252 252 250 255 162   3   7   0  19 197 255 165 123 138 232 214  47   0   7   3  31 229 255 251
251 250 249 255 158   0   0 117 248 118   0   0   0  39 199 158   7   0   0   1 223 255 250
246 241 250 254 191  55  65 203 248 255 203  60  58  56  62 197 249 173  55  45 114 243 253 250
249 247 253 252 254 255 255 255 253 251 255 255 255 255 254 252 255 250 238 255 252 251 245
254 245 243 250 251 251 251 251 252 252 255 255 252 255 252 251 253 250 254 251 252 255 250
253 247 255 255 249 250 252 252 252 250 254 185  40  62 209 254 251 252 252 249 251 255 170 185
249 255 204 176 255 255 249 251 251 252 136   0   0  41 255 252 249 255 255 153   1   4
255 203  27   0 110 199 255 255 255 250 254 177   0   2 142 255 255 255 255 196 106   5   0   1
201  28   0   6   0  26  88 222 237 248 255 242 101  66 255 249 237 219  84  24   0   3   1   2
 73   0   3   1   5   0   0  24  24 135 215 217 207 196 213 122  23  23   0   0   5   1   0  12
```

图像的灰度值

16.3　学习识别图像

　　想要让机器看懂图像就必须先要让它去学习大量的图像样本，机器通过某种学习算法来学习大量样本中不同图像的不同特征，然后根据总结的特征去识别新的图像。所谓的学习算法是指能对大量数据中的规律和特征进行抽象总结的算法。通过前面的学习我们已经知道了一张数字图像其实就是成百万上千万个像素值，机器要做的事情就是从大量图像（像素二维数组）中学习总结出特征和规律。由于图像具有长度 L 和宽度 W 性质，所以一般将图像的像素值表示成一个 W 行 L 列的矩阵，这样的好处就是保留了图片在横和竖两个方向上的特征。

机器总结图像规律

　　当前这一波 AI 浪潮的学习方法主要是深度学习方法，而计算机视觉领域的深度学习的核心是卷积神经网络。在前面深度学习章节中我们已经深入了解了卷积神经网络，核心就是通过卷积操作 + 神经网络。卷积神经网络学习算法是当前使用最多的用来提取图像特征和总结规律的学习方法。通过多个卷积核对图片的像素矩阵进行卷积运算，不同的卷积核能提取不同的特征，然后与神经网络相结合，从而实现图像特征规律的自动提取。通常我们是使用大量的图像样本数据，然后卷积神经网络模型通过误差反向传播机制来调整模型的参数，从而学习到图像的特征及规律。当学习完成后，我们就可以输入一张图像进行预测。在下图中，一张小狗的图片经过一个已学习完的深度卷积神经网络后得到该模型不同动物的预测概率，我们挑选最高概率值对应的动物作为预测结果。

深度卷积神经网络

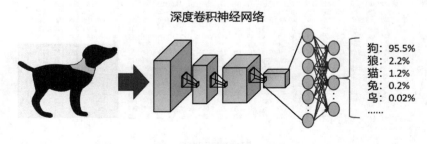

狗: 95.5%
狼: 2.2%
猫: 1.2%
兔: 0.2%
鸟: 0.02%
......

卷积神经网络的识别

计算机视觉从诞生开始就不断提出了各种处理图像的方法，主要有三类不同的处理方式，分别是手工硬编码方式、机器学习方式和深度学习方式。

对于一张图像，我们最朴素的想法就是直接通过代码去分析图片中的物体，即手工硬编码方式。我们以公司人脸打卡的场景为例说明硬编码方式，首先我们会收集全公司的正面人脸照片。然后我们会编写基于规则的程序去获取人脸的各个关键点，从而计算出每位员工的关键特征，比如眼睛大小、两眼之间的距离、鼻梁距离、嘴巴大小等，并将全公司员工对应的关键特征都保存到数据库。最后当公司员工刷脸打卡时，我们计算当前照片的关键特征，并根据关键特征去数据库匹配即能计算出指定的员工。

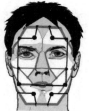

人脸特征点

手工硬编码的工作量很大而且相当烦琐，几乎所有工作都需要手动处理，除了选择关键特征外还需要业务专家设置相关规则，最重要的是该方式的准确率和鲁棒性较差。为了解决硬编码的缺点，机器学习的方式被提出来。它提供了一种不同的解决方法，使得整个过程变得更加自动化。机器学习能够自动学习特征与结果的映射关系，除了特征选择外，其他工作都能自动化，因此它也被称为半自动化方式。同样是公司人脸打卡的例子，我们选择了眼睛大小、两眼之间的距离、鼻梁距离、嘴巴大小等特征，获取到特征后直接输入到机器学习算法（比如逻辑回归、决策树、支持向量机等）中即能得到预测模型。相比于手工硬编码方式，它不用手动去设置规则，比如"眼睛大小等于××且鼻梁距离等于××则是小明"。

接下去还有一种比机器学习更加自动化的方法，即深度学习方式。它比机器学习更加自动化，可以说它提供了一种端到端的全自动学习机制。通过深层神经网络和卷积运算来实现，其中多层神经网络用于参数学习，而卷积则是自动的特征提取机制。这种方式让我们不必再去设置规则，也不必请业务专家来制定哪些是关键特征，所有工作都直接由深度学习负责。同样是公司人脸打卡的例子，我们直接收集员工的正面照和对应的名字，然后就可以直接使用深度学习进行训练，得到模型后就可以进行预测了。可以看到，深度学习方式的工作量比前面两种方式都减少了很多，更重要的是它的效果还更好。

计算机视觉从诞生以来研究的对象更多的是二维图像，当前二维计算机视觉系统已经得到了广泛的应用，它能满足很多场景的需求。普通的摄像机采集到的图像信息都是二维的，它将三维现实的物理世界映射成二维，而从三维空间压缩到二维空间肯定就会导致信息损失。反观人类的视觉系统，我们通过双眼对现实世界进行信息采集，并能够在大脑中构建三维的模型，从而包含了更多有用的信息。受此启发，现在也产生了三维计算机视觉系统，它通过三维摄像机对现实物体进行采集，能够得到类似人眼系统的三维模型，从而能满足更加复杂的应用场景。

16.4　缺乏概念与知识

人类大脑能够对现实世界建立起各种知识和概念，并且能快速地将这些知识从一个领域

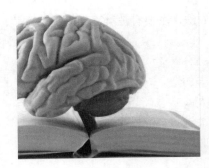
大脑中的概念与知识

迁移到另外一个领域。这得益于大脑超强的抽象泛化能力、上下文理解能力和记忆系统。其中抽象泛化能力能够从特定的实例中抽象出通用概念，然后将这些概念泛化到其他物体上。上下文理解能力将概念置于上下文中，让我们更好地理解事物，即使是陌生的事物也能通过上下文来理解。而记忆系统允许我们将知识和概念存储在长期记忆中，当在需要时能顺利被检索出来。比如当我们认识了小狗身上各个部位后就能将类似的知识应用到其他动物身上，当我们看到小猫的耳朵、眼睛和尾巴时就能马上知道这些概念，就算我们从没见过猫也懂得这些知识。

相比之下，基于深度学习的计算机视觉却无法像大脑一样工作。它的工作机制仅仅是建立在特定任务的数据样本上，缺乏通用性和抽象思维，我们可以认为深度学习仅仅只是一种统计概率模型。这种工作机制决定了深度学习必须要依赖大量的数据样本，它无法像人类大脑那样在少量的示例中进行泛化，而且它还可能会出现一些很低级的失误。

尽管计算机视觉存在着不足，但目前 CV 在特定领域的识别能力已经做得非常好了，基本能达到人类的准确度，在工业界也大量成熟地落地。不过这种识别并非真正理解图像中的内容，它只是按照特征和规律去预测一个最高可能性的结果。也就是说它在图像内容理解上是非常弱的。比如下面这张图，深度学习能识别出图中包含了四个人、一瓶饮料和一个西瓜等，但它却很难理解图片所描述的内容，人类却可以很轻易地说出这是一张家庭野餐的照片。人类能够根据自己的知识和图片所包含的环境信息去理解图片的内容。

家庭野餐

第 **17** 章
ChatGPT 是如何工作的

当前 ChatGPT 的发展非常火爆，对于上网的人来说已经是家喻户晓了，其强大的自然语言处理能力受到了各个行业的关注。它是由一家名为 OpenAI 的公司研发并发布的，这家公司由山姆·阿尔特曼（Sam Altman）、彼得·泰尔（Peter Thiel）、里德·霍夫曼（Reid Hoffman）和埃隆·马斯克（Elon Musk）等科技领袖在 2015 年创办。这是一个非营利性质的研究机构，它的使命是推动人工智能技术的发展。我们可以通过对话的形式让 ChatGPT 完成相关命令，下图是 ChatGPT 的对话界面。

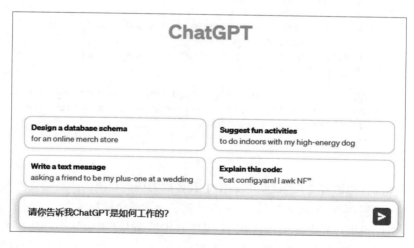

ChatGPT 对话界面

17.1 ChatGPT 介绍

ChatGPT 是一种对话生成式 AI 的工具，通过对话的形式生成用户指令需要的内容。ChatGPT 由 Chat 和 GPT 两部分组成，Chat 表示对话，而 GPT 则表示生成式预训练转换器模型（Generative Pre-trained Transformer）。它的正式发布时间是 2022 年 11 月 30 日，在发布一周内用户量便超过了百万，成为有史以来用户量增长最快的消费级应用，其百万用户的时间比 TikTok 的 14 天和 iPhone 的 74 天都更快。到 2023 年 1 月，ChatGPT 的活跃用户已经达到一亿，由于访问量过大导致服务器过载，OpenAI 还主动进行了大规模限流。

目前 ChatGPT 在部分领域的能力已经接近甚至超越了人类，比如它通过了谷歌 L3 工程师编程考试，也通过了沃顿商学院 MBA 期末考试，而且不断解锁新的具有创新性的能力。

同时我们也来看看 ChatGPT 是怎么介绍自己的，如下图所示，我们向 ChatGPT 发送一条"介绍一下你自己"的指令，然后它进行了自我介绍。

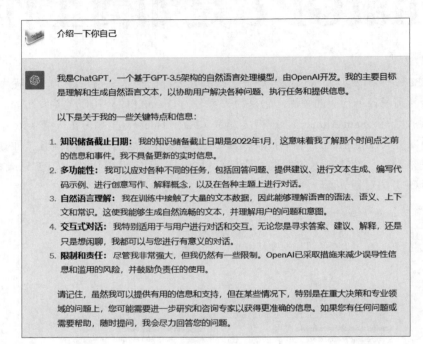

ChatGPT 的自我介绍

得益于超强的自然语言交互能力，ChatGPT 具备成为任何系统或产品的交互入口。就连微软创始人比尔·盖茨都说 ChatGPT 是他一生中见到的两项革命性技术之一，另一项是 1980 年他见到的计算机图形用户界面。作者看来，这两项技术都为人类打开了一个通往神奇世界的窗口。当前 ChatGPT 有着非常广泛的应用，它已经成为各行各业有力的生产工具，常见的领域如下：

- 客服领域，企业通过 ChatGPT 可以构建更加智能化的客户服务。
- 虚拟助手，我们可以将 ChatGPT 作为虚拟助手，让它帮助我们管理日程、回答问题或提供建议。
- 搜索引擎，传统搜索引擎系统可以融合 ChatGPT 使得交互更自然，提供质量更高的搜索结果。
- 写作助手，ChatGPT 能帮助我们生成博客文章、新闻报道、广告文案等。

- 创意创作，对于作家和艺术家，ChatGPT 能帮助他们进行小说文学、音乐歌词、绘画等创作，为他们提供创作灵感。
- 教育领域，ChatGPT 能为学生提供个性化教育，针对不同学生制定教育材料并回答学生问题。
- 金融领域，对于金融从业者，ChatGPT 能用于市场分析，生成财务报告，提供投资建议，为客户讲解金融产品。
- 科研领域，科研人员通过 ChatGPT 来快速阅读科学文献和数据分析。
- 医疗领域，ChatGPT 能达到专业医生的水平，为病患解答医学问题。
- 翻译领域，ChatGPT 能提供非常专业的翻译能力，实现实时翻译。

实际上 ChatGPT 并非是短时间内被创造出来的，它经过了多年的技术积累才达到这个高度。ChatGPT 的发展历程最早可以追溯到 2018 年，当时 OpenAI 发布了 GPT-1，这个最早的版本的参数量为 1.2 亿且具有一定的通用能力。2019 年则发布了 GPT-2，此时参数量达到 15 亿，而且能够阅读文章生成摘要、聊天、编写故事等。GPT-3 在 2020 年发布，它的参数量达到了惊人的 1750 亿，这也是 OpenAI 最后一次公开具体的参数量。如此大的参数量让 GPT-3 拥有了很强的自然语言能力，能模仿人类叙事、创作诗歌、编写剧本等。随后 2022 年初提出了 InstructGPT 版本，这是一个经过微调后的 GPT-3，它能最小化输出有害的、不真实的、有偏差的内容。然后就是 2022 年 11 月，ChatGPT 的正式发布引爆了大模型时代。它是 InstructGPT 的衍生产品，引入人类反馈强化学习来使模型的输出更符合用户预期。2023 年发布的 GPT-4 则提供了多模态的支持，整体的智能程度更高。

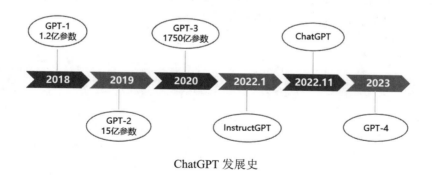

ChatGPT 发展史

17.2　大语言模型

一花独放不是春，百花齐放春满园。实际上整个行业并非只有 ChatGPT 这一枝独秀，不管是在产品的维度还是技术的维度都有其他类似的工具，比如大科技公司的商业产品有谷歌的 Bard、百度的文心一言、微软的 new Bing，此外还有以 T5、LLaMA、BLOOM、GLM 为代表的开源项目。毫不夸张地说，成百上千的类似产品项目不断快速地涌现出来。下图是主流的项目，这些项目统一称为大语言模型（Large Language Model，LLM）。

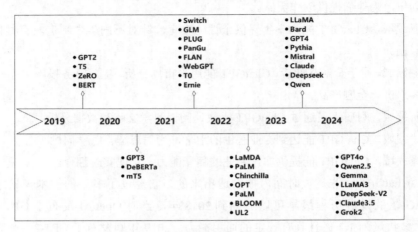

主流大语言主模型项目

大语言模型是一种自然语言处理模型，之所以称为"大"是因为它具有庞大的参数量，而且在训练模型时也需要海量的数据样本。得益于模型海量的参数，LLM 具有非常强的语言理解和生成能力。说到"大"，我们来看看它们到底有多大，以及为什么这么大。LLM 的参数量通常达到数十亿到数百亿，更大的能到千亿甚至万亿级别。如下图所示，从 2018 年到 2023 年参数的规模几乎呈指数的增长趋势，2018—2019 年间主要是亿级别，2019—2020 年间最高已经来到了百亿级别（比如 T5 为 110 亿），到 2020—2021 年间已经出现了 1750 亿的 GPT-3，2021—2022 年间及往后参数量的发展则达到了惊人的万亿级别。根据这个趋势也提出了一个定律：大语言模型摩尔定律，每年模型参数增长 10 倍。

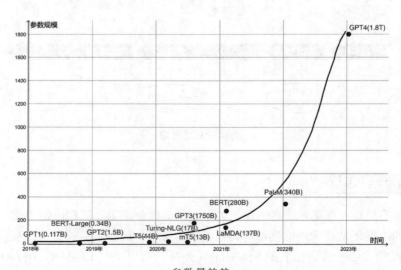

参数量趋势

再看为什么要"大"，AI 科学家们在研究中得出了一条经验性法则——扩展定律（Scaling Law），即随着模型参数规模和训练数据量规模的不断增加，模型的能力和效果也会随之增强、改善。此外大模型还有一种被称为"涌现智能"的现象，也就是说它产生了传统小模型没有的能力。涌现现象是指在复杂系统中由简单的微观部分组合成的宏观表现所展现出来的新性质，这种性质通常很难通过简单的微观来预测和分析，因为这涉及多因素的复杂互动。

17.3 语言模型的发展

自然语言是一种人类所独有的一种表达和沟通的能力，这项能力就像刻在基因里面一样，它驱使我们从婴儿阶段开始就会自主从周边环境学习。当然人类能很轻易地理解自然语言，但对于机器来说却是非常复杂的一串编码，要让机器学会自然语言是非常艰难的。自然语言其实就是一种序列数据，研究人员尝试用不同的方法来对这种序列数据建模，从而构建语言模型。

语言模型旨在对文本序列的概率进行建模，然后通过语言模型对未来的单词概率进行预测。语言模型的发展大致可以分为四个阶段，对应不同的建模方式。

- 统计语言模型，它是在 20 世纪 90 年代基于统计学习方法发展起来的，其基本思想是基于马尔可夫假设进行建模，比如根据最近的上下文预测下一个单词。最经典的模型是 N 元语法（N-Gram）模型，其中的 N 表示用来预测的上下文的长度，常见的是二元模型和三元模型。

语言模型是指对自然语言文本进行建模的算法，从而达到理解和生成自然语言文本目的。

我们说的话就是自然语言

- 神经网络语言模型，是指通过神经网络来对文本序列进行建模，最经典的模型是递归神经网络，这种神经网络能实现序列概率建模。它的重要贡献是分布式词表示，通过分布式词向量来建模上下文表示。比如，Word2Vec 使用浅层神经网络来学习分布式词表示，然后可以作为各种 NLP 任务的通用词表示，效果非常出色。

- 预训练语言模型，它的核心思想是通过预先训练一个神经网络模型来捕捉上下文的词表示，然后基于这个预训练的模型对具体的下游任务进行微调。主流的预训练语言模型使用具有自注意机制的 Transformer 架构，预训练的模型在通用语义特征方面非常有效，显著提升了各种 NLP 任务的性能。随着预训练语言模型的不断发展，"预训练 + 微调"的学习范式变得越来越流行。

- 大语言模型，是指参数量非常巨大的语言模型，通常拥有百亿、千亿甚至是万亿的参数。研究人员发现通过扩展预训练模型的规模可以提升下游任务的效果，可以从模型参数和训练数据量两个方面进行扩展。当模型大到一定程度后会涌现一些小模型所没有的独特能力，在各种复杂任务中表现出惊人的效果。

语言模型的四阶段

17.4　大语言模型的使用

正如图形操作界面（比如 Windows 系统）为大众打开了神奇的计算机世界大门，网络浏览器（比如网景浏览器）让大家在互联网世界冲浪遨游，大语言模型（比如 ChatGPT）则成为了我们与人工智能世界交流的窗口。大语言模型很有可能会成为一种创新的交互模式，它提供了更直观、更自然的交互方式，可以对接到任何系统或虚拟世界中。

简单地说，可以把大语言模型当作一个强大的虚拟助手，通过自然语言对话让它执行我们描述的各种任务和命令。通过文本的输入和输出，我们可以与这个虚拟助手进行交流，它会尽力理解我们提出的问题并作出相应的回复。虽然它并非是一个实际存在的、具有物理形态的机器人，但它能以文本的形式展示自己的智能行为。比如下图中，我们与一个大语言模型进行交互，通过"请你介绍一下大语言模型"这个自然语言指令，它就会回复相应的内容。

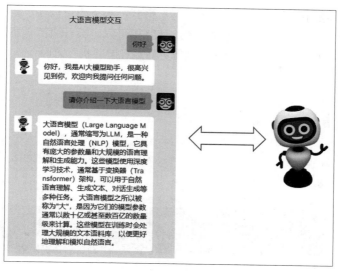

与大语言模型进行交互

"如何与大语言模型有效交互"已经发展成一个专业的领域，被称为提示词工程，它研究的是如何写出有效的自然语言命令，从而更加有效地与大语言模型进行交流。通过研究提示词能让我们更好地理解大语言模型的能力边界，同时也能让我们通过提示词的方式来提升大语言模型的表现。下面我们来学习一些常见的提示词编写方式。

● 普通提示词方式，直接向大语言模型提出问题或发出指令，比如"天空是什么颜色？"。

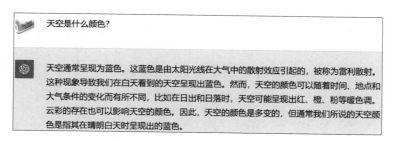

普通提示词方式

● "问题—答案"提示词方式，当我们向大语言模型提问题时，可以使用"问题—答案"格式的提示词，这种方式能使答案更简洁有效。

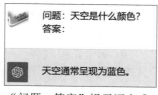

"问题—答案"提示词方式

- 结构化提示词方式，除了"问题—答案"格式，其实还可以自己定义很多格式化的提示词，它们都能让命令更加有效。比如，我们可以定义一个"角色—任务—要求"的格式化提示词，这样就能让大语言模型更好地理解并执行。

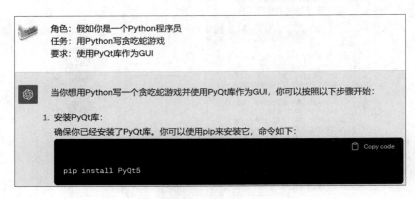

结构化提示词方式

- 零样本提示词方式，主要突出的能力是零样本，即无须用户提供样本案例大语言模型就能给出我们想要的结果。其实普通提示词多数都属于零样本，因为在向它提问时我们一般都不会举例说明。

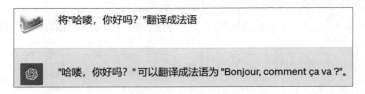

零样式提示词方式

- 少量样本提示词方式，在提问时会给大语言模型提供少量样本案例，这样能让大语言模型更好地执行任务。

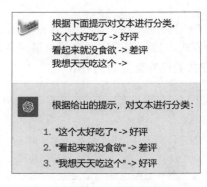

少量样本提示词方式

- 思维链提示词方式，主要是在提示词中添加推理的步骤，从而帮助大语言模型在复杂推理任务中表现得更好。

> 问题：小明有5个面包，他又买了两袋面包，每袋有2个面包，他一共有几个面包？
> 答案：一开始5个，两袋面包每袋2个一共是4个，5+4=9，答案是9个。
> 答案：小红有20元钱，坐地铁花了5元，买早餐用了4元，还剩几元钱？
> 答案：

> 小红有20元钱，坐地铁花了5元，买早餐用了4元，所以她还剩下 20 - 5 - 4 = 11元钱。所她还剩下11元钱。

思维链提示词方式

17.5　涌现能力

上面说到大语言模型存在独有的涌现能力现象，这也是大模型与传统小模型最大的区别，下面看看大语言模型的三个主要的涌现能力。

- 指令遵循能力（Instruction Following），是指通过指令集来对预训练模型进行微调训练，然后就可以通过指令来执行相应的任务，而且具备很强的泛化性。我们来看看常见的一些指令：文本生成（比如"生成一篇关于人工智能的文章"）、机器翻译（比如"请将下面一段话翻译成英语"）、代码生成（比如"用 Java 编写贪吃蛇游戏"）等。几乎所有 NLP 的任务都可以通过指令微调来实现。

> 生成简短的人工智能介绍

> 人工智能（AI）是计算机科学的分支，旨在使计算机系统具备智能，包括学习、理解语言、解决问题和模仿人类思维。AI已在各领域如医疗、自动驾驶、自然语言处理等取得显著进展，影响深远。

文本生成指令

- 上下文学习（In-Context Learning），是指将一些案例作为输入的一部分一起输入到大模型中，从而达到无须调整模型参数就能获得更好的输出效果。下图左边是常规的问法，而右边则是上下文学习的问法，很明显它增加了几个例子，通过举例能让模型的输出效果更好，这种方式就是上下文学习。

常规问法	上下文学习问法
下面的留言是积极还是消极？ 问题：*"看起来不错，用得不 怎么样"* 答案：	下面的留言是积极还是消极？ 问题：*"很好看，很喜欢"* 答案：积极 问题：*"跟预想的差别很大"* 答案：消极 问题：*"一直买这个，很好"* 答案：积极 问题：*"看起来不错，用得不 怎么样"* 答案：

常规问法与上下文学习问法

- 思维链（Chain of Thought），是指将推理过程中的多个步骤作为输入的一部分一起输入到大模型中，从而达到无须调整模型参数就能获得更好的推理效果。它也属于提示的一种，将推理的中间步骤以提示词的方式输入。

普通提示	思维链提示
问题：小明有 5 个面包，他又买了 2 袋面包，每袋有 2 个面包，他一共有几个面包？ 答案：答案是 9 个。 问题：小红有 20 元钱，坐地铁花了 5 元，买早餐用了 4 元，还剩几元钱？ 答案：	问题：小明有 5 个面包，他又买了 2 袋面包，每袋有 2 个面包，他一共有几个面包？ 答案：一开始 5 个，2 袋面包每袋 2 个一共是 4 个，5+4=9，答案是 9 个。 问题：小红有 20 元钱，坐地铁花了 5 元，买早餐用了 4 元，还剩几元钱？ 答案：

输出	输出
答案：答案是 11 元	答案：小红一开始有 20 元，坐地铁花了 5 元，剩下 20-5=15 元，又花了 4 元买早餐，所以剩下 15-4=11 元。 答案是 11 元

普通提示与思维链提示

17.6 核心网络架构

毫不夸张地说，Transformer 架构是当前大语言模型的基础架构，几乎所有的大语言模型都以其作为基础网络架构来构建。当 2017 年谷歌提出 *Attention is All You Need* 论文后应用越来越广泛，俨然已成为自然语言处理领域的一个重要的里程碑。该架构通过引入自注意力机制解决了序列长距离特征的捕捉问题，而且该架构原生支持并行计算，大大改进了序列数据的处理能力。可以说，只要你掌握了 Transformer 架构也就掌握了大语言模型的核心算法。Transformer 架构如下图所示，详细的细节如果忘了可以回到前面的章节学习。

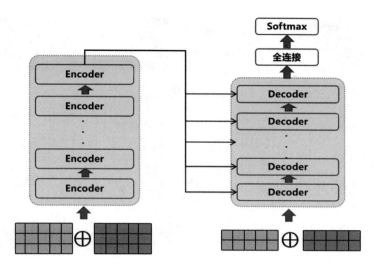

Transformer 架构

主流的大语言模型会对 Transformer 结构做一些改动，可能对整体结构进行改动也可能对细节做一些小改动。在整体结构和建模策略上，可以将大语言模型分为自编码模型、序列到序列模型和自回归模型，这也是三种大语言模型经典的架构。

- 自编码模型，也被称为 Encoder-Only 模型，就是说整个网络模型只有编码器而没有解码器。编码器的核心是提供编码，万物皆可编码，通过编码器可以有效捕获输入的特征，以便后续任务能更好地进行处理。这类模型通常用于降维和特征提取，它的目标是将高维的输入映射到低维的特征向量，比如将一段文本编码成指定维数的文本特征表示。此类模型擅长序列分类和序列标注，可以说它擅长理解文本但不擅长生成文本，经典的模型包括 BERT、RoBERTa、ALBERT 等。

- 序列到序列（Sequence to Sequence）模型，从名字就可以看出它的核心能力是将某个序列转换成另一个序列。它包括编码器和解码器两部分，其中编码器负责对输入编码生成指定维度特征的向量，然后解码器负责生成输出。很明显，此类模型将核心操作分为编码和解码两部分，它经常被用于翻译和文本摘要任务，经典的模型包括 BART、T5、Marian 等。

- 自回归模型，也被称为 Decoder-Only 模型，整个网络结构中没有编码器只有解码器。解码器的核心是提供解码功能，它将指定维度大小的特征向量转换成原始数据的格式，比如将一个向量值转为一段文本。这类模型通常用于生成任务，比如文本生成或图像生成，它的目标是根据给定的向量生成数据。由于它舍弃了编码器部分，所以核心思想不是先对整段文本进行编码，而是通过解码器来学习文本序列的分布，根据之前的字符串去预测下一个字符串的概率分布。此类模型擅长文本生成，同时通过提示词的方式也能完成其他任务，经典的模型包括 GPT 系列、ChatGPT、PaLM、LLaMA 等。

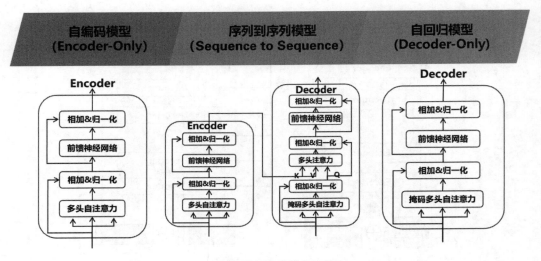

自编码模型
(Encoder-Only)　　序列到序列模型
(Sequence to Sequence)　　自回归模型
(Decoder-Only)

三种大语言模型经典架构

17.7　大语言模型的"大"

我们在前面介绍过大语言模型的参数量非常庞大，然而大语言模型之所以被冠以"大"的头衔并不仅仅只是因为参数量大，它主要体现在模型参数量、数据样本量和算力资源量三方面。毫不夸张地说，想让大语言模型产生强大的性能这三者缺一不可。它们共同推动了大语言模型的发展，我们可以将数据看成源材料，模型相当于知识库，目标是从海量的原材料中提取有用的知识到知识库中。这样一来，为了使知识库更加丰富就必须要有足够的原材料，而原材料越多、知识库越大则提取知识所需要的算力就越大。

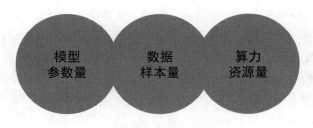

大语言模型三方面的"大"

对于模型，它必须被设计成一种高效的知识特征捕捉器，它要能很好地捕捉到文本的复杂结构和语言规则。而且模型网络所对应的海量参数被用来存储和表示所提取到的知识，所以要做到既保证知识的压缩率又保证性能效果。某种程度上可以认为模型的参数越大，它所能存储的知识就越多，而且智能能力就越强。

对于数据，大语言模型通常需要超大规模的训练语料库，它们通常来源于互联网，比如网页、新闻、社交媒体和书籍等。语料库需要覆盖多语言、多领域和多主题，以确保模型能学习到更加广泛且丰富的知识。大语言模型的参数量能达到百千亿甚至万亿，为了驱动这么庞大的模型参数工作，我们通常需要万亿级别个词的数据量。

对于算力，要训练大语言模型就需要大规模的计算资源，通常我们会使用包含了大量的GPU 的服务器来训练大模型，而且还会将很多个服务器组合成一个高性能计算集群来加快训练的速度。对于一个千亿级别参数的工业级大语言模型，从零开始训练需要数千个 GPU 集群的算力，训练时间需要数十天，各种花费的成本高达数千万元。

总而言之，模型、数据和算力是大语言模型的基础。为了构建一个有效的大语言模型，首先我们需要设计一个大的网络模型，其次再收集并整理一个大的数据样本，然后通过大算力去训练并驱动大模型，最终我们得到一个具备出色的自然语言理解和生成能力的大语言模型。

17.8 海量语料库

数据是大语言模型的原材料，我们需要大量的文本类型的数据，通常将这些数据统称为语料库。语料库的丰富程度决定了大语言模型的基础知识及能力，包括常识、词汇、语义、语法规则和文化背景等。语料库越丰富，模型能获取的基础知识就越多，在自然语言任务中的表现就越好。大语言模型的语料库一般包含六类数据：书籍、网页、代码、百科、社交以及对话。

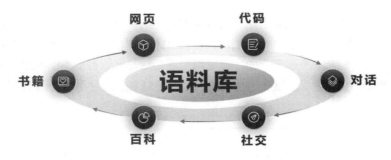

大语言模型语料库

- 书籍，书籍数据包含了非常有价值的高质量数据，包括小说、散文、学术、诗集等各种书籍，涵盖了多样的主题和写作风格。全人类世界有史以来创作出来的书籍规模非常庞大，这些书籍的整理工作也是个大工程。常见的书籍开源语料库有 BookCorpus 和 Project Gutenberg，它们的规模分别超过了 11000 本和 70000 本，包含小说、历史、科学、诗集、学术、戏剧、哲学以及其他领域书籍。
- 网页，互联网所包含的网页数据可以说是非常巨大的，包括普通网页、新闻、博客、论坛等。互联网网页数据散落在世界各地的服务器上，要收集它们就需要依靠爬虫技术，通过爬虫可以让机器爬取网页数据。由于网页数据包含着大量噪声和低质量的数据，所以在使用前还需要做大量的数据预处理工作。也有很多机构将爬取和整理的网页数据进行开源，比如 C4、CC-Stories、CC-News 和 RealNews 四个语料库，其中最小的是几十 GB，最大的为几百 GB。

- 代码，大语言模型除了懂人类的自然语言外还懂程序代码，这就要求训练样本必须包含代码数据。GitHub 和 StackOverflow 是全世界有代表性的代码平台，上面包含了大量的 JavaScript、Python、Java、C++、PHP、Go 等主流编程语言程序数据。我们可以写爬虫自己收集，也可以使用谷歌开源的 BigQuery 代码语料库。

- 百科，主要包括维基百科和百度百科。维基百科是一个包含高质量内容的在线百科全书，覆盖了众多不同语言和领域，而百度百科则有更丰富的中文数据。维基百科官方提供了开源的语料库下载，但百度百科并没有公开，需要用户自行收集。

- 社交，社交媒体包含了大量人们平时交流的数据，比如 Twitter、微博、Facebook 等社交平台上的文本消息和评论。由于社交媒体涉及用户的隐私和敏感信息，这方面比较少有开源的语料库，需要自行收集数据。

- 对话，对话语料库主要包含了大量的对话数据，涵盖了各种对话情境，包括社交聊天、客服对话、面试对话等，此类数据能提升大语言模型的对话能力。有很多机构开源了对话语料库，我们可以收集汇总作为训练数据。

17.9　"单字接龙"游戏

大道至简，看似非常高端且复杂的大语言模型，它的基础原理却如此简单，就四个字"单字接龙"。比如将"锄""禾""日"三个字输入到 LLM 模型，它就会输出若干个下一个字的选项及其概率，一般我们会取概率最高的，即"当"字。这是大语言模型的灵感之源，不过未必是人类语言的本质，它巧妙地通过序列预测建模来规避对复杂的自然语言语法的分析工作。

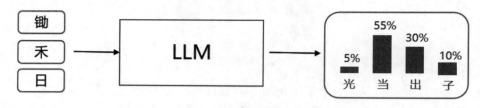

大语言模型的基础原理

大语言模型预测的基本单位是字，通过把字组合起来成为句子和段落，构成丰富多彩的语境和表达。实际上，我们并不知道大语言模型与人类对自然语言的理解方式是否相同，不过它确实表现出了人类的语言智能。就像飞机和小鸟的飞行原理虽存在不同，但不影响它们在空中翱翔，甚至飞机飞得更高更快。

从"单字接龙"的角度来看，大语言模型通过学习海量的文本数据，从而总结出来在不同"前文"的情况下下一个字的概率分布。由于用来训练的文本数据是由人类编写创作出来的，所以它本身就包含了自然语言的各种特性和结构，这样看来大语言模型也学到了自然语言的理解和组织能力。

我们在前面章节也介绍过，从数学组合的角度来看自然语言的复杂度是爆炸式的，一句数十字的句子包含的可能组合就已经远超整个宇宙的原子数了。所以从这个角度看，大语言模型解决了自然语言无限组合空间的问题。我们可以认为它几乎等同于能够生成无穷无尽的文本，不过在概率模型的指导下生成的文本符合人类的自然语言特性，这也说明大语言模型能够在有限的字的集合中创造出千变万化的文章和故事。

为了生成一个指定长度的句子，"单字接龙"会不断循环将预测的字加到原来句子中并再一次输入到模型中预测下一个字。比如第一次输入"锄禾日"，模型预测的输出为"当"，那么又继续将"锄禾日当"输入到模型，模型又预测输出为"午"，直到遇到结束符（这个结束符是我们在训练样本中自己定义的）。反过来看看人类，当我们要说一句话时，其实我们并不知道大脑是直接生成这句话还是一个个字生成。不过这种"单字接龙"的顺序倒是与我们说话和阅读的习惯和方式是一样的，我们阅读时通常都是从左到右一个个字看着过去的，而不是无顺序地随机看或者一次性将整个页面全部看完。当然不排除有特殊能力的人能一次"看"一页，但从眼睛的功能和物理结构上来看是不具备这种能力的，阅读时目光只能聚焦到很小的区域内。这种一个个字预测的方式体现了语言的连续性和上下文关联性，从这方面看也符合人类理解自然语言的方式。

在了解了大语言模型每次只预测一个字后，我们可能会产生一个很疑惑的感觉：通过概率模型的方式来预测单个字，那不是很容易生成不符合人类说话习惯的语句吗？对于这个问题，我们没办法直接根据理论分析给出答案，因为大语言模型就是一个巨大的黑盒，我们只能通过实验去验证。研究人员通过大量实验后发现，在 Transformer 的网络结构下生成的字所组成的句子和段落都非常符合人类的表达方式。

生成的句子符合人类的表达

大道至简的哲学在大语言模型中得到了生动的体现，"单字接龙"融合了简洁性和复杂性，解决问题的思想虽简单，却能产生复杂的效果。其中更是蕴含了人类独有的思维和深层的文化内涵，不过我们独有的这些思维能力也许也会通过数据灌入到大语言模型，机器可能也已经学会了。

17.10　预训练＋微调

语言模型已经发展到了"预训练＋微调"的新范式，大语言模型也遵循这种范式。预训练＋微调的方式并非突然出现的，它也是经过长期的研究和实验才逐渐成为主流的。在早期的研究中发现：通过大量数据训练出来的词模型具有通用性，这种模型被称为预训练模型，它能让下游的任务得到很好的性能表现。预训练模型最大的优点在于它属于无监督学习，不需要人工标注大量的数据。我们都知道人工标注数据的成本是非常高的，这也是无法通过监督学习来构建大模型的主要原因。互联网上拥有无穷无尽的未标注数据，所以预训练模型能够做得非常大，成为文本表征的一种基础模型。

可以把预训练模型看成具备基础知识和能力的通用模型，而通用常常意味着会损失专业领域的知识和能力，模型也受物理世界的规律限制，一个全能的专家在某一领域肯定无法与一个专攻该领域的专家相比。所以预训练模型通常无法满足某个专业领域的要求，为了提升模型的专业知识能力，我们会基于预训练模型微调训练一个性能更好的领域模型。所谓微调就是少量改变模型的参数，而不是将整个网络的参数都进行更新。微调的核心思想是既要保证通用知识能力又要加强领域知识能力。为了更擅长领域知识，自然而然想到收集更多的领域数据来对预训练模型进行调整，通过微调训练注入更多领域知识。预训练和微调的过程如下图所示，先使用通用数据（海量无标注数据）来训练一个预训练模型，然后收集某一专业领域的数据（无标注数据），最后经过微调训练得到具有更多领域知识的模型。

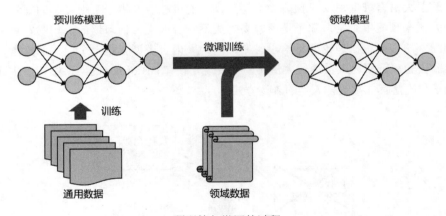

预训练与微调的过程

针对某个领域的特定任务，我们还会通过监督学习进行更深入的微调。此时通常需要人工标注的数据，这样能确保任务完成的效果更好。比如我们要让模型预测电商平台用户的评价是好评还是差评，那么第一步是收集通用数据训练一个预训练模型，第二步则是收集电商领域的各种相关的数据并微调得到一个电商领域模型，第三步是人工收集电商的各种评价数据并进行人工标注，最后再通过微调训练得到一个电商平台用户评价预测模型。

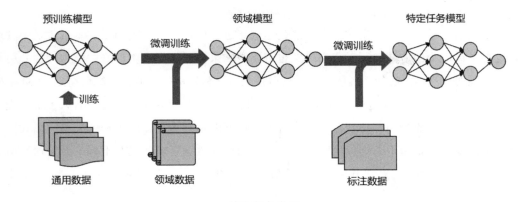

特定任务微调

大语言模型也是依据"预训练＋微调"的范式来构建的。第一阶段是预训练，我们使用海量的无标注文本语料库进行无监督训练，训练完后得到一个 LLM 基础模型，这个模型主要从海量文本中捕获自然语言的模式和规律。第二阶段是微调训练，为了赋予 LLM 模型更强的对话能力，我们收集了大量的对话语料库，需要人工组织成问题—答案对的格式，然后通过监督训练得到一个 LLM 对话模型。

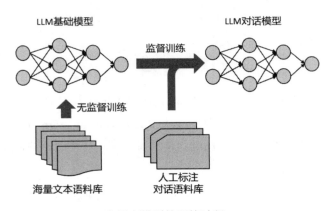

大语言模型的训练过程

17.11　人类反馈强化学习

在预训练模型及海量对话语料库微调后我们得到了一个对话能力很强的 LLM 模型，不过此时对于人类来说它还存在一些不足，因为它可能会产生虚假的、有害的、误导性的、有偏见的应答，应答缺乏人类价值观偏好。也就是说大语言模型建模的核心目标是单词序列的预测，缺乏人类价值观偏好的考虑，所以还必须为模型注入人类的价值观。将大语言模型变得更符合人类价值观偏好的过程称为人类对齐操作，通常需要在帮助性、诚实性和无害性三方面进行考虑，对齐操作实际上就是一种模型微调操作。

　　对于大语言模型，最朴素的对齐方法就是直接进行微调，这是因为微调本来就是一种增强特定任务或能力的方法，所以我们当然也可以用它来增强符合人类偏好的能力，使其更符合人类的预期。具体做法如下图所示，通过海量文本语料库进行无监督训练后得到 LLM 基础模型，然后通过对话语料库进行监督训练后得到 LLM 对话模型，最后收集符合人类价值观的语料库再进行一次监督训练得到符合人类价值观偏好的对话模型。这种朴素简单的方式操作起来非常简单，但是由于人类价值观比较复杂，简单的微调可能效果并不好。而且这种微调方式可能会导致过拟合，在对其增强人类价值观偏好的同时也丧失了通用能力。

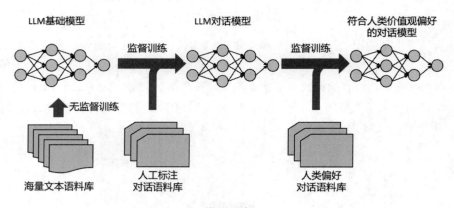

微调对齐

　　为了克服直接微调对齐方式所面临的挑战，研究人员深入探索了更有效的一些对齐方法，当前最有效且应用广泛的是人类反馈强化学习（Reinforcement Learning from Human Feedback，RLHF）。它通过强化学习来实现更加精细的模型对齐，在使模型更符合人类价值观偏好的同时也最大限度地保持模型的鲁棒性。

　　从整体架构上来看，人类反馈强化学习的核心是搭建强化学习要素使其运作起来，这些要素包括智能体、环境、状态、动作、奖励和策略等核心概念。对于大语言模型系统而言，智能体实际上就是整个大语言模型系统，它能生成自然语言并与用户交互，从而学习人类反馈的最佳行为；环境则可以看成智能体与用户交互的上下文环境；状态用于描述智能体和环境的信息，包括当前进展和用户反馈的信息；动作是指智能体在特定状态下采取的行为，这里表示根据当前的输入决定下一个要输出的字符；奖励是指智能体采取了动作后得到的奖励，也就是对当前状态所生成的字符进行打分；策略用于指导智能体在特定状态下决定要执行的动作，对应到大语言模型就是对特定的输入生成文本的规则。

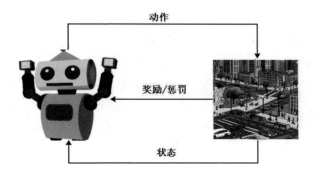

强化学习的交互

人类反馈强化学习的具体过程分为四个阶段：训练基础模型、训练微调模型、训练奖励模型以及强化学习实现对齐。下面分别介绍这四个阶段。

（1）训练基础模型，基础模型实际上就是 LLM 预训练模型，通过海量无标注文本语料库进行无监督训练得到。

（2）训练微调模型，在基础模型之上使用大量的对话语料库进行监督微调训练而得到微调模型，这个模型具备很强的对话能力。其实这两步就是前面介绍的"预训练＋微调"范式，从而构建一个 LLM 对话模型。这个模型就是待对齐的模型。

（3）训练奖励模型，强化学习要求我们必须要有一个能给动作打分的角色，打分的依据就是人类价值观偏好，所以必须由人类去打分。人类对不同的答案进行排序，然后训练一个奖励模型，这个奖励模型能对不同的动作给出一个奖励值。比如对于"如何解决社会收入差距问题"这个问题，我们通过多次调用微调模型生成了 A、B、C、D 四个答案（也可以人工编写四个答案），然后由标注人员对四个答案进行排序，最后根据这些排序集训练一个奖励模型。这个奖励模型也是一个 LLM 网络模型，不同的地方在于输出层改为输出一个浮点值作为奖励值。通过这步我们将人类价值观偏好注入到奖励模型中。

（4）强化学习实现对齐，这一步主要通过强化学习来微调待对齐模型。我们会采集很多问题，每个问题通过微调模型（待对齐模型）生成下一个输出的字符，此时将问题和当前时刻的输出一起输入到奖励模型得到一个奖励值，比如某个时刻的"问题＋输出"为"问题：如何解决社会收入差距问题？答：加强教育"。大家要记住大语言模型是一个文字接龙游戏，每次预测一个字符。由"如何解决社会收入差距问题？加强教"状态预测"育"字符，对应的就是根据某个状态采取某个动作，动作空间是整个字典。在得到奖励后通过强化学习算法来微调待对齐模型，通过状态、动作、奖励就能将整个强化学习串联起来了，实验已证明人类反馈强化学习是有效的。

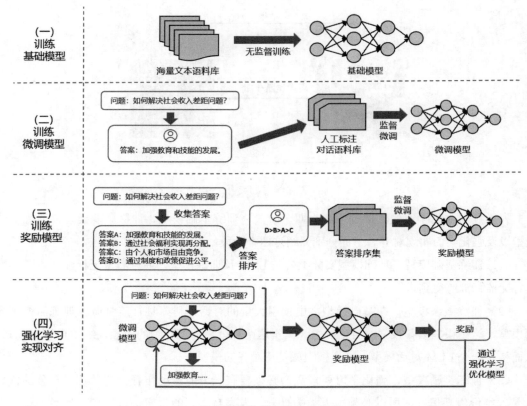

人类反馈强化学习的具体过程

17.12　从 GPT–1 到 GPT–4

在学习了所有 LLM 相关的核心知识后，我们重新从技术的角度来看 ChatGPT 的发展过程，以便我们更好地理解整个大语言模型核心技术的发展。从 GPT-1 到 GPT-4 标志着大语言模型从单一任务到更灵活的多任务发展，而且在自然语言理解和生成能力上也取得了显著的提升。下图中列出了 GPT-1 到 GPT-4 每个版本各自的关键特性，下面我们详细介绍每个版本。

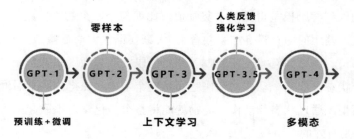

从 GPT-1 到 GPT-4 的发展

- GPT-1，整体采用了 Transformer 架构，这种架构非常擅长处理自然语言这样的序列数据。也是在这个版本就引入了"预训练 + 微调"的范式，先通过预训练技术对大规模文本数据进行无监督学习，使模型得到语言的基本规律，然后再通过微调来实现更出色的特定任务。

- GPT-2，它的规模比 GPT-1 大很多，包括模型参数和训练用的数据集，这使得 GPT-2 能更好地捕捉到更复杂的语法和语义结构。GPT-2 在文本生成能力方面得到了显著的改进，能够生成更长、更连贯、更具上下文一致性的文本。此外，GPT-2 初步显现出了一个关键能力——零样本学习，这也是未来 GPT-3 研究的重点。

- GPT-3，它再次大大地提升了模型的参数规模，达到了千亿级别，相应的数据集也大大地增加。比 GPT-2 的规模增长了上百倍，这也让 GPT-3 的模型性能再次大大提升。GPT-3 最重要的能力是上下文学习，它包含了零样本学习、单样本学习和少量样本学习。这让我们能够在不微调改变模型参数的情况下，通过在提示词中添加案例的描述来提升任务的效果。

- GPT-3.5，也称为 InstructGPT，这个版本最核心的能力就是引入了人类反馈强化学习。尽管 GPT-3 通过海量文本数据预训练和微调后已经能很好地对话交互，但是大语言模型经常会表现出人类不希望的行为，比如捏造事实和生成有偏见有害的文本。所以为了解决这些问题 OpenAI 提出了一种通过人类反馈的强化学习来微调大语言模型，这样就能让模型的输出与人类想要的保持一致。

- GPT-4，GPT-4 版本的重大升级是增加了对多模态的支持，也就是说除了能输入文本之外也能输入图片。此外，相比于 GPT-3.5，GPT-4 在各个方面的能力都得到了显著的提升。包括上下文学习能力、逻辑推理能力、理解图表能力、更安全的文本生成能力、编程能力、更长输入的处理能力等。大语言模型取得突破性进展的核心还是在于"涌现能力"，这是当模型参数达到一定程度后自动学习到的一些高级复杂的能力，而 GPT-4 超大的参数规模也大大加强了各方面的能力。

第**18**章
如何让机器成为绘画师

　　随着 AI 科技的不断发展，它不断渗入到各个领域，特别是在攻破了代表着人类智商高地的围棋后，AI 似乎被认为是无所不能的。与此同时，AI 也改变着我们对艺术创作的认知，特别是绘画领域，AI 刮起了一阵强有力的飓风。AI 技术逐渐融合到绘画创作中，诞生出了充满创造力的 AI 绘画师，未来世界将开启科技与绘画创作互相交互的新篇章。

AI 绘画师

　　实际上将 AI 技术应用到绘画领域并不是近几年才有的，在过去几十年中，研究人员就不断思考尝试通过机器学习技术来实现绘画创作，并取得了很大的进展。以神经网络为基础发展出的各种深度神经网络和 Transformer 结构，让 AI 实现了模仿著名艺术家的风格，并且创造出独具特色的绘画作品，真正实现了科技与创意的奇妙融合。通过机器学习算法学习大量的艺术作品，捕捉艺术家的笔触、用色及构图等规律，然后根据学到的规律来实现绘画创作。如何才能构建一种强大的绘画创作模型，是研究人员一直在探索的。下面我们来看当前主流的 AI 绘画创作模型的原理。

18.1　自动编码器

自动编码器（Autoencoder）可以认为是最原始的一种生成模型，它属于一种无监督学习算法。它是一种特殊的神经网络结构，输入和输出维数是相同的。整体的结构示意图如下，它有三个核心模块：编码器、特征编码和解码器。其中编码器负责将输入的图片压缩成一个低维的特征编码，而解码器则负责根据特征编码来重新生成一个新的图片。

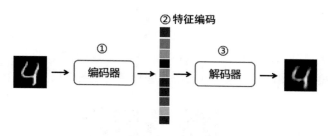

自动编码器结构示意图

再看看自动编码器详细的网络结构，如下图所示，整个神经网络由中间的特征编码分割成编码器和解码器两部分。通常两部分的网络都是对称的，而且都是全连接网络。编码器的输入层维数较多，经过多个隐含层后得到维数较少的特征编码，然后解码器再通过多个隐含层最终连接输出层，这里唯一的要求就是输入层维数与输出层维数要保持一致。一般我们要确定的是特征编码的维数，隐含层数、每层神经元数以及损失函数。

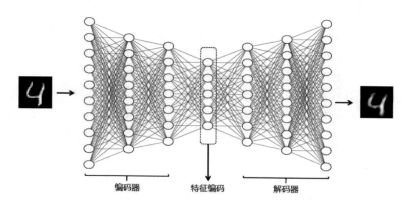

自动编码器的网络结构

训练自动编码器也十分方便，由于是无监督学习，所以我们并不需要去标注任何数据。要做的工作就是收集图片，然后直接将每个图片既作为输入又作为输出，从而训练出一个图片生成模型。下图所示的是原图与经过自动编码器所生成图片的对比，可以看到生成的图片与原图相似，但不会完全一样。

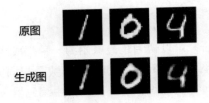

原图与生成图的对比

自动编码器还经常用来实现图片降噪，为了训练一个图片加噪模型，我们要对原图进行随机加噪声，加噪后的效果如下图所示。这样我们就可以将加噪图作为输入，原图作为模型输出的目标，这样就能让自动编码器学习到从噪声图到原图的转换过程。当完成整个模型学习后就可以输入有噪声的图，然后模型就会输出解噪声后的图，从而实现图片降噪的效果。

原图与加噪图

18.2　变分自动编码器

自动编码器更多的是被看成一种数据压缩表示模型，通过训练编码器来实现图片更低维数的潜在表示，然后通过解码器还原图片。自动编码器强调的是"压缩—还原"，并没有太多的图片生成能力，不过它为图像生成奠定了基础。那么要怎么改造自动编码器才能增强它的创造性呢？最直接的方法就是在模型中引入一定的随机性，从而让模型既能在保证还原的基础上还能增加创造性，这也是变分自动编码器（Variational Autoencoder）的核心思想。

从整体上看，变分自动编码器分为编码器、高斯分布采样器和解码器三部分。其中编码器和解码器与自动编码器的一样，不同点是中间部分。自动编码器是直接学习特征编码，而变分自动编码器则是学习一个高斯分布采样器，通过这个采样器来生成具有随机性的特征编码。采用高斯分布是因为该分布具有较好的稳定性，它既能保证生成的图片的精确度又能产生一定的随机性，在这两方面达到很好的权衡。首先图片输入到编码器后会产生一个输出，然后这个输出作为高斯分布采样器的输入进行随机采样后得到特征编码，最后将特征编码输入到解码器产生一个图片。

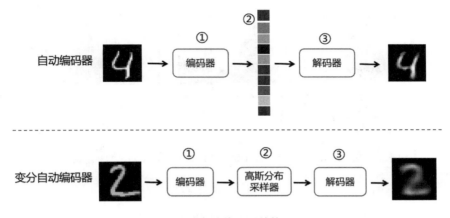

两种自动编码器结构

变分自动编码器的详细结构如下，编码器和解码器仍然是对称的神经网络，中间通过高斯分布连接起来。假设编码器的输出是 5 个神经元，那么对应将有 5 个高斯分布，每个高斯分布对应着均值和标准差两个参数。采样时根据这两个参数值来决定高斯分布的形状，整个训练过程就是在确定这些参数值，注意编码器输出层有多少个神经元就对应有多少个高斯分布。在图片生成阶段，根据学习到的高斯分布参数来决定解码器的输入，每个神经元输入都由对应高斯分布参数采样得到。

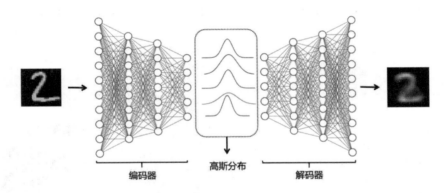

变分自动编码器的结构

为什么引入了随机却还能生成可理解的图片呢？我们必须要理清楚这个点，因为引入随机性已经是图像生成模型的一种常见的策略了。要理解这个问题的重点就在于"随机"并不等于"完全无序"，它实际上是一种受控制的有序的随机性。这种控制通过分布来描述，比如下图是不同的随机概率分布，很明显可以看到随机数生成的范围被限定在这些范围空间内。对于无限的二维空间内，这些限定范围几乎都是有限的，所以它的随机也是有限的。从另外一个角度来看，当引入指定分布的随机性时，我们的神经网络模型学习的是数据的分布，而不是学习具体的样本。

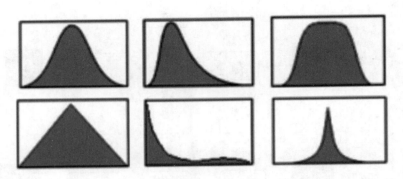

不同的随机概率分布

　　一旦我们指定了某种分布，实际上就是约束了随机可能性的范围（空间），然后学习如何利用这个空间内的数据来生成图像。它能实现符合某种模式的数据生成策略，既提供了更多的可能性，又约束了这种可能性不会太离谱。从图片生成效果的角度来看，它的生成具备了更多的可能性，同时也保证了图像生成的质量。

　　我们再进一步思考神经网络是如何学习数据分布，从而使一串随机值能够生成图片的。神经网络的输入层对应着一个多维的向量，向量包含的每个维度都会按照一定的分布生成随机值。如下图，假如神经网络的输入维数为 5，那么每个维都按照某个分布生成数值，共同组成一个 5 维向量。每生成一个 5 维向量就输入到神经网络学习一次，由于每个维度所生成的数值都符合某种分布，所以经过很多次训练后神经网络就学会了如何根据这个 5 维向量来生成图片。

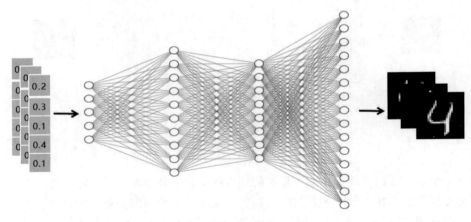

神经网络学习分布

　　我们也可以从低维分布映射高维分布的角度来理解图片生成的过程，输入和输出两端均为不同维度的分布，而总结的神经网络则负责学习从低维分布到高维分布的映射。其中输入是由随机生成器生成的，它们符合一定的分布。而输出则为高维分布，分布的维数为图片的像素数，比如要生成一张 32×32 的 RGB 图片则分布维数为 32×32×3=3072。通过大量真实的图片可以得到相关的分布，从而能够让神经网络学习到从低维分布到高维分布的映射。

再反过来看，低维分布之所以能够生成高维分布，是因为高维变量能够降维到低维变量。这实际上是一个压缩过程，从高维到低维肯定会损失信息，但是通过一些维度压缩算法能够将损失的信息降到很低。特别是图像类数据，其实很多维度上并不包含信息，能达到非常好的压缩效果。此外，我们要知道图像在每个维度上的信息并不是互相独立的，而是互相依赖的，所以不能简单地分开来看，每个维度都是互相影响的。神经网络能用很少的维度学习到很多维度的信息，并且在恢复多维信息时效果很好。

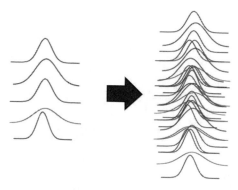

低维分布映射高维分布

18.3　生成对抗网络

生成对抗网络（Generative Adversarial Network，GAN）是另一种强大的图像生成技术，整体的核心由生成器和判别器两部分组成，它们都是一种卷积神经网络结构。可以说 GAN 的出现开启了图像生成领域的一个新起点，它的灵感主要来自博弈论。生成器和判别器这两种网络结构通过对抗训练的方式互相博弈并学习，使得 GAN 可以生成逼真的高质量图像，甚至能在一定程度上模仿艺术家的风格。

学习生成对抗网络我们必须先理解生成器和判别器。其中生成器负责生成图片，它需要在接收一个随机噪声的情况下生成一张假的图片，尽力让这张假图片看起来像真的一样，从而能欺骗判别器。而判别器则负责评估输入的图片的真实性，它要做的事是尽力区分真实图片和生成器生成的假图片。在整个训练的过程中，生成器不断调整参数去学习怎样生成更真实的假图片，以便能欺骗判别器，而判别器则不断调整参数去学习如何提高对真实图片和假图片的区分能力。这样看来是不是就理解为什么叫"对抗网络"了，训练时生成器和判别器互相对抗互相博弈。当训练达到一定程度时生成器所生成的假图片就很真实了，判别器都判别不出来。

生成对抗网络的详细结构如下所示。首先看生成器部分，随机生成指定大小且满足高斯分布的向量输入到生成器，它将生成一张假的图片。一方面将假图片和真图片依次输入到判别器中，真图片应该识别为真，假图片应该识别为假，根据这两个条件的约束可以对判别器进行模型参数更新，目标就是增强判别器对图片真假分辨的能力。接着另一方面，我们还让假图片经过判别器后识别为假，通过这个条件约束来对生成器的模型参数进行更新，目标是使生成器产生的图片越来越真，从而能欺骗判别器。在下一轮中，生成器生成的图片比上一次更好了，而判别器仍在努力识别真和假图片。随着训练的进行，最后生成器已经能达到以假乱真的效果，判别器也就无法识别生成的图片是真是假。当训练结束时我们得到了能生成图片的生成器，通过高斯随机生成器生成随机向量后输入到生成器便能生成图像，至于生成的是什么就看生成器的表现了。

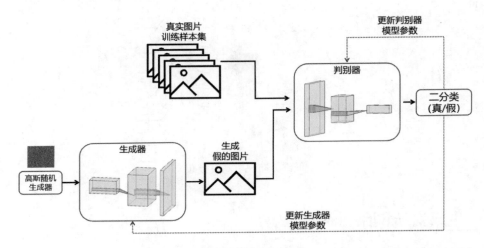

生成对抗网络的详细结构

可以看到上面的图像生成无法控制生成的内容，如果我们想指引它生成指定的内容可以通过条件生成来实现。实现的方式也很简单，就是将标签文本向量化后一起输入到生成器和判别器中。其中标签需要人工标注，比如小狗图片需要对应输入"小狗"文本向量值。这样训练出来的网络就可以在生成时指定标签，生成器就能够生成对应标签的内容。

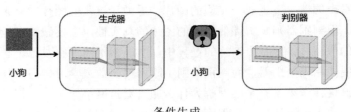

条件生成

深度卷积生成对抗网络（Deep Convolutional Generative Adversarial Network，DCGAN）

是一种经典的 GAN 网络，下面我们来详细看看它的生成器和判别器的结构。生成器的输入层包含 100 个神经元，即产生的随机数为 100 维。然后将 100×1 转换成 4×4×1024，这里怎么转换呢？其实就是再增加一个包含 16384 个神经元的网络层，这样就刚刚好对应 4×4×1024。接着往下的网络结构依次为 8×8×512、16×16×256、32×32×128 和 64×64×3，其中所使用的卷积核都为 5×5。经过这整个网络结构后就将一个 100 维的高斯随机噪声变换成了一个 64×64×3 的图片。

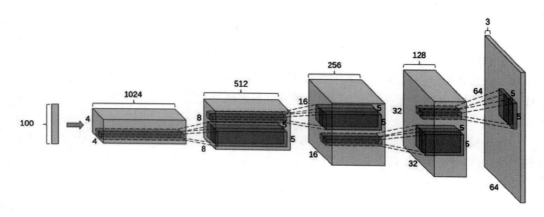

DCGAN 的生成器网络结构

上面的过程中我们会发现一个奇怪的地方，那就是通常情况下卷积操作后维数应该是降低的，但这里却产生了升维的效果。如何做到的呢？其实这是一种被称为反卷积的操作，它的做法很简单，就是通过插入 0 值先将原来的矩阵变大，然后再使用卷积操作。如下图，一个 3×3 的矩阵通过反卷积后整个尺寸扩大了一倍。

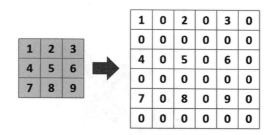

反卷积操作

DCGAN 的判别器网络结构如下，最开始是一个 32×32×3 的网络，接着分别是 14×14×32 和 7×7×16 的网络，然后再对接两个 784 维的全连接，最终的输出是一个 0 ~ 1 的概率值。

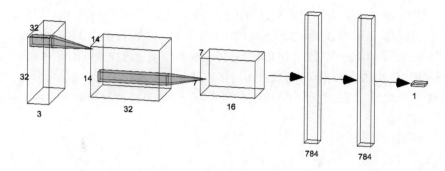

DCGAN 的判别器网络结构

通过对抗训练，生成器最终学会了生成逼真的图像，而且我们在生成图像时也只需使用生成器部分即可。GAN 使得生成的图像更加逼真且多样化，因此也有着非常广泛的应用场景，比如图像修复、图像增强、图像风格化和艺术图片创作等。

然而 GAN 也存在一些不足的地方：第一个是它的训练过程不太稳定；第二个是生成器有时倾向于生成相似的样本而不是多样化输出；第三个是生成器所生成的图像分辨率较低；第四个是很难通过文本描述来生成对应的图像。

18.4 扩散模型

扩散模型（Diffusion Models）是最新流行且效果最好的一类图像生成模型，目前国内外主流的图像生成产品系统基本都是基于扩散模型，比如 DALL.E、Stable Diffusion、MidJourney、Imagen 和文心一格等主流产品。基于扩散模型实现的图像生成模型能够生成高质量且细节丰富的图像，并且也能在生成过程中引入一些随机性，从而使生成的图像更具多样性。

生成"小猫骑摩托"的图片

扩散模型的基本思想是从一个简单的随机噪声开始，一步步去噪声，最终生成一张逼真的图像。这个过程就好比雕刻，最开始从一个看不出是什么的木头，一步步雕刻去掉不需要的部分，最终形成一件雕刻艺术品。扩散模型的学习目标是从大量真实图像中逐步捕捉统计特性，以便在生成时能逐步生成具有类似特征的图像，整个过程通过逐步的扩散和变换生成越来越复杂且真实的图像。

扩散模型生成的具体过程如下图所示，最开始生成一张人类无法理解的随机噪声，然后开始一步步去噪声。从图中可以看到每一步去噪后都能看到比上一步更真实的图像，直到最终生成高清真实图，通常去噪声的步数为 1000。

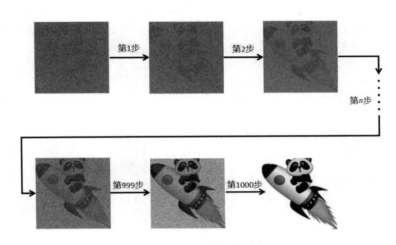

扩散模型生成的具体过程

为了让模型能学到去噪声的能力，很明显我们要构建去噪声的样本，包括去噪声过程中的每一步的结果。在构建训练样本时，我们要反过来操作，将一张真实图片逐步加噪声，然后保存每一步生成的噪声和加噪声后的图片，当所有步骤构建完成后我们将所有结果反过来就是去噪声过程了。如下图，一张"熊猫坐火箭"的照片在第一次加随机噪声后变得稍微模糊，然后继续第二次加随机噪声变得更模糊，然后依次往下加到 1000 次，最终变成一张完全不知道是什么的照片。在模型训练时，我们就可以从最后一步的照片开始，逐步减去噪声图（去噪声），最终得到真实的图像。

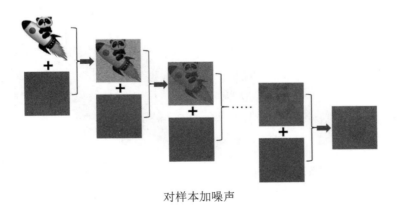

对样本加噪声

扩散模型的核心其实就是要训练一个噪声预测器，以便预测每一步的噪声，然后便可以减去当前步骤对应的噪声从而得到去噪后的图像。如下图所示，噪声预测器是一个深度卷积神经网络，通过它能学到如何预测噪声。神经网络的输入需要包含上一步的图像和当前步数，这样便能预测当前图像及当前步数对应的噪声。当我们得到这个预测的噪声后就可以用当前图像减去该噪声，从而得到下一步的图像。如果步长为 1000，那么需要预测 1000 次噪声，再经过 1000 次去噪声得到最终生成的图像。要训练噪声预测器其实也很简单，我们在前面已经对样本进行加噪声处理，其中的过程数据我们都保存下来了，包括每一步的图像、噪声、每一步加噪后的图像以及步数信息。有了这些数据就能够实现神经网络训练。

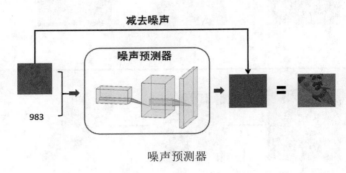

噪声预测器

　　如果我们想要实现通过文本描述来生成图片，那么就可以将文本描述一起输入到噪声预测器中。如下图，噪声预测器的输入包括上一步的图像、当前步数和图像的描述。除此之外，其他的步骤都类似。

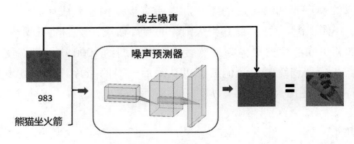

包含文本描述的噪声预测器

　　经典的扩散模型使用了超大规模图像—文本对数据集进行训练，该数据集为 LAION，它包含了 58 亿 5 千万个样本。在这种超大规模数据的加持下，扩散模型得到了前所未有的图像生成效果，几乎成为当前所有主流图像生成产品的基础模型。

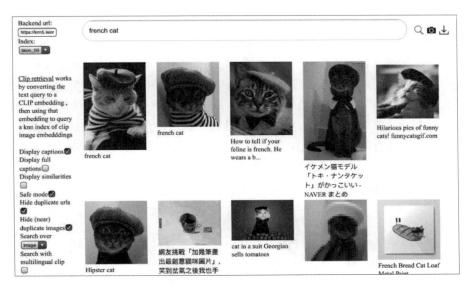

LAION 数据集

18.5 语言图像关系模型

在数字世界中有不同类型的数据，比如文本、音频和视频，这些被称为多模态。常见的模态包括：

- 文本模态，网页文章、输入的聊天文字以及文本类型电子书等都属于文本模型。
- 音频模态，包括声音、音频或其他的听觉数据。
- 视觉模态，包括图像、视频或其他视觉数据。

多模态数据

每个模态都可以单独使用，也可以将多个模态的数据结合起来。通过整合多个模态的信息能获得更丰富全面的信息，从而能让机器更好地理解数据，实现更强大的功能并适应更复杂的场景。举个例子，对于一部电影，如果只有动画画面，没有声音也没有文字，那么理解起来难度就会就大，而且还可能造成理解错误；如果加上语言配音和文字字幕，则能大大帮助我们理解电影的内容。

要实现跨模态的数据融合并不简单，OpenAI 提出了一种理解文本和图像之间关系的模型，即语言图像对比预训练模型（Contrastive Language-Image Pretraining，CLIP）。CLIP 通过学习文本描述和图像的对比来实现跨模态的理解，支持从文本到图像或图像到文本。

为什么需要 CLIP 模型？其实就是解决文本和图像互相融合的问题。传统的图像处理和自然语言处理模型通常都是单模态的，很难有效地捕捉到图像与文本之间的关联信息，这就导致无法构建更加有效的模型。而 CLIP 模型提供了一种图像文本映射的框架，能够将图像与文本映射到同一个语义空间中，从而使得图像与文本能够互相融合。简单来讲就是可以将图像和文本都向量化，然后通过计算两个向量来得到图像与文本的关联。

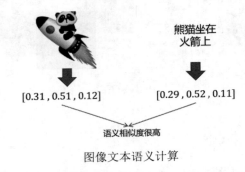

图像文本语义计算

CLIP 模型利用了对比学习的思想进行训练，从大规模的文本和图像数据中学习，且无须显示标签信息。对比学习是机器学习的一种方法，主要用于学习样本之间的相似性和差异性。对比学习的基本思想是最大化相似样本对的相似性，同时最小化不相似样本对的相似性，以此学习到数据的表征。

下面我们来看 CLIP 模型的整体架构，文本编码器和图像编码器是两个核心的部件。其中文本编码器负责将文本编码成 n 维向量，通常采用 Transformer 网络结构。而图片编码器则负责将图片编码成 n 维向量，通常使用卷积神经网络结构。比如文本"一张小狗图片"可以映射成 n 维向量，一张小狗的图片也可以映射到 n 维向量，这样就能让两个向量做运算。如下图所示，训练样本集包含了 N 个图片文本对，那么每个文本经过文本编码器编码后都映射成一个 n 维向量，比如向量 $T_1 = [a_{11}, a_{12}, \cdots, a_{1n}]$。类似地，每张图片经过图像编码器编码后也映射成一个 n 维向量，比如向量 $I_1 = [b_{11}, b_{12}, \cdots, b_{1n}]$。将所有文本和图片向量化后，通过两两互相计算进行对比学习。我们学习的目标是最大化同一对图像文本的内积，同时最小化不同对的内积。比如"一张小狗图片"文本的向量为 T_1，一张小狗图片的向量是 I_1，由于它们是同一对的，所以要使它们的内积最大。同时也要使 T_1 与 I_2、I_3、$\cdots$、I_N 之间的内积最小，使 I_1 与 T_2、T_3、$\cdots$、T_N、之间的内积最小。从某一行的角度看，是某张图片与指定若干段文本的相似值分布；而从某一列的角度看，则是某段文本与指定若干张图片的相似值分布。从两两之间相似度组成的矩阵来看，矩阵对角线上的值要达到最大，其他的元素都越小越好。

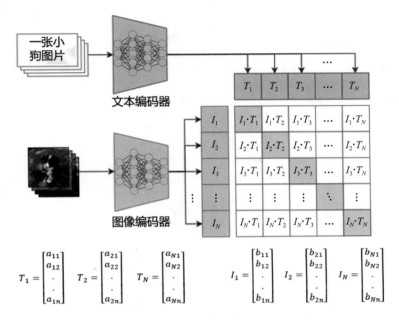

$$T_1=\begin{bmatrix}a_{11}\\a_{12}\\.\\.\\a_{1n}\end{bmatrix}\ T_2=\begin{bmatrix}a_{21}\\a_{22}\\.\\.\\a_{2n}\end{bmatrix}\ T_N=\begin{bmatrix}a_{N1}\\a_{N2}\\.\\.\\a_{Nn}\end{bmatrix}\qquad I_1=\begin{bmatrix}b_{11}\\b_{12}\\.\\.\\b_{1n}\end{bmatrix}\ I_2=\begin{bmatrix}b_{21}\\b_{22}\\.\\.\\b_{2n}\end{bmatrix}\ I_N=\begin{bmatrix}b_{N1}\\b_{N2}\\.\\.\\b_{Nn}\end{bmatrix}$$

CLIP 模型的整体架构

整个 CLIP 模型的训练使用了互联网上收集的大约 4 亿个文本图像对数据，在训练过程中分批进行训练，一个训练批次通常达到数万对样本规模。假设一批次包括 1000 个文本图像对，那么由此可以组成的正样本数为 1000 个，而负样本数量则为 $1000^2-1000=999000$。所有样本组成一个 1000×1000 的矩阵，其中一个对角线上的元素为正样本，其他元素为负样本。CLIP 模型通过大规模的文本图像对和对比学习来实现一种通用的预训练模型，它具有通用且丰富语义的文本和图像表示能力。

还有一个很重要的知识点，就是如何来定义损失函数，从而在对比学习训练中指导参数的更新。通常我们不会直接使用两个向量的内积作为距离的描述，而是使用归一化后的余弦相似性作为距离。具体的计算公式如下，其中 $A\cdot B$ 表示向量 A 和向量 B 的内积，$\|A\|$ 和 $\|B\|$ 分别表示向量 A 和向量 B 的范数。余弦相似性的取值范围从 -1 到 1，当值为 1 时表示两个向量完全相似；当值为 0 时表示两个向量方向垂直，两个向量没有相似性；当值为 -1 时表示两个向量完全相反，两个向量完全相异。

$$\text{cosine\_similarity}(A,B)=\frac{\|A\cdot B\|}{\|A\cdot B\|}$$

再继续看如何通过余弦相似性来定义损失函数，我们通过 (A,P,N) 三元组来描述损失函数，其中 A 表示锚点，P 表示正样本，N 表示负样本。为帮助大家理解这几个概念，我们重新看回上图。小狗图片经过编码后为 I_1，它将与 T_1、T_2、$\cdots$、T_N 这 N 个向量对比，其中 T_1 是正样本，而其他的向量则为负样本，那么将组成 (I_1, T_1, T_2)、(I_1, T_1, T_3)、(I_1, T_1, T_4) 这样的三元组样本。对于第一个三元组，其中 I_1 则为锚点，T_1 为正样本，T_2 为负样本。这个损失函数包含两部分，前半部分表示要让锚点与正样本的相似性最大（最接近 1），后半部分表示让锚点与负样本的相似性最小（最接近 -1），两部分的权重各占二分之一。在训练时根据文本图像对数据能够组合成海量的三元组，然后通过最小化余弦相似性来更新文本编码器和图像编码器的参数。

$$\text{cosine\_similarity\_loss} = \frac{1}{2}(1 - \text{cosine\_similarity}(A, P)) + \frac{1}{2}\text{cosine\_similarity}(A, N)$$

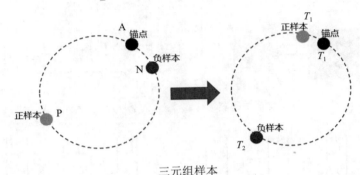

三元组样本

在我们训练得到文本编码器和图像编码器后，看看如何使用它们。在一个分类的场景中，我们可以将多个可能的分类列出来，然后分别嵌入到一个模板中去构建一段文本。比如模板为"一张 ×× 图片"，则能够构建"一张小狗图片""一张小猫图片""一张小鸟图片"的文本段，然后再分别对这些文本段进行编码得到对应的向量，一共有 T_1、T_2、$\cdots$、T_N 的 N 个向量。然后也将图片通过图像编码器编码成一个向量 I_1，这样就可以分别计算 I_1 与 T_1、T_2、$\cdots$、T_N 的内积，最大值为对应的预测结果。

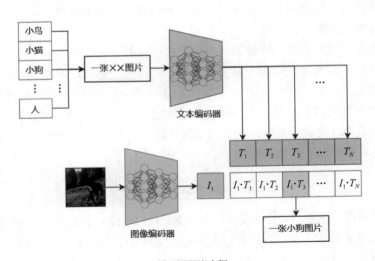

模型预测过程

CLIP 模型能够通过大规模的数据进行预训练，学习到丰富且通用的文本—图像对联系，为其他任务提供更好的泛化能力。总体而言，CLIP 模型填补了图像文本之间互相融合计算的空白，为跨模态任务提供了一个有效的工具。通过海量的图像与文本训练从而学习到丰富的语义联系，提供了更高效准确的多模态处理能力。

18.6　稳定扩散模型

扩散模型所生成的图像质量已经非常好了，但它仍然存在一个很大的问题，那就是生成图像非常耗资源，大大阻碍了它的广泛应用。这主要是因为生成过程中每一步解噪声都是基于图片像素的，一旦当生成的图像的长宽较大时就会导致需要很大的显存和计算，这样高昂的成本严重限制了它的推广应用。这种像素级的生成方式我们称之为像素空间的生成模型。

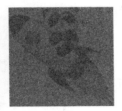

像素级的扩散

要解决像素空间的缺点其实也不难，既然是因为所占空间太大，那我们很自然地就能想到通过某种转换将其压缩到更小的空间中。于是我们引入了潜在空间（Latent Space）的概念，实际上它就是前面自动编码器中通过编码器编码后产生的潜在表示，从原图像空间到潜在空间的向量得到了降维效果，实际上就是一种压缩方式。其中编码器和解码器都可以通过海量数据训练得到，一旦将向量压缩到潜在空间就可以在更小的维度上进行去噪声的操作。

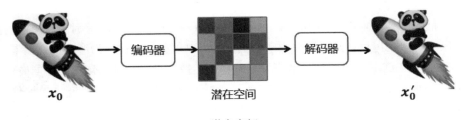

潜在空间

很明显，扩散去噪声也将在潜在空间中进行。如下图，最开始是生成一张人类无法理解的潜在空间随机噪声，然后一步步去噪声。去噪声的过程中并不会产生人类能够理解的内容，通过 1000 次去噪声后得到一个潜在空间的图像表示，接着再通过解码器解码后得到最终人类能够理解的图像。

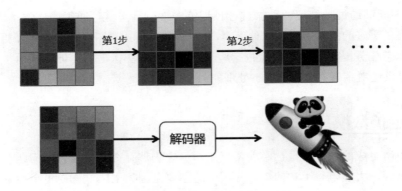

潜在空间去噪声过程

为了让模型能学会在潜在空间中去噪声，我们需要构建潜在空间的训练样本。这个过程与像素空间是对应的，不同的地方是先将图片通过编码器转为潜在空间，然后再逐步加噪声。

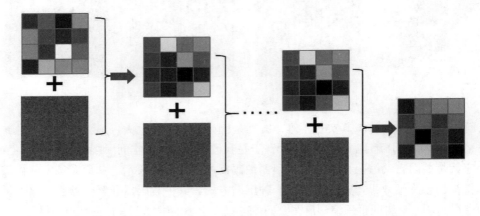

潜在空间加噪声过程

正向扩散过程就是对图像的潜在空间表示加噪声，而逆向扩散过程则是对图像的潜在空间表示去噪声，整个过程都是在潜在空间中执行。所以这种方式被称为潜在扩散模型（Latent Diffusion Model，LDM），而稳定扩散模型只是潜在扩散模型的一种具体实现。同时由于它是一种开源的预训练模型，所以迅速发展起来并占据了图像生成的开源领域主导地位。此外，对于稳定扩散模型，它在生成的过程中除了步数值外还引入了额外的指导信息，比如文本描述或图像，这些信息都能引导模型的生成。

稳定扩散模型的本质还是一种扩散模型，它通过将像素空间转换成潜在空间，从而大大降低了扩散模型在图像生成场景中落地应用的门槛。同时由于它的代码和预训练模型都开源了，使得大家能够轻易部署并研究它的实现原理，所以稳定扩散模型也成了业内主流的图像生成模型。